普通高等学校“十四五”规划旅游管理类课程思政版精品教材

总主编◎邓爱民

中国饮食文化

（课程思政版）

ZHONGGUO YINSHI WENHUA

(KECHENG SIZHENG BAN)

主　编◎卢俊阳

副主编◎万剑敏

参　编◎梁朋飞　王姝婷

華中科技大學出版社

http://press.hust.edu.cn

中国·武汉

内容提要

中国饮食文化可以从时代与技法、地域与经济、民族与宗教、食品与食具、消费与层次、民俗与功能等多种角度进行分类，展示不同的文化品位，体现不同的使用价值。由于地域特征、气候环境、风俗习惯等因素影响，饮食产品会在原料、口味、烹调方法、饮食习惯上出现不同程度的差异，久而久之，饮食文化凸显出强烈的地域性。中国饮食文化不仅讲究菜肴色彩搭配，还要求营造有情趣的用餐氛围，这彰显了中华民族的个性与传统，更是区域礼仪文化的表现方式。总之，中国饮食文化是一种广视野、深层次、多角度、高品位的悠久区域文化，是中华各族人民在源远流长的生产和生活实践中，在食源开发、食具研制、食品调理、营养保健和饮食审美等方面创造、积累并影响周边国家和世界的物质财富及精神财富。

图书在版编目(CIP)数据

中国饮食文化：课程思政版 / 卢俊阳主编 . — 武汉：华中科技大学出版社，2023.9(2024.8 重印)
ISBN 978-7-5772-0036-1

Ⅰ.①中…　Ⅱ.①卢…　Ⅲ.①饮食-文化-中国　Ⅳ.①TS971.202

中国国家版本馆CIP数据核字(2023)第177354号

中国饮食文化(课程思政版)
Zhongguo Yinshi Wenhua (Kecheng Sizheng Ban)　　　　卢俊阳　主编

策划编辑：李　欢　王　乾
责任编辑：洪美员　安　欣
封面设计：原色设计
责任校对：阮　敏
责任监印：周治超
出版发行：华中科技大学出版社(中国·武汉)　　电话：(027)81321913
　　　　　武汉市东湖新技术开发区华工科技园　　邮编：430223
录　　排：孙雅丽
印　　刷：武汉科源印刷设计有限公司
开　　本：787mm×1092mm　1/16
印　　张：18.25
字　　数：405千字
版　　次：2024年8月第1版第2次印刷
定　　价：59.80元

总序

Introduction

2014年5月，习近平总书记在北京大学师生座谈会上指出，全国高等院校要走在教育改革前列，紧紧围绕立德树人的根本任务，加快构建充满活力、富有效率、更加开放、有利于学校科学发展的体制机制，当好教育改革排头兵。为了实现立德树人的根本任务，中央和国家有关部门出台了多项文件政策。2019年，中共中央办公厅、国务院办公厅印发了《关于深化新时代学校思想政治理论课改革创新的若干意见》，强调要整体推进高校课程思政建设，使各类课程与思政课同向同行，形成协同效应。2020年，教育部印发《高等学校课程思政建设指导纲要》，强调课程思政是高校落实立德树人根本任务的战略举措。因此，高校落实立德树人根本任务，不仅要突出思政课程的地位，更要强化专业课程的思政建设，共同构筑良好的育人课程体系，引导学生塑造正确的世界观、人生观、价值观。

教材建设是课程思政建设的重要内容，对于落实立德树人的根本任务具有重要意义。以往的教材编写，主要侧重于专业知识的讲解，忽略了思政育人作用。即使有较好的育人素材，也没有进行很好的挖掘。基于此，为落实立德树人根本任务，进一步强化国家级一流本科专业(旅游管理)建设，中南财经政法大学旅游管理系筹划了旅游管理专业课程思政系列教材的编写。本系列教材由教育部高等学校旅游管理类专业教学指导委员会委员、湖北名师邓爱民教授担任总主编。本系列教材从结构到内容，均实现了较大的创新和突破，具有以下特点。

一、突出课程思政主题

本系列教材在编写过程中注重将习近平新时代中国特色社会主义思想“基因式”地融入，推进专业教育和思政教育的有机结合，用“双轮驱动”打破思政教育与专业教育相互隔绝的“孤岛效应”，将价值塑造、知识传授和能力培养三者融为一体，培养学生的家国情怀、职业责任和科学精神。

二、结构新颖

为落实立德树人根本任务，突出课程思政教材的主题，本系列教材在结构安排上实现了创新。例如，《现代旅游发展导论》在每章开始时列出了本章的“思政元素”，在每章正文部分,无论是案例引用,还是内容介绍,都有机融入了课程思政元素。在每章结束部分,单列了"本章思政总结",对本章涉及的思政元素进行总结、提炼和升华,强化对学生的思政教育。

三、配套全面

本系列教材案例丰富、内容翔实,不仅有利于教师授课,也方便学生自主学习。为适应新时代高校教育模式改革,本系列教材将不断丰富配套资源,建设网络资源平台,方便旅游管理课程思政教学与经验交流。

在本系列教材编写和出版过程中,得到了华中科技大学出版社的大力支持,得到了全国旅游学界和旅游业界的大力帮助,在此一并表示感谢。希望本系列教材能够丰富课程思政教材建设,促进高素质旅游人才培养。

总主编　邓爱民
2021年9月3日

前言

Preface

党的二十大报告指出，要推进文化自信自强，铸就社会主义文化新辉煌，并明确提出要繁荣发展文化事业和文化产业，增强中华文明传播力、影响力，体现了我国对文化事业的重视和支持。中国饮食文化是中国传统文化的重要组成部分，其内涵博大精深。近年来，中共中央先后出台多个关于进一步加强和改进大中小学生思想道德建设和思想政治教育工作的文件。习近平总书记也强调，思政课是落实立德树人根本任务的关键课程，思政课作用不可替代。这意味着，加强高校思想政治教育工作，必须从高等教育“育人”本质要求出发，从国家意识形态战略高度出发，抓住课程改革核心环节，充分发掘专业课程思想政治教育资源，将思政教育和专业教育有机融合，落实于课堂教学的主渠道之中，贯穿于学校教育教学的全过程。

本书的编写紧跟时代，紧跟国家政策与饮食文化发展的大趋势。“中国饮食文化”课程开设目的是帮助学生了解中国多元化饮食产生和发展的历程、原因及其涉及的历史、文化和地理因素影响。根据我国各地的自然条件、经济基础、发展水平等，我国区域大致可划分为南方地区、北方地区、西北地区、青藏地区。从地形看，我国南方地区和北方地区的地势比较平坦，以平原、丘陵、盆地为主；而青藏地区和西北地区则以高原、盆地为主。从气候来看，我国南方地区和北方地区的气候类型以季风性气候为主，如温带季风气候、亚热带季风气候、热带季风气候；青藏地区和西北地区则以温带大陆性气候和高原山地气候为主。综合温度、光照、水分、地形、土壤等多种因素，我国各地区的农业生产类型便有了明显的区分，饮食文化也因之变化。因此，我国南方地区和北方地区的农业类型主要以种植业为主，青藏地区和西北地区以畜牧业为主。

综合各地市地理区位、历史发展脉络、水文气候、生态物产、人文特质以及饮食习惯等各项因素，本书系统地整理了我国东北地区、中北地区、西北地区、黄河中游地区、京津冀地区、黄河下游地区、长江中游地区、长江下游地区、西南地区、东南地区和青藏高原地区 11 个文化圈的饮食文化。人们居住和生活的客观环境以及与其他地区的文化交融程度是影响其饮食文化的重要因素。各地市或以农耕文化为基，或以渔猎及畜牧为业，中国 5000 多年的食俗传承、饮食结构、食品原料、烹饪技术、器具文明等，为中华民族铸就了丰富的饮食文化内容。

本教材每章以学习目标的形式引入,每章的开头和结尾还设置了思政要点的提炼和总结,以期更好地指导学生站在国家意识形态的战略高度理解和运用专业知识,增强学生对传统文化、中华多元化饮食文化的认识,增强其文化认同感和民族自豪感。教材在章节安排和结构设计上逻辑清晰、循序渐进,既突出了思政教育的特点,又考虑到教师授课和学生的学习进程。每章开始时设有"学习目标""思政元素",每章内容结束后设有"本章思政总结""课后作业"等,结构上更有利于学生系统地掌握各章节的内容和知识点,也可以让教师在备课时更精准地把握思政元素和要点,教材中选到的案例紧跟国家政策与思政要点,方便教师在授课过程中自然流畅地将思政教育融入专业教育中,有效地实现"育德""育人"的目标。

本书由江西师范大学历史文化与旅游学院教师卢俊阳担任主编,由江西师范大学历史文化与旅游学院教授万剑敏担任副主编。分工如下:教材章节结构由卢俊阳和万剑敏共同统筹,全书各章节内容由卢俊阳统编,江西师范大学人事处的梁朋飞老师和历史文化与旅游学院2021级旅游管理专业学生王姝婷承担了部分素材搜集工作。本书的编写凝结了团队成员共同的心血,在此感谢所有为本书付出努力的教师和同学,同时也感谢为本书的编写、修改提供文献参考和其他各种帮助的专家学者以及华中科技大学出版社的工作人员。

本书是江西师范大学本科规划教材项目成果,因本书编写人员时间和精力限制,书中难免有不足之处,欢迎广大专家学者和读者批评指正。

卢俊阳

2023年3月

目录

Contents

Note

Note

Note

第一章
中国饮食文化概述

学习目标

知识目标

了解中国饮食文化发展的简要历史，理解中国饮食文化的特征，知道代表性时期、地区的代表性饮食及其反映的历史与文化。

能力目标

能够举一反三，思考和总结中国饮食文化的保护、传承和传播的规律。

思政元素

1. 使学生深刻认识到中国饮食文化的历史渊源与博大精深，增强学生的文化自豪感。

2. 引导学生深化对我国饮食文化历史与现状的认识，思考如何进一步提升我国饮食文化的影响力。

章前引例

袁家村美食带动旅游发展

第一节　饮食文化的起源与发展

中国“食”的历史源远流长。在我国上下5000年的文明史中，食文化占据了重要的位置。中国历来就有“民以食为天”的说法，可见饮食在中国历史发展进程中发挥着重要的作用。中国的饮食文化是漫长的、独特的、不断发展的，每个时期有每个时期的特点。

一、原始时期饮食文化

人类对饮食的依赖，在突破本能的饮食欲望后，便在精神上赋予其特殊的含义。在远古漫长的历史时期，人类寄予食物的感觉、幻想调动了其对于种族以及生存的观念认知，从而使饮食作为崇拜对象被建立起来，饮食图腾便是这种生活意义最初的精神表达。在中国先民的饮食图腾中，人与神的联系通过食物被混淆在一起，由此开辟了中国关于自然、神话和文化的饮食人文阐释。

日本生态人类学家田中二郎指出,食物的获得和人类自身的生产是有关人类生存的最基本的活动。而旨在获得食物所产生的集团、活动和技术等则被称为生产形态……在考察人类的生存结构时,应该研究食物资源分布、生产形态和繁衍方式这三个问题。生产形态根据人要获得的食物及其分布而形成,故而部族社会最基础性的图腾原本隐藏在早期饮食图谱之中。

图腾源于饮食,是图腾文化含义基于人的食色之性而成为写实性图像。中国早期图腾多与动物相关,如伏羲氏"人首蛇身",以蛇为图腾;黄帝氏族"有熊",以熊为图腾;而炎帝"人身牛首",以牛为图腾。还有以其他动物为图腾的,显示了对动物食物崇拜的社会风尚。植物图腾似乎不像动物图腾那样具备明显的超自然性,但《山海经》所记载可食的草本植物中具有超自然功效的多达51种,这些先民食用过的"食物",在人类饮食文化的发展历程中都曾被格外关注过,并因这种关注而赋予其多方面的生活功能和意义。或许我们可以认为,植物在被食用的过程中,由于品种繁杂,且常以静态出现,不像动物那样与人建立了一种立体的、移动的生存角力关系,因而动物多被作为图腾的标志。但从文化发展的意义来说,无论是后来发展为相对固定的图腾,还是不能成为图腾的植物"图像",都通过"食"与部落氏族的生存联系起来,因而其意义都在生活崇拜的基点上建立,并由此而扩展至其他方面。

二、夏商周饮食文化

在4000多年前,我国中原地区出现了第一个统一的奴隶制王朝——夏朝,后又经历了商朝和周朝,统称"三代",约延续16个世纪,成为古代东方鼎盛的奴隶制国家。从食料生活角度来看,三代比原始社会进步了很多,人们已开始进行国土开发,在黄土高原、黄淮流域和长江流域的一些地区,先后出现了一片片以犁耕农业和沟渠工程相结合的井田,在当时的情况下,大抵能亩产一石,这成为中国最早出现的一批稳产高产田,初步奠定了大农业基础。

三代的中国,是古代世界极为繁盛的农业中心之一。到三代后期,除继承原始社会的牛、马、羊、鸡、猫、狗、猪、鹿以外,三代的养殖业发展已趋成熟:从殷代妇好墓的玉雕家禽、家畜形象中,人们发现了鹅、鸭、鸽、兔、龟等动物,说明这些动物也早已被驯养,当时的人口约达2000万。据先秦古籍记载,挖池塘养鱼这一方式也已产生。粮食作物中多了青稞、糜子、荞麦、薯类、豆类和芋头等。蔬菜和水果已增加到数十种,香料作物和药用作物也越来越多。在火文化中,出现了辉煌的青铜铸造业和原始瓷器。

需要关注的是,这个时期开辟了大豆蛋白资源和掌握了发酵工艺产生的酿造业,使烹调业仿佛插上了翅膀。正因如此,三代还出现了较系统的烹调理论,反映了人们认识食料已具有一定深度和广度,膳食制造业也逐渐成熟;在饮食卫生、保鲜与食疗等方面,也已积累了成套经验,并用文字记录下来,形成了中国饮食文化发展的第一个高峰。

三、先秦时期饮食文化

春秋战国时期,中国南北两地各自与当地少数民族融合,差异渐显:北方地区,形

成了中国最早的地方风味菜——鲁菜；南方地区，占有"鱼米之乡"的楚人利用优越的自然资源，再与南夷特色相结合，形成了苏菜的雏形；西部地区，李冰父子治水后的"天府之国"吸引了大量移民，与古蜀国的饮食习俗相结合，形成了川菜的雏形；相比之下，粤菜的出现相对较晚，汉高祖被册封为越南王时，利用珠江三角洲气候温和、物产丰富，以及可供食用的动植物品种繁多和水陆交通四通八达的优势，建立了岭南的政治、经济、文化中心。这里饮食比较丰富，"飞、潜、动、植"皆为佳肴，并流传至今，形成了兼收并蓄的饮食风尚，并逐渐发展成为独树一帜的粤菜体系。

四、秦汉饮食文化

秦汉是中国封建社会发展的高峰期，整个中华民族呈现出欣欣向荣的态势。在此期间，我国与外域的交流日益频繁，也因此引进了繁多的食物品种。张骞出使西域后，通过丝绸之路引进了石榴、葡萄、胡桃、西瓜等水果，以及黄瓜、菠菜、胡萝卜、芹菜、扁豆、大葱等蔬菜，丰富了我们的饮食文化。被誉为"中国第五大发明"的豆腐也在此时被端上饭桌——据史料《本草纲目》记载，豆腐是刘姓嫡亲淮南王刘安首创。此外，我们日常用的普油、豉、醋等都是这个时期产生的。东汉的豆豉已经开始大量生产，人工酿造的食醋也是在汉代产生，当时称为"酢"。酱油则称"清酱"。

随着饮食种类多样化和制作工艺的成熟，餐饮礼仪也随之建立起来，如有客人在给菜或者汤调味，主人就要道歉，说是烹调得不好；如果客人喝到酱类食品，主人也要道歉，说备办的食物不够；吃饭完毕，客人应起身向前收拾桌上碟子交给旁边伺候的主人，主人再请客人坐下。品尝美食产生的繁文缛节，成为当时礼仪的一部分。

五、唐宋饮食文化

唐宋时期是我国引以为豪的一段历史，经济政治发展兼容并包，当时已达到一个高峰，饮食文化也随之逐渐发达繁荣。这一时期，麦、稻的地位逐渐上升。唐初期，麦作为一种主粮是比较奢侈的，且被认为是"杂种"。唐中期以后，由于城市人口的增长、饼食的普及，对麦作的发展起到了巨大的促进作用。唐德宗建中元年(公元780年)实行的"两税法"已明确将麦作为征收对象，麦取得了与粟并驾齐驱的地位。宋代的主粮跟唐代大同小异，只是稻子变得越发重要，最终取得作为中国主要谷物的地位。

在唐代，饮食礼仪文化十分讲究，如菜肴会细分为高、中、低三个档次。高档为宫廷宴用菜，最有名数烧尾宴。烧尾宴是指士人刚做官或做官得到升迁，为应付亲朋同僚祝贺必须请的一顿饭。尚书令左仆射韦巨源在家设烧尾宴宴请唐中宗，肴馔丰美，世所罕见，宴会上的58道菜可以说是唐代市场上高档菜的代表。李公羹是唐武宗时宰相李德裕创制的保健食品，要用珍玉、宝珠、雄黄、朱砂、海贝煎汁，每杯羹费钱三万。

相比宫廷菜的极尽奢华，中档的官吏日用菜稍显亲民，如嫩肉爆炒、浑羊殁忽、生羊脍、葫芦鸡等。由于安禄山与哥舒翰不和，唐玄宗为调和二人关系，用鹿血煎鹿肠制成"热洛河"，令二人食用，希望二人和睦。

我国古代上层社会的饮食之所以奢华考究，主要是因为选材珍贵，有些甚至是世界稀有，这些不是普通老百姓能够承受的。但是，劳动人民拥有强大的智慧，也能够使

用价格低却品位不低的菜品,制作出美味兼具食疗效果的饮食。如“千金圆”是孙思邈首创的食疗用品,它是将黄豆芽制成丸子形状,供怀孕后的妇女服用,以利于产时分娩;百岁羹是荠菜汤,据说有益寿功效,深受人们喜爱。

相比于唐代的国力强盛、影响深远,宋代的市井经济极为繁荣,著名的《清明上河图》便生动地刻画了宋代热闹非凡的市井风貌。唐代饮食业营业时间基本局限在白天,这种严格控制商铺经营空间和时间的坊市制度严重阻碍了餐饮业的发展。宋朝废除了坊市制度,推进了餐饮业的发展繁荣。当时夜市盛行,促进了休闲饮食娱乐业的丰富发展。各类风味食品逐渐流行起来,如王楼梅花包子、曹婆婆肉饼、郑家油饼、湖上鱼羹等,人们还注重食品的形象和包装。

六、元朝饮食文化

元朝是我国历史上第一个由少数民族统治的王朝,总共98年。这一时期疆土广阔,伴随着多民族的融合,饮食也处于融合和发展阶段。元朝统治者在进餐方式上和中原汉族人民有所不同。中原汉族人民一直保持一日两餐的习惯,而到了元朝时期,普遍形成一日三餐的饮食习惯。蒙古族人民每天早、中、晚三餐进行合理的饮食搭配,骑在马背上肆意挥洒弯刀。元朝时期,虽然北方人喜好面食,南方人喜好水稻,元朝统治者的思想非常有远见,为统一全国,下令让百姓适应中原美食,于是,北方少数民族也兴起了吃米饭。据说在各个部落,关于粥的吃法就有20多种,其中有一道羊骨粥还成了宫廷御膳。元朝时期的饮食既融合了北方少数民族的粗犷大气,又展现出江南饮食的细腻和精美。

七、明清饮食文化

明清时期,中国经济中心逐渐南移,长江、珠江、辽河流域得到进一步开发。这一时期,由于商品经济、交通和中外交往的不断发展,涌现了许多海港、河港城市和边贸城市,促进了地域饮食文化的发展,菜系也达到七大类别,如粤菜、苏菜、川菜、鲁菜、素食菜、清真菜、食疗菜(细分不止此数),这一时期形成了中国饮食文化的又一个高峰。

八、近现代饮食文化

近现代饮食文化表现为烹饪原料、工具与方式的现代化。具体表现为,随着国际、国内物质文化交流的深入,优质烹饪原料经引进、种植、养殖,品种不断增多,其使用也逐渐普遍化;民族地区及中外饮食文化与烹饪技术交流频繁;西方现代营养学对中国饮食文化的影响逐渐深入;创新型筵席大量涌现,饮食市场空前繁荣。饮食文化的影响力逐渐提升,其不仅涉及人类的生理需求,也是人类心灵的重要寄托。

第二节 饮食文化的概念与特征

一、饮食文化的概念

中国饮食文化历史源远流长，人类自诞生之日起，就在为自己的饮食与自然、与野兽、与其他人做艰苦的斗争，但将饮食作为人类文化现象分析的历史却并不久远。因此，饮食文化目前尚缺乏公认的概念解释。

广义的饮食文化是指人类社会整体文化的一部分，泛指人类社会发展过程中，有关食物需求、生产和消费的文化现象总和，既包括人与自然的关系，也包括食物与人类社会的关系。包括了饮食科学技术、饮食艺术和狭义的饮食文化，如饮食风俗礼仪。因此，各时代的饮食文化形态，应由当时当地的社会形态、生产力水平和生产关系所决定，其中的核心问题是食物生产和消费方面的科学技术。

可以看出，饮食文化受社会历史条件影响较大，且与很多因素有关。《中华膳海》认为，饮食文化指饮食、烹饪及食品加工技艺、饮食营养保健以及以饮食为基础的文化艺术、思想观念与哲学体系的总和。并且饮食文化受到历史地理、经济结构、食物资源、宗教意识、文化传统、风俗习惯等各种因素的影响。

在中国，关于食物的做法不计其数，受时间、空间、民族、地域，甚至身份等因素的影响而呈现出不同，精神方面的分析更是可能上升到政治、哲学等的高度。本书把饮食文化当作研究对象，着重分析不同地区的代表性饮食，包括主要饮食习惯、种类、代表性美食等，以及其反映的地理现象、文化内涵、历史典故等，包括饮食文化也就是根据饮食得出的人生哲理和伴随着饮食文化而来的丰富的民族文化心理，以及根据人类饮食的偏好分析其内在的心理因素的支配作用。

二、饮食文化的特征

在世界饮食文化中，中国饮食文化极具典型性和代表性，影响深远。在中国传统文化教育中的阴阳五行哲学思想、儒家伦理道德观念、中医营养摄生学说，还有在文化艺术成就、饮食审美风尚、民族性格特征诸多因素的影响下，智慧的劳动人民创造出彪炳史册的中国烹饪技艺，形成了博大精深的中国饮食文化。中国饮食文化的主要特征表现在以下几个方面。

（一）历史悠久

从历史沿革来看，中国饮食文化绵延170多万年，分为生食、熟食、自然烹饪、科学烹饪4个发展阶段，推出6万多种传统菜点、2万多种工业食品以及五光十色的筵宴和流光溢彩的风味流派，使我国获得了“烹饪王国”的美誉。

（二）营养科学

中国饮食文化突出养助益充的营养卫生理论(素食为主,重视药膳和进补),并且讲究“色、香、味”俱全。“五味调和”的境界说(风味鲜明,适口者珍,有“舌头菜”之誉),形成了“五谷为养、五果为助、五畜为益、五菜为充”的食物结构。

我国的烹饪技术也与医疗保健有密切的联系,在几千年前就有“医食同源”和“药膳同功”的说法,即将有药用价值的食物原料,做成各种美味佳肴,以达到对某些疾病防治的目的。

（三）技艺精湛

中国人在烹饪制作上十分注重精益求精,追求完美。孔子在《论语·乡党》中就曾提出“食不厌精,脍不厌细”。

中国的烹饪不仅技术精湛,而且有讲究菜肴美感的传统,注意食物的色、香、味、形、器的协调一致,给人以精神和物质高度统一的特殊享受。

（四）风味多样

由于我国幅员辽阔、地大物博,各地气候、物产、风俗习惯等都存在着一定的差异。长期以来,在饮食上也就形成了许多风味,历来就有“南米北面”的说法,口味上有“南甜、北咸、东酸、西辣”之分,主要是巴蜀、齐鲁、淮扬、粤闽四大风味。

（五）四季有别

一年四季,按季节而吃,是中国烹饪又一大特征。自古以来,我国一直按季节变化来调味、配菜:冬天味醇浓厚,夏天清淡凉爽;冬天多炖、焖、煨,夏天多冷藏、凉拌。

（六）注重情趣

我国烹饪很早就注重品味情趣,不仅对饭菜点心的色、香、味有着严格的要求,而且对其命名、品味的方式、进餐时的节奏以及娱乐的穿插等都有一定的要求。

（七）影响巨大

中国饮食文化直接影响到日本、蒙古国、朝鲜、韩国、泰国、新加坡等国家,是东方饮食文化圈的轴心;与此同时,它还间接影响到欧洲、美洲、非洲和大洋洲。如中国的素食文化、茶文化、酱醋、面食、药膳、陶瓷餐具和大豆等,惠及全世界数十亿人。

中国是有着5000多年悠久历史的文明古国,单单是从饮食文化这一方面就可以看出中国的文化不仅仅只是有一段悠久的历史,更重要的是在历史的基础上中国人仍然在不断的创新,将世界文化融入我们的饮食文化中,同时也将中国的饮食文化展现给全世界。作为中国人,我们应该感到无比自豪。

第三节　中国饮食文化的研究内容及影响

一、中国饮食文化的研究内容

中国饮食文化的研究内容主要包括以下几个方面。

（一）饮食的起源和饮食文化概念

饮食，做名词时指各种饮品和食物；做动词时，则指喝什么、吃什么以及怎么喝、怎么吃。可以这样说，饮食和烹饪是一体的，正是因为有了烹饪，人类的食物才从本质上区别于动物的食物，才有文化可言。

饮食文化是指人类在食物的生产、消费中所创造的一切现象，包括物质形态和精神形态两个方面。

（二）中国菜点文化

中国菜点文化主要包括中国菜点的艺术、中国菜点的风味流派和中国菜点的层次构成。以往教材多基于我国八大菜系，如吴澎《中国饮食文化》和林胜华《饮食文化》；或基于不同场合饮食及习俗差异，如林胜华《饮食文化》；或不同时期、地域的饮食差异及文化变迁，如李明晨和宫润华《中国饮食文化》、邵万宽《中国饮食文化》、茅建民《中国饮食文化》，张先锋和高颖《中国饮食文化概论》、凌强等《中国饮食文化概论》，以及王学泰《华夏饮食文化》；或关注中西方饮食文化的差异，如隗静秋《中外饮食文化》。本书拟基于不同地域特点，梳理相关菜点及各类小吃文化。

（三）中国饮文化

中国饮文化主要包括中国酒文化和中国茶文化两个方面的内容。中国酒文化主要介绍了酒的起源与发展、饮酒艺术、酒礼、酒道和酒令等方面的内容。中国茶文化主要介绍了茶的起源与发展、茶艺、茶礼和茶道四个方面的内容。

（四）中国饮食民俗

中国饮食民俗包括汉族和各少数民族的日常食俗、节日食俗，以及婚、丧、寿、诞等人生礼仪食俗。

（五）饮食文化与旅游

饮食文化与旅游主要包括旅游过程中饮食文化活动设计，将饮食文化进行包装，形成饮食文化吸引物、旅游商品等方面内容。

二、中国饮食文化对民族文化的影响

我国古代有许多关于饮食的重要性的言论,如“民以食为天”(《汉书·郦食其传》)和“民可百年无货,不可一朝有饥。故食为至急”(《齐民要术》)等。中国传统文化以“和”为核心,所有其他的学问都是在“和”的基础上生发和演变的。中国的饮食文化也是“和”的重要部分。

中国古代的饮食文化也经常和治国联系在一起。老子在《道德经》中提出著名的治世学问“治大国,若烹小鲜”,历来对此有诸多阐释,比如《诗经·毛传》云:“烹鱼烦则碎,治民烦则散,知烹鱼则知治民。”再如,《韩非子·解老》:“事大众而数摇之,则少成功;藏大器而数徙之,则多败伤;烹小鲜而数挠之,则贼其泽;治大国而数变治,则民苦之。是以有道之君贵静,不重变法,故曰‘治大国者若烹小鲜’。”这是以烹鱼比喻治国宜稳定,不宜改革变法多做变动。不管历朝历代对这句话做何种解释,都是从饮食中寻求治国的哲学,可见饮食对于治国的启发。当然,饮食也可以作为安邦定国的手段。《礼记》中有将牛、羊、猪等称为“大牢”的记载,这些动物的肉是只有一国之君和有地位的卿大夫才能享用的佳品,作为普通百姓,吃肉是一件很奢侈享受的事,只有在逢年过节或祭祀等重大活动时才可以吃到,因此作为食物的“肉”就成为一种身份的象征。因此在古代,无论是拥有绝对权力的皇帝还是有一定地位的卿大夫,都可以通过赐食的方式笼络人心,巩固自己的统治,而下层平民在一定程度上也可以通过献食的方式来实现自己的政治诉求。

饮食文化对于民族文化的影响,最重要的还是体现在传统节日包含的意义上。我国传统节日大多与吃有关,比如中国最重要的节日春节,是以一家人吃团圆饭为主要特征。还有一些节日直接是以食物的名称命名的,比如元宵节等。关键在于,这些节日不仅以外在的,即吃某种特定节日才会吃的食物为特征,其节日中的某些行为形式也是有丰富的文化内涵的。比如,临近年关的辞灶活动,在北方,腊月二十四日晚上,人们都会在灶台前烧纸,把升起的烟想象为送灶王爷上天报告这一家人一年所作所为的云,还要放上糖块、甜米饭、苹果之类甜的东西,美其名曰让灶王爷嘴甜一点,以期在玉皇大帝面前多说好话,让自家第二年有一个好运势。人们以食物敬奉逝去的先人,也是一种在苦难的生活中寻求心理慰藉的方式。

中国人的每个传统节日几乎都是与吃有关的,人们在享受美食所带来的节日气氛的同时,也在赋予每个节日不同的文化意义,在吃的过程中构建了自己的神话系统,构建自己的精神世界。

无论中国还是西方,甚至整个宇宙的生物,都是以饮食作为生存基础的,而对作为灵长类且能按照自己的意志行动的人类来说,饮食不仅仅是生存的基础,也承载着更多生存意义和生存智慧。中国人不仅能利用饮食维持生存,而且也能够在其中丰富精神世界。饮食不仅与我们的日常生活密切联系,也与政治、哲学、文化等有千丝万缕的联系。饮食对于我们来说有着特殊的意义,挖掘人类的饮食文化,对于解读人类的文化心理,丰富人类文明的宝库都有积极意义。

本章思政总结

党的二十大报告指出，坚持创造性转化、创新性发展，以社会主义核心价值观为引领，发展社会主义先进文化，弘扬革命文化，传承中华优秀传统文化，满足人民日益增长的精神文化需求，巩固全党全国各族人民团结奋斗的共同思想基础，不断提升国家文化软实力和中华文化影响力。推进文化自信自强，铸就社会主义文化新辉煌。

人的全面发展，表现在人的思想道德素质、科学文化素质和健康素质等各方面得到全面提高。优秀文化为人的健康成长提供了不可缺少的精神食粮，对促进人的全面发展起着不可替代的作用。人们在文化的需要上不再满足于简单的“视觉享受”，而更追求“心灵感受”，不仅追求知识技能方面的教育传授，而且追求思想、精神方面的教育熏陶；不仅追求身体愉悦方面的文化娱乐，而且追求心智愉悦方面的文化娱乐。饮食文化的追溯、发展与不断创新，能够很好地满足人们对美好生活的需求，帮助我们在一定程度上解决人民日益增长的美好生活需要和不平衡不充分的发展之间的矛盾。

《中华人民共和国国民经济和社会发展第十四个五年规划和2035年远景目标纲要（草案）》提出：“扩大优质文化产品供给，推动文化和旅游融合发展，深化文化体制改革。”现代服务业、餐饮业的发展应该是高质量的发展，兼顾多样性和可持续性，坚持科学发展观、绿色发展观。现代饮食文化的发展导向也应该在体现我国深厚的传统文化渊源的同时，考虑到其与时俱进性。

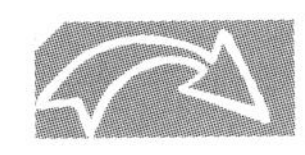

课后作业

一、简答题

1. 饮食与文化的关系是什么？
2. 中国饮食文化的特点是什么？
3. 中国饮食文化的研究内容是什么？
4. 唐宋时期饮食文化有什么特点？

二、实训题

如何评价饮食文化对旅游者的吸引力？应如何提升饮食文化的吸引力？

课后阅读

中国饮食文化，天南地北话交流

第二章
东北地区饮食文化

学习目标

知识目标

了解东北地区饮食文化发展的概况，理解东北地区饮食文化的特征，知道东北地区代表性时期、城市的代表性饮食及其反映的历史与文化。

能力目标

能够举一反三，思考和总结东北地区饮食文化的保护、传承和传播的规律。

思政元素

1. 使学生深刻认识到东北地区饮食文化的历史渊源，以及此地饮食文化与其他文化的交叉融合概况，增强学生的文化自豪感。

2. 引导学生深化对我国东北地区饮食文化的认识，尤其是饮食文化在文化保护、传承和传播方面发挥的作用，深化对文化历史与现状的思考，提出增强我国东北地区饮食文化影响力的对策。

章前引例

速冻饺子的生意经

我国东北地区，是我国纬度最高的区域，也是我国最冷的自然区。日光斜射决定这里的气温普遍偏低，且日照时间短、冬季漫长，其中12月到次年的3月初则是东北的冬季。每年有3—4次影响全国大部分地区的、来自西伯利亚高原的贝加尔湖寒流，降温与寒潮使长江以南地区随之出现雨雪天气，而这时约位于北纬40°以北的地区，尤其是东北地区则成为冰原雪域，这是东北地区自然生态的基本特征。由于处在强大的蒙古高压笼罩之下，东北地区的寒冷甚于我国版图中的其他任何地区。大兴安岭北部山地是全国著名的“寒极”，黑龙江畔的漠河曾有过极端最低温度零下52.3 ℃的历史纪录。

东北地区冬季气候寒冷，夏季温度不高，区域内气候主要属于温带季风气候类型。植物生长需要水分的季节与多雨季节相应，雨水的有效性很大，一般说来足够一年一季作物对水分的需要。东北地区的黑龙江、乌苏里江、松花江、嫩江、辽河等众多河流经年流淌、滔滔不绝，它们既是东北各民族长期生息繁衍的摇篮，又给人们带来了丰富的食原料，是大自然赐予人类的无穷宝藏。它们既保证了繁茂的植被和广袤的森林可以正常生长，又为陆地动植物的生长和种类繁衍创造了良好的条件。因此，这里成为中国历史上极为优越的森林广被、草原广袤的地区，同时也是理想的狩猎、畜牧、渔捞、种植业的天然综合经济区。

第一节 东北地区饮食文化概况

一、东北地区饮食文化区的界定

谈到饮食文化区的界定，必然涉及文化人类学中关于“文化区”或“文化圈”的概念。德国传播学派的代表人弗罗贝纽斯在《非洲文化的起源》中，第一次提出文化圈的学术概念。国内学术界对饮食文化区的划分，在浙江工商大学教授赵荣光所著的《中国饮食文化概论》中进行了专章论述。以前只是有人对各地的菜系进行划分，有六系说、八系说、十二系说等，没有以饮食文化区的概念对中国的饮食文化予以划分。本书认为，经过漫长历史过程的发生、发展整合的不断运动，中国域内大致形成了东北饮食文化区、中北饮食文化区、西北饮食文化区、黄河中游饮食文化区、京津冀饮食文化区、黄河下游饮食文化区、长江中游饮食文化区、长江下游饮食文化区、西南饮食文化区、东南饮食文化区、青藏高原饮食文化区等。这一对中国饮食文化区划分的观点，基本上为学术界所接受。

本书延续这一划分方式，以地域为特征的饮食文化内涵，主要是由历史上的地理环境、政治经济、民族心理、风俗习惯等因素影响而形成的。东北饮食文化区域包括现今的黑龙江、吉林、辽宁三省，以及内蒙古自治区兴安盟、赤峰、通辽、呼伦贝尔和河北北部地区在内的广大区域，形成了饮食地理学概念下的“东北饮食文化区”。

二、东北地区的蔬菜品种

东北地区独特的气候条件和丰富的雨水、河流给当地人们带来了丰富的食材原料，成为东北各民族长期生息繁衍的摇篮。

例如，粮食品种有沙谷、芝麻谷、稷、蜀黍(高粱)、稻、小麦、荞麦、玉米、大豆、小豆、绿豆、芸豆等20多个品种；蔬菜有豌豆、香豆、豇豆、扁豆、菜豆、刀豆、葵、韭、葱、蒜、萝卜、苤蓝、黄瓜、茄、南瓜、黄花、红花等；菌类有木耳、猴头菇、口蘑、黄蘑、元蘑、花菇、松蘑等，其中可常入馔的鲜美野蔬和菌类就有数十种之多，加上栽培品种，总数当不在百种之下；肉类有猪、牛、羊、鸡、鸭、鹅等，加上可狩猎的禽兽，总数大大超过百种。此外，还有作为黑龙江名特产的大马哈鱼；油料调料类，除猪、羊、牛等畜类油和鱼油，大豆、芝麻均可榨油；调料则有葱、蒜、韭、芥、蓼、椒以及酱、醋等；干鲜果类有栗、桑葚、榛子、松子、杏、李、山楂、梨、葡萄、菱、核桃、香瓜、西瓜等数十种。

三、东北地区蔬菜的利用方式

丰富的蔬菜品种和寒冷的气候，形成了东北地区先民蔬菜利用的四种特殊方式，

彰显出鲜明的地域特色。

（一）晒制各种干菜

秋季是生产蔬菜的旺季,由于此时天气非常干燥,特别适宜把新鲜蔬菜晾成干菜,所以人们在此时常常要将大量的蔬菜,如豆角、茄子、土豆等切成片状、丝状晒干,以供冬季长期食用,丰富了东北地区的菜肴品种,改善了饮食结构。这种晒制方法不仅适合于蔬菜,也适合于某些肉类。例如,以捕鱼为生的赫哲族人经常把吃不了的鲜鱼通过日晒或火烤等方式贮存起来,以便在产鱼淡季时食用。

（二）窖藏各种蔬菜

在屋里或户外挖菜窖可以说是东北人的一个创造。由于菜窖里的温度和湿度都比较高,冬季可以长期贮藏白菜、马铃薯、萝卜等。

（三）腌制各种蛋类、肉类和蔬菜等

每到冬季,东北地区的人们都要用盐腌制一些蛋类、肉类和草类,特别是腌酸菜。东北先民独创的腌制酸菜的做法,在《双城县志》有记载:“家家更腌藏各种蔬菜……菘则渍令酸,谓之酸菜,均系冬时之副食品。”

（四）冷藏冷冻各类果蔬肉类等

冷藏冷冻各类果蔬肉类等食品是东北地区人民的典型食品之一。从自然条件上说,东北毫无疑问是一个“雪之国”,严冬是大自然给予东北人得天独厚的“大冷库”,它可以无限量、低成本地储存各种食品和原料,且能灭菌防腐和保鲜,而又独具风味。

从历史文化来看,东北地区的历史源远流长,可追溯到几千年前的上古时期。那时候,东北地区已出现许多世居民族,在茫茫雪海、崇山峻岭中纵马驰骋、叱咤风云,在促进中华民族的南北文化交流以及沟通世界东西方文化等方面,均有令世人瞩目的历史功绩。东北地区的满洲文化、关东文化、白山黑水文化、辽海文化等,共同构成了东北区域文明。

第二节　东北地区饮食文化特征

一、地广人稀,食物资源充足

地广人稀是东北地区的一个非常重要的特征。对于饮食文化来说,当人口对自然的压力微弱得似有似无,当生态环境近乎初始状态,稀薄人口的消耗只是自然产物的极少部分,则这种饮食文化带有明显的初始性。丰富的食物资源和人口相对稀少没有造成生态系统的严重破坏,资源和人口之间形成了相对合理的协调关系。在漫长的历史时期,世世代代的东北人都是以畜牧、狩猎、渔捞、种植为业,并不利于生计,这种状态一直维持到20世纪初。由于清代中晚期以后直至20世纪60年代持续不断的移民

潮，再加上自然增长等原因，东北地区各民族的人口也都有大幅度的上升，这才结束了长期以来地广人稀的状况。

二、民族性特征及民族饮食文化的辐射性

东北地区是历史上多民族聚居的重要文化分区之一，民族众多，饮食文化富有鲜明的民族特征，同时东北地区的生态环境和食物获取方式培育了东北人强悍的体魄和强烈的进取精神，这是东北地区民族特征的典型表现。东北先民翻越崇山峻岭，穿行原始森林，驰骋无垠荒原弯弓射猎；他们泛舟江河，搏击海浪，捕捞江海鱼类；他们放牧着数以千万计的羊、牛、马、骆驼等畜群，随草畜牧而转移。这种生产方式造就了东北先民的异常勇猛。另外，寒冷和强体力劳动需要获取大量肉食以获得高脂肪和高能量。雪国地区特异的生态环境，不仅造就了东北世居民族的非凡体力、个性心理和群体文化特征，也创造了独特的区域文化类型。从一定意义上说，一部中华民族的发展史和文明史就是草地文化、渔猎文化与农耕文化的交融史。

东北诸多的少数民族孕育了丰富多彩的饮食文化，并产生了强大的辐射力，东北地区的先民鲜卑族、女真族、蒙古族、满族等，先后入主中原或统一全国，其特有的文化对中华民族的历史、政治、思想、经济、文化乃至整个历史都产生了重大的甚至具有决定性的影响。这些崛起于东北大地的民族，一次次地用自己特色鲜明的饮食文化影响、改变并且融合于中华民族的主流文化。由于统治者的北方游牧民族的身份而产生了强大的文化辐射力，遂使社会上自上而下地逐渐形成了一股强劲的“北食”之风。

三、开放包容，兼收并蓄

开放性是东北地区饮食文化的又一特征。由于地域较偏远，生产发展相对落后，东北文化区的一些生产和生活用品无法完全依靠自身来解决，诸如炊煮器具、粮食、酒、茶、调料、药品都要依赖中原农耕文化区的输入与补给。与此同时，本地区生产的畜类、鱼肉等食材也源源不断地输往内地。最迟在两汉时期，“翟之食”“羌煮”“貊炙”“酪浆”等北方游牧民族的特色食品和制作技术，便已在黄河流域的中原地区流传开来，丰富了中华民族的饮食生活和饮食文化。这种区域文化的开放性特征，贯穿于东北地区全部历史发展的过程中。

考古研究的成果表明，东北地区的人类是从华北地区迁居来的。东北地区远古文化对于中国的内陆远古文化来说，是一种移入，东北区域文明正是借用这种移入，才得以在新的生态环境下实施再造。当然，这个再造过程是非常缓慢的。可以说，在整个文明时代，东北地区始终都是开放的文化区，不论中原政局如何变化，东北地区都同中原始终保持着经济、文化、政治上的紧密联系，并一直受到中原文化的影响。与此同时，东北地区又对中原及周边地区产生影响，这种交流的重要表现之一就是区外人口的不断流入，这些来自全国各地和多民族的新居民，带来了该地区、该民族的饮食习惯、审美观点、烹调技术等，更重要的是带来了中原地区博大精深的文化和政治、经济财富，使得整个东北地区始终处于一种活跃的交融状态。南北融合、相互交流，促进了东北地区农业的发展，丰富了东北饮食文化的内涵。

除此之外,众多的外籍人士也以其各自的食物和饮食习惯使东北地区尤其是大中城市充满了西方饮食文化色彩。作为“舶来品”的外来文化,如啤酒、面包、香肠、西餐以及相关文化在东北的黑土地上生根了。大批的法国人、德国人、希腊人等欧洲人,以及后来的苏联人、犹太人、日本人、朝鲜人等外国人涌入东北地区。无论他们带着怎样的动机和背景(经商、交流、避难甚至是非法入侵等)来到这片土地,毫无疑问的是,他们都带来了各自民族的饮食习俗和文化理念,逐渐形成了今天的东北地区饮食文化。

开放包容、兼收并蓄是东北地区饮食文化的一个明显特征,其具有博大的包容性和巨大的消化能力,广泛吸收祖国各地多民族的文化营养,不失时机地吸收大量的外国文化,并结合自己的文化特点和生态特点完成了文化的再造过程,使之更加丰富多彩并充满活力。

第三节　东北地区各地市特色饮食文化

一、黑龙江部分

(一)齐齐哈尔

齐齐哈尔别称“鹤城”,古称“卜奎”,是黑龙江省地级市,位于中国东北地区,处在黑、吉、蒙三省区交会处。齐齐哈尔地处东北松嫩平原,是国家历史文化名城,拥有“世界大湿地”“中国鹤家乡”的美誉。齐齐哈尔被誉为“烧烤之城”,这里的烤肉,肉好、料好、炭火好。

齐齐哈尔烤肉:齐齐哈尔烤肉的关键在于“拌”调料、拌油、加盐,功夫全在一盘拌肉里,将肉切成薄片,再用盐等调料搅拌入味。其中最特别的是里面会加入洋葱、大豆油和鸡蛋清,刚好解腥增香,改善口感,见图2-1。

齐齐哈尔烧烤以烤牛肉为主,还有烤蔬菜、烤蛤蜊、烤地瓜、烤洋葱、烤鱿鱼。烤肉的肉质鲜美,烤蔬菜的口感清爽,还能搭配多种不同的酱料,为广大消费者所喜爱。齐齐哈尔烤肉吃法多种多样,齐齐哈尔人爱吃烤肉,促进了齐齐哈尔的烤肉行业发展。齐齐哈尔大部分百姓家里自备烤锅。锅分两部分,下面是盛炭火的炉子,上面是有眼的铁盖,肉就放在盖上烤。且每个家庭中的烧烤拌肉加入的佐料不同,造就了多种味道,也促进了齐齐哈尔烤肉文化的发展。

齐齐哈尔烤肉属于社会传承的传统技艺,包含着烤肉文化历史传承,承载着千百年来烤肉文化,被认定为非物质文化遗产,对齐齐哈尔烤肉文化保护具有深远影响。

杀猪菜:在东北的农村,杀猪菜是经常出现的乡村美食。每每到了年关,村里人总会聚集在一起,杀猪、聚餐,既庆贺当下的喜庆,也期盼来年的丰收。而在齐齐哈尔,人们在保留原汁原味的杀猪菜风味的基础上,对其制法有了改进,口味丰富,几乎把猪身上所有部位都做成了菜:猪骨、头肉、手撕肉、五花肉、猪血肠、酸菜白肉,还有全套猪下水,见图2-2。杀猪菜在当地受众非常广,口味也非常独特,因此被选入黑龙江十大名菜的行列。

图 2-1 齐齐哈尔烤肉

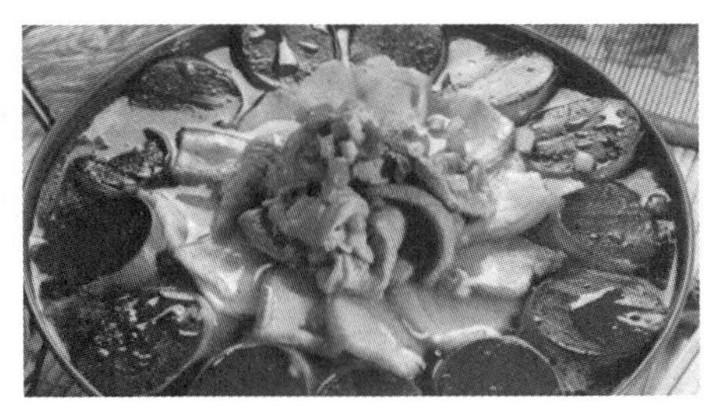

图 2-2 杀猪菜

（二）哈尔滨

哈尔滨，黑龙江省会，是欧亚大陆桥上的明珠，历史文化悠久，区域文化鲜明，主要菜式为俄式风味菜和东北菜。

粘豆包：东北特色食品，很适合冬季食用，分黄色与白色两种：黄色的粘豆包是用黄米制作而成，白色的粘豆包是用糯米制作而成，见图 2-3。

锅包肉：东北哈尔滨的名菜，兼具东北菜系的咸鲜和西洋菜的酸甜，见图 2-4。锅包肉来源于东北熘肉段，是哈尔滨道台府菜创始人、滨江道署首任道台杜学瀛首席厨师的郑兴文当年为适应外国来宾的口味，就把原来咸鲜口味的“焦烧肉条”改成了酸甜口味的菜肴。

图 2-3 粘豆包

图 2-4 锅包肉

哈尔滨红肠：原产于东欧的立陶宛。中东铁路修建后，外国人大量进入哈尔滨，也将红肠工艺带到了哈尔滨。这种灌肠传到哈尔滨已有近百年的历史。因为肠的外表呈枣红色，所以被哈尔滨人称为“红肠”。红肠，光泽起皱，熏烟芳香，味美质干，见图 2-5。

汆白肉：此菜白肉肥而不腻，菜嫩汤鲜，见图 2-6。

图 2-5 哈尔滨红肠

图 2-6 汆白肉

（三）牡丹江

牡丹江市属温带季风气候，素有“塞外江南”“鱼米之乡”的美誉。牡丹江市坐落在长白山山脉完达山东麓张广才岭之间，境内森林密布，资源丰富，是北方著名的“鱼米之乡”。其饮食以东北农家饭、朝鲜族风味、镜泊湖鱼宴为特色。

东北菜历来以色浓味重、菜量大著称。由于东北地区冬季寒冷干燥，比较流行的东北菜多为炖菜。在牡丹江市，可以吃到地道的东北炖菜，如白肉血肠、猪肉炖粉条、鸡肉炖蘑菇、白蘑菇炖豆腐等。

牡丹江市是我国著名的朝鲜族聚居地之一，当地的朝鲜族饭馆也比较多，食物正宗味美，价格公道。如石锅拌饭、打糕、狗肉汤、朝鲜冷面、朝鲜烤肉、狗肉全席等，都非常具有民族特色。牡丹江市境内的镜泊湖水产丰富，盛产鲫鱼，其肉质细嫩，用以烹制鱼汤，味道很鲜美，不可不尝。另外，镜泊湖风味鱼宴、鲤鱼丝、炸红尾鱼等，都是不可错过的鱼餐。

镜泊鲤鱼丝：牡丹江市镜泊湖畔传统特色美食，以鲤鱼为主要原料制作而成，制作精细、考究，以嫩脆鲜香、爽滑适口而闻名，见图2-7。

阳明打糕：牡丹江市著名的朝鲜族传统特色小吃，广泛流传于牡丹江、图们江等朝鲜族聚居的地方，是朝鲜族人民爱吃的传统小吃，见图2-8，已经流传了上千年。

图2-7　镜泊鲤鱼丝

图2-8　阳明打糕

林口坛肉：用料讲究，制作的关键是火候，成品肉烂汤浓，香味四溢，见图2-9。

图2-9　林口坛肉

林口大鹅：黑龙江省牡丹江市林口县特产。精选没有污染的农家鹅为原料，并辅以多种名贵中草药和上等调料，形成独特的配方，肉丝鲜嫩，营养价值高，见图2-10。

金丝枣糕：是特色传统糕点之一，原是清朝宫廷糕点，曾有“第一宫廷糕点”之美称，是"满汉全席"十大糕点之一。传至现在，有史可考，有200余年。金丝枣糕其味香远，入口丝甜，颇能补脾和胃、益气生津，见图2-11。

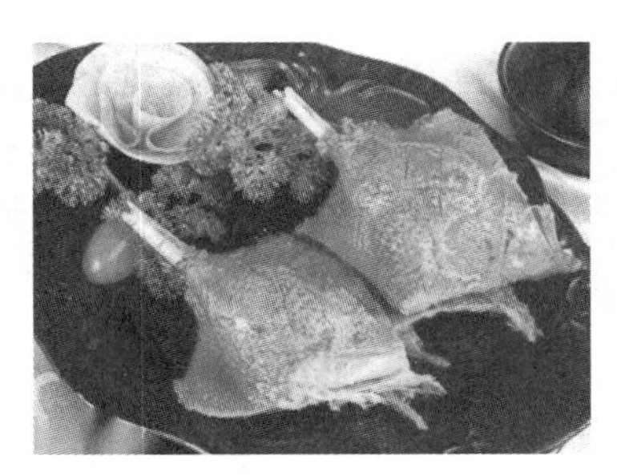

图2-10 林口大鹅

图2-11 金丝枣糕

（四）佳木斯

佳木斯市坐落于黑龙江东北部地区，是我国魅力城市之一，也是黑龙江省通向乌克兰和东北亚的要道。佳木斯有着我国5个港口，形成东北亚经济带的经济发展大循环系统。

灯笼果：是佳木斯的特色水果，它外形艳丽、形状美观，远远望去就像是一个个红彤彤的小灯笼一般。灯笼果的口感酸甜，相当可口，见图2-12。

黄米切糕：是佳木斯的传统特色小吃，成品散发着一股浓郁的豆香，口感也相当软糯，见图2-13。

图2-12 灯笼果

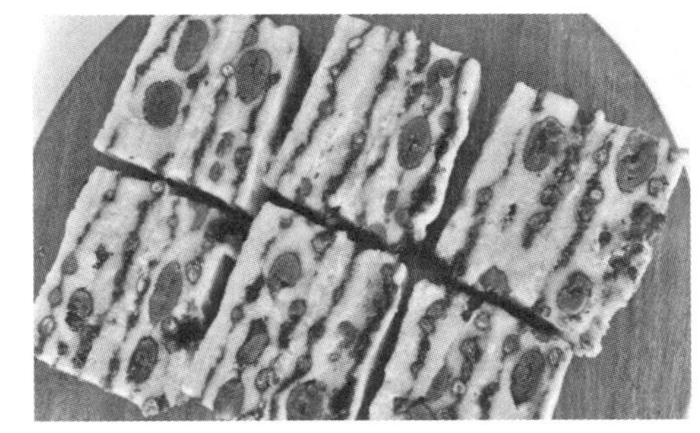

图2-13 黄米切糕

富锦三毛大锅台："三花五罗佳肴只应天上有，玉碗琥珀美酒还是人间无。"号称"富锦第一台"的大锅台，始建于2004年，位于富锦市向阳路北段，后迁址于中央大街西段"三毛大锅台"。"锅台自古灶房藏，今日君临宴会堂。食客不求满桌彩，雅俗共赏一锅香。围锅而坐一家亲，玉米饼子乡土情。"天然木柈火，铁锅鸡鱼鹅。锅中以鱼为主，也可入鸡入鹅，同时锅沿贴上玉米饼子，一菜一饭一锅出。

干煎大板黄鱼：新鲜野生黄鱼，煎得外焦里嫩，让人食欲大开，见图2-14。

海林荷叶饼：饼薄如纸，绵软洁白，嚼之富有弹性，是中国的传统美食，由秦汉时白饼演变发展而来，已有2000多年的历史。它的材料简单，制作方便，口感柔韧耐嚼，见图2-15。这一美食在牡丹江市也很受欢迎。

图2-14　干煎大板黄鱼图

2-15　海林荷叶饼

二、辽宁部分

(一)沈阳

沈阳是辽宁省的省会,更是历史名城、文化古城,是清朝发祥地,素有"一朝发祥地,两代帝王都"之称。

老边饺子:辽宁沈阳的特色名菜。老边饺子传统制作技艺已有近200年的历史,是代代传承发展的一整套秘制技术,制作精细、造型别致,吃起来口味香醇,饺子皮柔软筋道,见图2-16。相传清朝道光年间,河北任丘一带多年灾荒,官府却加紧收租收捐,老百姓忍无可忍,只好背井离乡,四散逃亡。其中,有一个边家庄的边福老汉,原来就是开饺子馆的,此时也待不下去了,只好一家人逃向东北。一天晚上,他们投宿在一户人家中,恰巧这家人在为老太太祝寿,于是这家人给边福老汉一家每人一碗寿饺充饥。边福老汉觉得这水饺清香可口,其馅肥嫩香软而不腻人,于是就虚心向这家人求教。主人看边福老汉诚实厚道,便告诉了他其中的秘密,原来这家人为了让老太太吃起来舒服,在做饺子时就把和好的馅用锅煸一下再包,如此做出来的饺子便又香又软,而且不那么油腻了。边福老汉将此记在心中,后来边福老汉一家辗转到沈阳市小东门外小津桥护城河岸边住了下来,搭了一个小房子,开起了老边饺子馆。由于技术上的改进,老边饺子名声渐渐响了起来,成为独树一帜的沈阳名吃。

沈阳回头:"回头"是沈阳地道的本地特色小吃,色泽金黄,皮焦馅嫩,也是代表性清真食品,见图2-17。相传在清朝光绪年间,有姓金的一家人在沈阳北门里开设烧饼铺谋生。因为经营不善,生意一直不好。一日正值中秋节,生意更加萧条,时至中午尚不见食客上门,店主茫然,遂将铁匣内几枚铜钱取出,买了些牛肉回家剁成肉馅,将烧饼面擀成薄皮,一折一叠地包拢起来,准备自家过节食用。这时,从外面忽然进来一位差人,进店见锅中所烙食品造型新奇,一经品尝,品味甚佳。这位差人当即告诉店主,再烙一盒送往馆驿,众人食后齐声叫绝。此后,这种食品一时名声大振,官民争相购买,生意日趋兴隆,故而取名"回头"。

图2-16　老边饺子　　　　图2-17　沈阳回头

马家烧卖:马家烧卖(麦),选料严格,制作精细、讲究,自然造型美观,口味好,是当地的特色小吃,鲜香多汁、满口留香,见图2-18。马家烧卖始创于清嘉庆元年(1796年),最开始只是创始人马春以手推独轮车的方式来往于热闹街市,边做边卖。后来,其子马广元在沈阳城内小西城门一带挂起了马家烧卖的牌子。由于用料讲究、做工精细、口味殊美便名噪一时,成为辽沈的著名小吃之一,已有200余年的历史。

西塔大冷面:筋道爽滑,非常可口,营养全面,见图2-19。

图2-18　马家烧卖

图2-19西塔大冷面

(二)大连

大连,别称“滨城”,旧名达里尼、青泥洼,位于辽宁省辽东半岛南端,地处黄渤海之滨,背依中国东北腹地,与山东半岛隔海相望。大连环境绝佳,气候冬无严寒,夏无酷暑,气候温和,自然生态环境优越,适宜动植物的生长发育,生物资源较为丰富。大连地区的水产品资源比较丰富,盛产多种鱼、虾、蟹、贝、藻,是全国重点水产基地之一。沿海盛产鱼虾,如鲍鱼、刺参、扇贝、紫海胆、螺类等,海珍品资源丰富,海湾大面积放养贻贝、扇贝等。

烧全虾:烧全虾是大连特色菜,犹如一朵盛开着的牡丹花,火红明亮,色泽喜人,虾肉肥美,鲜嫩香甜,醇而不腻。

铁板烤鱿鱼:香辣鲜美,红亮诱人,让人回味无穷。

焖子:历史悠久,为大连特有,见图2-20。相传100多年前,有门氏两兄弟去烟台晒粉条,有一次刚将粉胚做好,便遇上了连阴天,粉条晒不成,面胚要酸坏,情急之下,门氏兄弟将乡亲们请来用油煎粉胚,加蒜拌着吃,吃后大家异口同声说好吃,有风味。大家于是帮门氏兄弟支锅立灶煎粉胚卖,人们都说好吃,但问此食品叫什么名,谁也说不出。其中一位智者认为是门氏兄弟所创,又用油煎焖,就脱口而出叫“焖子”。

图 2-20　焖子

三、吉林部分

(一)吉林

三套碗:三套碗席是吉林颇具代表性的满族传统名宴,举世闻名的"满汉全席"就是在三套碗的基础上发展演变而来的,也是吉林的特色美食之一。因席中主要菜点是用杯碗、中碗、座碗三套碗盛装而名为"三套碗"席。

人参鸡:人参是东北三宝之一,是吉林特产的名贵补品。此菜上桌,只见参卧鸡中,鸡卧汤中,形体美观,见图 2-21。

高丽火盆:集安人生活中有一道必不可少的特色小吃,那就是高丽火盆,其热气腾腾、香气弥漫,见图 2-22。

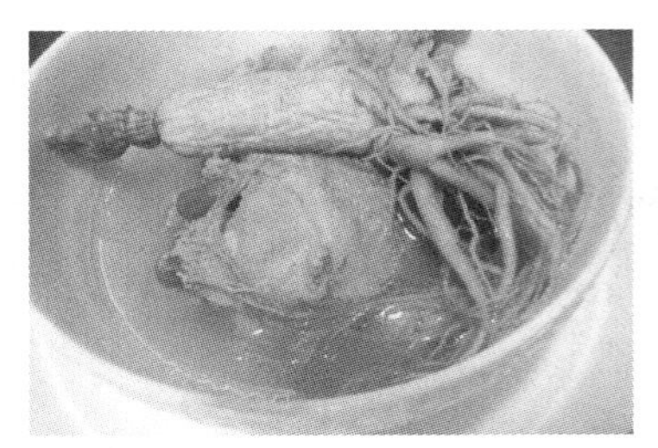

图 2-21　人参鸡

图 2-22　高丽火盆

虎皮扣肉:吉林一道特色菜之一,属于东北菜,该菜色如虎皮,肉质软烂,口味醇厚,肥而不腻,见图 2-23。

伊通烧鸽子:满族特色美食,是吉林省四平市伊通满族自治县的一道特色美食,始于 1636 年(清天聪十年),已有近 400 年历史。由于气候的原因,外加满族先人的生活习性,形成了烧鸽子工艺的独特奇妙之处。成菜肉色红亮,外焦里嫩,香飘十里,见图 2-24。

图 2-23　虎皮扣肉

图 2-24　伊通烧鸽子

新兴园蒸饺:吉林有名的主食风味,河南街新兴园元笼蒸饺久负盛名,迄今已有近70年的历史。饺子外形美观,个头均匀,皮薄发亮、筋道、卤汁多,滋味鲜美。

什锦田鸡油:田鸡是吉林特产,含有较高的蛋白质,但是田鸡身上最珍贵的还是田鸡油。油如珍珠,配果似锦,色泽艳丽,口味香甜,营养丰富。

筱筱火勺:又称"叉子火勺",是吉林传统的地方风味。外焦里嫩,香酥可口,闻则香味扑鼻,食之肥而不腻,见图2-25。

清蒸白鱼:属于东北菜系中的吉菜,食用后可调理身体各项机能。味道咸鲜,色彩艳丽,鱼肉洁白,细嫩鲜美,汤汁清淡,见图2-26。据传,此菜是清代吉林乌拉将军巴海的家厨所创制。清康熙二十一年(1682年),康熙皇帝赴吉林考察时,巴海设宴迎驾,家厨用松花江白鱼烹制了"清蒸白鱼"。康熙皇帝品尝后大加赞赏,于是扬名全城。乾隆十五年(1750年),乾隆皇帝东巡吉林时亦品尝了"清蒸白鱼",称它为"关东佳味",如今仍然是吉林的特色名菜。

图2-25 筱筱火勺

图2-26 清蒸白鱼

(二)长春

作为吉林省会城市,长春自然也是集各地美食之大成者。除了地道的东北菜,这里还有各种风格的烧烤和来自朝鲜族的美味。

朝鲜冷面:驰名国内外的传统朝鲜美食,汤汁凉爽,酸辣适口。

长春酱肉:长春的一道特色名菜,属于东北菜,肥肉不腻、瘦肉不柴、色泽油亮,吃起来味美适口,见图2-27。

酱骨头:主要指的是酱脊骨,也就是猪大排,是东北地区的著名美食,肉质鲜美,入味浓而不腻,而且营养丰富,见图2-28。

图2-27 长春酱肉

图2-28 酱骨头

熏肉大饼:吉林省传统风味之一。其饼色泽金黄,形如满月,外焦里软,焦而不硬,软而不黏,肥而不腻,瘦而不柴,余味悠长,见图2-29。

拉皮:东北常见的家常菜肴之一,清凉适口,通气开胃,消暑解热、解酒、解腻,口感弹牙筋道,突出酸辣口味,是脍炙人口的冷食佐酒佳肴,见图2-30。

图2-29 熏肉大饼

图2-30 拉皮

本章思政总结

扫码看彩图

本章美食图

东北是中华文明的重要发源地,是民族文化、民俗文化的宝藏。与此同时,东北的传统文化也源远流长,已有数千年历史。传统文化是一个不断发展、不断丰富的概念。很长一段时间,所谓传统文化,都特指儒家文化。宋明以后,随着儒、释、道"三教"合流的进程基本结束,三教一体,多元汇聚,开始成为中国传统文化的主体内容和基本特征。一般说来,传统文化的发展程度和发展水平,都为农业经济发展程度和发展水平所制约,这在东北地区表现得尤为突出。宋明以后,直至19世纪中叶,除了辽宁的部分地区,东北其余地区的传统文化,其发展程度和发展水平都非常有限。清朝中后期,随着关内移民的大规模迁入,东北各地,尤其是农村中的传统文化,才有了较为显著的发展和提升。至20世纪初,达到其发展史上的巅峰。

作为传统文化的重要组成部分,东北地区饮食的文化保护、传承与传播对于国家文化自信的建立具有重要意义,它能够以微妙的形式在人们之间传播,润物细无声,故为广大民众所乐于接受。东北是少数民族聚居区,其丰富多样、密切交融的饮食文化能够成功地与民族文化、民俗文化有机融合,密不可分。因此,可以通过推动东北地区饮食文化的梳理和不断完善,推进东北地区传统文化振兴,坚定文化自信。

课后作业

一、简答题

1. 东北地区饮食与区域文化的关系是什么？
2. 东北地区饮食文化的特点是什么？

二、实训题

如何评价东北地区饮食文化对旅游者的吸引力？如何提升其影响力？

课后阅读

戏说东北饮食文化

第三章
中北地区饮食文化

学习目标

知识目标

了解中北地区饮食文化发展的概况，理解中北地区饮食文化的特征，知道中北地区代表性时期、城市的代表性饮食及其反映的历史与文化。

能力目标

能够举一反三，思考和总结中北地区饮食文化的保护、传承和传播的规律。

思政元素

1. 使学生深刻认识到中北地区饮食文化的历史渊源，以及此地饮食文化与其他文化的交叉融合概况，增强学生的文化自豪感。

2. 引导学生深化对我国中北地区文化的认识，尤其是饮食文化在文化保护、传承和传播方面发挥的作用，深化对文化历史与现状的思考，提出增强我国中北地区饮食文化影响力的对策。

章前引例

我国蒙古族奶食文化的起源与早期发展

第一节　中北地区饮食文化概况

中北地区的饮食文化在形成与发展过程中，与东北、西北、黄河流域、长江流域、西南、华南等地区的饮食文化共存并行。特别是与东北、西北、黄河流域等地区的饮食文化相互影响、相互补充，共同缔造了中华民族传统的饮食文化。

一、中北饮食文化区的界定与历史分期

从行政区划看，中北地区是指以内蒙古为中心，连接宁夏、陕西、山西、河北等省区的部分过渡区域。古代民族有东胡系统、匈奴系统、突厥系统和党项族，现代民族有蒙古族和部分鄂温克族、达斡尔族等，从而决定了中北地区饮食文化的地域性特征从一开始就十分典型，在游牧民族诞生以后，形成了以游牧和畜牧业为主的生产生活方式。

由于这些民族活动的范围超越了本地区，因此在饮食文化区的划分上与西北饮食文化区和东北饮食文化区有着交叉的现象，甚至与蒙古国、俄罗斯等国的饮食文化相互渗透。考虑到中北地区各个民族饮食文化的完整性和独立性，故而对东北、西北地区饮食文化与中北地区饮食文化的重叠部分在本章中虽有所涉及，但不做重点论述。

二、中北地区生态环境下的饮食观念

中北地区由于独特的自然环境、经济环境和社会环境，在文化上呈现出草原区域性和游牧民族的特征。同时，中北地区在遵循“崇尚自然、践行开放、恪守信义”的草原文化核心理念之下，包容地接受外来文化，使中北饮食文化具有多样性的特点。文化的多样除了融入外来文化因素，还有在不同的地理环境下文化的多样发展，由此产生了中北地区饮食生态观。

目前，学术界认为，中国从新石器时代起就形成了三大生态文化区，即北方和西北游牧兼事渔猎文化区、黄河中下游旱地农业文化区、长江中下游水田农业文化区。其中，北方和西北游牧兼事渔猎文化区以细石器为代表的新石器文化，其文化遗址中缺乏陶器共存，或陶器不发达，体现了随畜迁徙的“行国”特点。其实，从中北地区历史发展过程中的生态变化看，这种说法值得商榷。

考古资料表明，中北地区的旧石器时代，处于狩猎和采集经济阶段。虽然在遗址或遗存中没有发现代表农业经济的陶器与居址，但这是符合狩猎经济的运行规律和文化特征的。到了新石器时代的内蒙古地区，无论是东南部和中南部考古学文化的发展体系中，诸文化类型的陶器都很发达，并且有定居的聚落形态，完全符合原始农业时期的标准特征。内蒙古东南部地区的原始文化遗址中不但普遍发现了细石器，还在多数遗址中发现了很多的陶器和磨制石器，其中个别文化类型的打制石器数量较多，陶器显得粗糙，狩猎经济的比重较大。所以，这一阶段并未出现以牧业和农业活动并重的经济类型。

尤其是在西周时期，随着马的驯服，开始出现了游牧民族，形成了游牧式的生产和生活，同时创造了具有民族性、地域性的中北地区饮食文化。商周时期，部落或部族分布林立，处于北方游牧民族的发生时期。其中，商代在内蒙古地区中南部、陕西北部、山西北部出现了鬼方、土方、林胡、楼烦等部落或部族；西周时期，在内蒙古地区东南部、河北北部出现了山戎部族。这些部落或部族主要从事牧业生产，兼营农业，饮食文化具有农牧结合的特征。直到西周晚期，游牧民族的生产和生活方式开始定型，产生了游牧式的饮食文化。因此，中北地区并非从新石器时代开始就处于游牧阶段，而是处于原始农业经济时代，并一直延续到夏代晚期，直至游牧经济出现以后才最终形成草原生态游牧文化区。

从公元前16世纪开始形成的中北地区草原生态系统，是草原地区生物和草原地区非生物环境构成的进行物质循环与能量交换的基本机能单位。草原生态系统在其结构、功能过程等方面与森林生态系统、农田生态系统具有完全不同的特点，它不仅是重要的畜牧业生产基地，而且是重要的生态屏障。草原上的植物以草本植物为主，有的有少量的灌木丛。由于降雨稀少，乔木非常少见。以内蒙古草原为主体的北方温带草

原区，东与大兴安岭森林区相连，至嫩江流域、西辽河流域，西至贺兰山东麓，北至中蒙、中俄边界，南至冀、晋、陕、宁、甘五省区，南部边缘是黄土高原地区，横跨三北地区。该草原区既是我国北部边障的一道强大的生态防护带，又是游牧民族和草原文化的发源地和摇篮，以其多样性的生态功能为北方游牧民族的繁衍生息提供服务。它曾经是世界上非常完整的草地生态系统，独特的游牧生产方式保证了草原的更新繁育，维持了生物多样性的自然演化与宝贵基因资源的相对稳定，为家畜适度繁育提供了资源保障。历史上，草原常见的野生动物有虎、狼、鹿、狍、羚羊、黄羊、跳鼠、狐、刺猬、鹰等，家畜有牛、马、羊、骆驼等，是游牧民族主要的生活来源。后来，由于过度放牧以及鼠害、虫害等原因，中北地区的草原面积不断减少，有些牧场正面临着沙漠化的威胁，草原生态系统破坏严重，影响了人民的生产和生活。因此，必须加强对草原的合理利用和保护。

古代北方游牧民族的草原生态理念，构成了中北地区饮食文化的价值内涵。草原生态是由北方游牧民族的生产方式、生活方式、风俗习惯、思想意识等文化因素构成的统一体，追求人与自然协调发展，维护人类与自然界共存的共同利益。依据生态文化观念，通过对历史上自发形成的游牧文化进行对比，特别是对相应饮食生态观进行一种理性自觉的再认识，使饮食文化与草原生态观念思想结合起来。草原生态观念的形成有自己的发展渊源。从北方游牧民族的自然崇拜来看，中北地区在新石器时代，就已经出现了人类对大自然物象的崇拜。如红山文化系统中的玉器，最早在内蒙古自治区赤峰市敖汉旗的兴隆洼文化中就已发现，出土的器类有玉块、玉斧等，选料讲究，雕工精细，造型各异，内涵深邃，蕴含着原始人类对大自然和人文现象模糊认识的神秘色彩。红山文化的玉器，多为反映自然界的物象和带有神话色彩的动物。如云形玉佩、玉龙、玉猪龙、玉龟、玉蝉、玉泰等，其中的玉猪龙就是农业经济的象征，云形玉佩是崇拜上天的礼器。同时，在陶器上也出现对神物的崇拜和对田园生活的追求。如在敖汉旗境内的赵宝沟文化中出土了凤形陶杯、神鹿神鸟纹陶尊等，在陶器中出现的猪首蛇身、鹿首、鸟首、凤形等动物纹，并不是单纯的写实形象，而属于原始崇拜的“神灵”图案，也反映了当时饮食器在原始礼仪方面的作用。敖汉旗境内的小河沿文化的符号纹陶罐，在表面刻画有田园风光，表现了原始人类男耕女织的生活场景，这是中北饮食文化中原始生态观念具体实证的反映。另外，北方游牧民族还常以草原上常见的动物为器物造型，将动物作为图腾崇拜的对象，并且普遍存在着将天地、山川、日月、星辰、林木、风雨等自然现象作为崇拜的对象。因而在中北饮食文化的形成过程中，体现了朴素的“天地人合一”的生态哲学与思想。

第二节　中北地区饮食文化特征

中北地区在旧石器时代早期开始出现人类活动的痕迹，揭开了中北地区饮食文化发展的历史。当人类进入新石器时代以后，由于气候的影响，人们主要从事农业生产活动，以采集和狩猎为谋生的补充手段，并产生了相应的饮食文化。直到早商时期，特

别是西周北方游牧民族诞生以后，牧业经济成为这一地区的主业，这种状况一直延续到近现代，“食肉饮酪”及其产生的文化现象成为中北地区饮食文化的范式。同时，秦汉时期，统治者在此设置郡县，进行屯田种植农作物，再加上中北的东北部有着天然的原始森林，在草原、森林、农田等多种生态环境下，中北地区饮食文化呈现出多样化特征。

生计方式决定了饮食结构。在中北地区，西周至春秋中期牧业经济占据主导地位，农业、狩猎、捕鱼、采集在社会经济中占有一定的比例。秦汉以后，一方面中原王朝对中北地区进行了开发，另一方面北方游牧民族的经济活动离不开中原地区的农耕经济，特别是建立政权的游牧民族十分重视农业发展，加大了农业在经济活动中的比重。因此，中北地区饮食结构以肉食、奶食为主，配以农作物、野菜、瓜果等，这一饮食范式一直延续到近现代。

饮食器的种类和装饰艺术，也与中北地区多种生态环境有关，适宜于游牧生活方式的饮食器颇具特点。如东胡系民族的青铜双联罐、六联豆罐，匈奴民族的青铜四系背壶、青铜刀，鲜卑民族的桦木皮罐，契丹民族的仿皮囊陶瓷鸡冠壶、四系穿带瓶，蒙古民族的六耳铁锅、鋬耳金杯、银碗、蒙古刀等，多用草原上常见的动物、植物的形象作为器物的装饰。同时，具有中原农耕特征的器物也大量存在，如各种陶瓷器、金银器、青铜器等。

在绘画、音乐、舞蹈方面，饮食作为重要的内容出现，如契丹民族的墓葬壁画，直接反映了当时的生计方式、备食、进食、宴饮、茶道等饮食场面，其中以野外宴饮最具民族特色。从壁画中可以看出，契丹民族在举行重大典礼仪式中，参加者在宴饮的同时，可以欣赏美妙的音乐和欢快的歌舞。而宴饮的壁画有的如同宋朝以来常见的“开芳宴”壁画风格，歌舞中的饮食次序却是汉族的礼仪形式，反映了中北地区少数民族与中原地区的饮食文化交流。

在军事、法律、政策上，与诸民族的饮食生活来源有关。在遇到自然灾害时，必然南下中原，掠取必需的生活资料。如匈奴地区几次发生自然灾害，造成牲畜大量死亡，人民饥饿困苦。在这种情况下，他们采取了对中原王朝及周边民族发动战争的策略，以解决食物来源问题。同时，诸民族以习惯法和建立政权后的法律形式，保护牧业、农业、狩猎等经济的发展，确保各种饮食形态的共存和饮食来源的丰足。

从居所可以反映饮食群体的稳定性与聚餐形式。北方游牧民族随水、草迁徙，以毡帐为居住形式，过着游而不定的生活，饮食群体不稳定，在毡帐内架火炊煮，围火进食。有的民族建立政权后，仿汉制筑造城池，城内留出了大片空地搭盖毡帐居住。只有在皇亲贵族的宫府生活中，饮食群体才趋于稳定，但仍然摆脱不了游牧式的居住形式。保藏形式以地窖、冰窖、牛羊胃贮藏食物，或把奶食、肉食等制作成干食，便于游牧时携带。

在礼俗上，北方游牧民族形成各自的饮食风俗，具体表现在人生礼俗、岁时节庆、人际交往、宗教祭祀等方面。如契丹民族在婚姻、丧葬、祭祀、节日、娱乐、宗教信仰、宫廷礼仪等场合，食物、器皿、宴饮等出现于各种礼俗的过程中。尤其是进酒、行酒、饮酒的饮食行为，无不渗透到契丹民族的礼仪之中。对于饮食卫生和保健，游牧民族都有

Note

自己的一套理论,约定俗成,形成了诸如饮食结构的合理配置、按时令牧畜、进食前后注意卫生等,这显示出诸民族的独特文化魅力。

北方游牧民族以牛、羊、马、驼等牧畜和鹿等野生动物的乳、肉为食物,还有野菜、干果等副食品。他们常将这些食物通过朝贡、赏赐、联姻等形式,与周边民族和中原地区进行交流。他们最大的交流对象是中原地区,可以换取农作物和饮食器,并吸收汉式的饮食风俗。

中北地区饮食文化包含与游牧经济相关的饮食结构、饮食器具、饮食相关政策、饮食卫生保健、饮食礼俗、饮食文化交流等内容,其核心为乳、肉组合的饮食结构,并衍生出一系列的饮食文化内涵。同时,它也包含了农业经济及与之相关的饮食文化内涵。这两部分共同融合,成为中北饮食文化的整体,二者缺一不可,这是中北地区各族人民在几千年的生产生活实践中总结得来的宝贵财富。

北方游牧民族在历史发展过程中,其饮食资源的获取手段也是一个多样化选择的过程,主要集中在草原放牧与垦地农耕之间的博弈上。秦始皇统一六国后,深感北方的匈奴对其是很大的威胁,便派大将蒙恬率30万大军北击匈奴,占领了今内蒙古境内的黄河以南地区。次年,又越过黄河,占据了阴山以南的匈奴地区,派兵屯城。然后修筑长城,设置管理机构,并对长城沿线地区进行开发。西汉时期,经过一系列的战争,汉王朝修缮旧长城,筑造新长城,并从中原地区迁徙大量的农业人口到这些地区垦田种地,破坏了原有的草原生态,冲击了草原游牧民族的饮食生态系统。

鲜卑从大兴安岭南迁至今呼和浩特地区后,在今和林格尔县北先后建立了课农,又在边塞进行屯田,还把附近的居民迁入盛乐附近从事农业生产。突厥占据草原地区的一段时期,由于阴山以南的黄河流域地带土地肥沃,又有垦殖的历史。唐朝为了对突厥加强管理,在漠南地区设置都督府、都护府,把农业生产技术带入突厥地区,进行农业生产。对牧区的农业开发,在一定程度上影响了鲜卑、突厥等游牧民族传统的饮食文化。

辽代契丹民族统治草原地区的这一时期,因内蒙古黄河沿岸、岱海盆地、山西北部、河北北部、东北平原的西部土地肥沃,便于灌溉,遂把许多从事农业的人口迁徙到此地,变草原为耕地,发展农业经济。其中,契丹的发源地西辽河流域,地处燕山山脉和大兴安岭山脉的夹角地带,是衔接华北平原、东北平原和蒙古高原的三角区域,“负山抱海”“地沃宜耕植,水草便畜牧”,加之山峦叠伏,草木茂盛,河湖交错,有着十分优越的农、林、牧、副、渔多种经济资源。上京临潢府(故城在今内蒙古巴林左旗南)与东北平原接壤,又有众多的河流、湖泊。“地宜耕种”,逐渐形成半农半牧的地区,出现以农养牧、以牧带农的景象。此外,辽代还在今海拉尔河、石勒喀河、克鲁伦河流域的水草丰美之地开垦耕种。这些原生的自然条件和变牧为农的开发,对契丹民族的饮食文化有一定的影响,食物结构出现了米、面、肉、乳兼容的局面。

元明时期,人们继续对水草丰美的地区开垦种地,一定程度上破坏了草原的生态。但包括这一时期及此前的几次开发,多为中原地区农耕民族的自发迁徙或政府的局部迁徙,人口数量有限,开垦的草原面积较小,被破坏的草原生态可以很快恢复。我国气候史研究成果显示,历史上仅发生四个寒冷期:公元前1000年(夏家店上层文化初期);

公元400年(十六国末期);公元1200年(金代中期);公元1700年(清代前期)。这四个寒冷期影响了草原生态环境的良性循环,出现草原退化、沙化现象。气候回升到温暖期后,草原植被又会恢复,基本上没有造成太大的破坏,因而对饮食文化的影响较小。

清朝晚期至民国时期实行的开放蒙荒和蒙地放垦政策,使周边农民大量涌入内蒙古地区,在荒地、牧场上开田种地,严重破坏了草原植被,致使生态失衡、水土流失,加之空气干燥、降水量减少、无霜期缩短等自然气候的影响,草原大面积沙化。其严重后果是水土流失逐年加剧,降水量普遍减少,风沙天气增多,自然灾害频繁发生,草原退化及能量流失。蒙古族饮食文化几乎全部汉化,蒙古族人民"农重于牧,操作也如汉人"了。其他蒙古族诸部也因生态的变迁,传统的饮食文化正在弱化和消失。

20世纪50年代以来,片面强调"以粮为纲"的政策,曾经对许多牧场进行盲目开发,加之自然条件的持续恶化,导致了草原退化、沙化及能量流失严重。近年来,随着国家和地方政府颁布实施恢复生态的政策与措施,如圈养牲畜、退耕还草、退耕还林等政策,自然条件逐步得到恢复和发展,有效地遏止了草原沙化、退化及能量流失,对实现草原生态环境的良性循环起了一定的作用,也对现今民族传统饮食文化的保留和传承有着积极影响。

在历史的发展过程中,随着自然现象的变化和人为因素的影响,草原生态环境也随之发生变化,中北地区传统的饮食文化呈现出多样化发展的趋势。

第三节　中北地区各地市特色饮食文化

一、内蒙古部分

内蒙古自治区,简称内蒙古,首府为呼和浩特。提到内蒙古,人们最先想到的可能就是"天苍苍,野茫茫,风吹草低见牛羊"的唯美景色。古老的游牧民族,在这片广袤的土地上,传承了一代又一代,留下了许多传承至今的故事。

内蒙古是中国毗邻省份较多的省级行政区之一,横跨东北、华北、西北三大区域,与8个省区毗邻。在这片美丽的土地上,除了独有的美景,还有独特的美食,赏着草原美景,品着特色美食,也是别有一番风味。内蒙古下辖9个地级市、3个盟,每个盟或市都有自己独特的美食。这种美食已经是当地的一种饮食文化,绝不是仅仅为了填饱肚子,追求不饿的水平。

(一)呼和浩特

蒙古奶酪:蒙古奶酪是呼和浩特的名小吃,现在已经遍布祖国的大江南北,无人不知,无人不晓。以前人们坐火车的时候经常看到售货员推着小拉车,推销奶酪。它是用鲜奶和盐等制作而成的,老少皆宜,口感甘甜,营养价值丰富,含有人体中需要的微量元素,见图3-1。

包头风干牛肉:风干牛肉在内蒙古是有着鼎鼎大名的,是内蒙古包头人非常爱吃

的食物之一,要放在通风干燥的地方储存。风干牛肉是用牛肉等食材制作而成的小吃,其筋道有嚼劲,回味无穷,携带方便,见图3-2。

图3-1 蒙古奶酪

图3-2 包头风干牛肉

乌海清汤牛尾:清汤牛尾在内蒙古可谓是远近闻名,尤其是在乌海深受人们的喜爱和欢迎。它是用牛尾和鸡汤等食材制作而成的美味,汤汁鲜美,鲜香醇厚,肉质细嫩,咸淡适中,营养价值极高,见图3-3。

赤峰黄米切糕:赤峰出名的糕点非黄米切糕莫属,在中北地区广为流传。它是用黄米和酵母等食材制作而成的美味糕点。其造型精美绝伦,软糯可口,吃多了也不会感觉到油腻,深受赤峰人的欢迎,属于老幼人群休闲娱乐的糕点之一,见图3-4。

图3-3 乌海清汤羊尾

图3-4 赤峰黄米切糕

(二)通辽

内蒙古全羊席:全羊席在内蒙古可是闻名于世已久,经常用来招待贵宾或举行重大盛宴,它是用一整只羊作为主要食材。其香气扑鼻,口齿生香,让人垂涎三尺,见图3-5。公司聚餐、朋友聚会吃上一顿全羊席,非常具有仪式感。

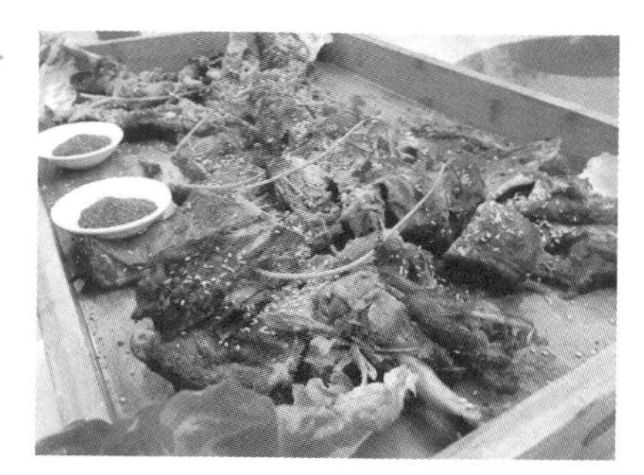

图3-5 内蒙古全羊席

Note

（三）鄂尔多斯

鄂尔多斯酸饭：酸饭是鄂尔多斯的一道风味独特的小吃。这道小吃历史悠久，口感别致，见图3-6。

（四）呼伦贝尔

呼伦贝尔地处中国北部、内蒙古的东北部，因呼伦湖、贝尔湖而得名，是天然牧场，呼伦贝尔草原被称为“世界上最好的草原”。

呼伦贝尔奶豆腐：奶豆腐是呼伦贝尔的特色美食小吃之一，是用牛奶和豆腐等食材制作而成的风味小吃。它酸酸甜甜，乳香浓郁，口感软糯，入口甘甜，营养价值丰富，深受当地人们的喜爱，老少皆宜食用，见图3-7。

图3-6 鄂尔多斯酸饭

图3-7 呼伦贝尔奶豆腐

冰煮羊：从冰开始，一直炖到羊肉开锅，肉质鲜嫩，即冰煮羊，见图3-8。

血肠肉肠：血肠嫩滑，肉肠紧实，外皮酥脆，见图3-9。

图3-8 冰煮羊

图3-9 血肠肉肠

羊肉串：呼伦贝尔地区的羊肉串，肉质扎实、肉香扑鼻。

全羊宴：全羊宴是呼伦贝尔地区款待贵宾和盛大节日宴会上的名贵佳肴，全羊宴色、香、味、形俱佳，别有风味。

铜锅涮肉：铜锅涮肉也被呼伦贝尔当地人称为“涮锅子”，其羊肉入口极嫩、味道鲜美，回味绵长，见图3-10。

炒米：炒米是别具风味的呼伦贝尔当地传统食品，炒米清香爽口，见图3-11。

图3-10　铜锅涮肉

图3-11　炒米

(五)巴彦淖尔

巴盟酿皮:巴盟酿皮是内蒙古的特色传统小吃,历史悠久,流传于世,尤其是在巴彦淖尔是出了名的好吃。它是用面粉和浆水制作而成的,吃起来非常清爽,口感嫩滑,是老少皆宜的美味小吃,在夏天吃更是绝佳的美味,见图3-12。

(六)乌兰察布

萝卜丝酥饼:萝卜丝酥饼在内蒙古乌兰察布广为流传,家喻户晓。它是用萝卜丝和面粉等食材制作而成的美味佳肴。它外焦里嫩,酥脆爽口,营养价值丰富,是人们的心头爱,现在也是人们餐桌上的常见食品,见图3-13。

图3-12　巴盟酿皮

图3-13　萝卜丝酥饼

(七)兴安盟

王小二大饼:王小二大饼是内蒙古兴安盟的特色美食小吃之一,是用面粉和食碱等制作而成的。王小二大饼外焦里嫩,口感酥脆,色香味美,深受兴安盟人民的喜爱和欢迎,在餐桌上一日三餐都很常见,见图3-14。

(八)锡林郭勒盟

蒙古灌肠:蒙古灌肠是内蒙古锡林郭勒盟的传统风味美食之一,是用羊血浆和大肠等食材制作而成的。蒙古灌肠色香味俱全,好吃不上火,经常有食客为吃蒙古灌肠慕名而来,见图3-15。

图3-14 王小二大饼

图3-15 蒙古灌肠

（九）阿拉善盟

黄焖羊羔肉：黄焖羊羔肉是内蒙古阿拉善盟出了名的特色小吃，是用羊肉和酱油等焖制而成的美味小吃。其油而不腻，肉质可口，咸淡适中，营养价值丰富，深受当地人们的喜爱和欢迎，见图3-16。

图3-16 黄焖羊羔肉

二、陕西部分

以榆林为例，代表性美食有炖羊肉、羊肉面和拼三鲜等。

榆林炖羊肉：榆林炖羊肉是用新鲜羊肉连骨剁成大块，再用大锅旺火炖熟，大盆盛上，美味诱人，味道鲜美，见图3-17。尤其是横山县吃地椒叶长大的山羊，肉质鲜美。府谷、神木、靖边也均有此美食。近年来，横山铁锅炖羊肉已走出榆林，风靡北京、西安、银川等城市，深受广大食客青睐。

三、河北部分

以张家口为例，代表性美食有张家口烧南北等。

张家口烧南北：烧南北是张家口的一种汉族传统名肴，属于冀菜系。所谓“烧南北”，就是以塞北口蘑和江南竹笋为主料，将它们切成薄片，入旺火油锅煸炒，加上一些调料和鲜汤，烧开勾芡，淋上鸡油即成。此菜色泽银红，鲜美爽口，香味浓烈，见图3-18。

图3-17 榆林炖羊肉

图3-18 张家口烧南北

四、山西部分

(一)大同

大同黄糕:大同黄糕是山西大同一带常见的特色美食。黄糕是黍子的籽粒,去皮磨面蒸熟,即为黄糕,是大同雁北地区人们的最爱。大同黄糕可以素吃,可以油炸。素糕,也就是没有油炸的本来之色,本来之味道,一碗软糯香甜的素糕,蘸上浓浓的汤汁,吃进嘴里,柔软黏糯,有种粗粮的淳朴香气,不用蘸糖,咀嚼时有丝丝甜气翻涌,见图3-19。

大同油炸糕:油炸糕是山西大同地区的特色美食,一个黄澄澄的脆皮油炸糕,相信很多吃过的人,都会难以忘怀。大同油炸糕好吃且馅料丰富,还可以按照个人喜好调制馅料。无论是哪种馅料,大同油炸糕吃起来都是外酥里嫩,鲜香味美,见图3-20。

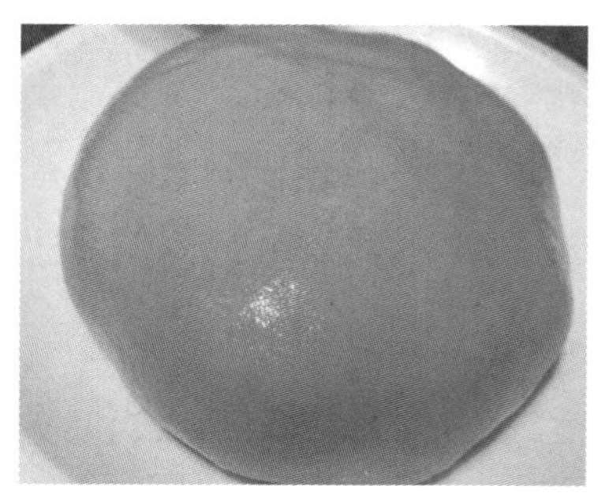
图3-19 大同黄糕

图3-20 大同油炸糕

大同浑源凉粉:浑源凉粉是山西大同浑源县的一道特色小吃。凉粉主要是用土豆粉和矾加工而成,调味酸辣,上面有豆干与蚕豆。普通的凉粉一般是用绿豆淀粉制作,而大同浑源凉粉,据说还有用豌豆粉做的。浑源凉粉一般成型都像一个倒扣的大脸盆,然后用带眼的刮刀一圈一圈将粉刮成条状,再进行调味,是人们夏日餐桌上必不可少的美味,见图3-21。

大同羊杂汤:大同羊杂汤是山西大同本地的特色美食,底油一定要用羊油才香,放入调料(葱段、姜片、桂皮、香叶、茴香),加料酒,粗辣椒面,炒出香味,放入羊杂翻炒,加水炖煮,再加上当地特有的土豆粉一起盛碗,上面是一层厚厚的红油,见图3-22。

图3-21 大同浑源凉粉

图3-22 大同羊杂汤

（二）朔州

烫面饺子：烫面饺子是朔州当地的一道特色美食，又称“烫面蒸饺”。烫面的皮制作特别简单，就是用热水和面的一种，皮有一点点韧性又非常软，口感非常好，而且蒸好不易破，微微透亮，见图3-23。

应县凉粉：应县凉粉是当地别具风味的特色美食，街上随处可见。在热闹的街边，置一条桌几个小凳居中而坐，膝边搁着一两个冰水桶，将凉粉泡在里面，现吃现捞。透亮的凉粉从礤子中漏进碗里，加上辣椒油，还有酱油、醋等，然后放上豆腐干丝、黄瓜丝，最后再捏上一撮香菜，又香又辣，见图3-24。

图3-23 烫面饺子

图3-24 应县凉粉

怀仁糖干炉：糖干炉是朔州怀仁地区的特色小吃，这是一款用红糖和面食调和制作的食品。因其外圆内空，人们又戏称其为“闪塌嘴”。它的外形是圆圆的，如月饼一般，但又暗藏玄机，它的内里是空的，咬一口满满的香、脆、酥，甜而不腻，见图3-25。

朔州右玉羊杂割：朔州右玉羊杂割历史悠久，是当地不可错过的特色美食，这里的羊肉鲜美肥嫩，香酥肥腴，鲜美可口，讲究一水熬煮，原汤原汁，羊骨也放入锅内熬煮，制作非常精细，其精妙之处就在于自家做的手擀粉，顺滑弹牙，嫩滑筋道，再盖上一层酥烂鲜香的羊杂，撒上葱花和秘制辣椒油，味道极美，见图3-26。

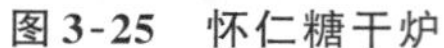
图 3-25　怀仁糖干炉

图 3-26　朔州右玉羊杂割

朔州应县滴溜:滴溜是人们到朔州应县必品尝的特色小吃,吃过的人都忘不了它那独特的味道。朔州应县滴溜是由玉米面做的粉,上面被豆腐干等覆盖,起初会给人一种此为何物的疑惑,如同水滴一样一颗一颗,一滴一溜,看着就让人流口水,入口滑滑的,见图 3-27。滴溜不但是充饥饱腹的美食,还具有清凉消暑的功能。

右玉盐煎羊肉:盐煎羊肉是朔州的一道特色名菜,为当地人民和众多游客所喜爱。半只羊一碗水,羊肉用盐烹制,大火开锅慢火炖,香气四溢。而盐煎使得羊肉深层次的滋味得以释放,简单的食材和原始的烹制过程极大地保留了食材原本的味道,极为鲜美,见图 3-28。

图 3-27　朔州应县滴溜

图 3-28　右玉盐煎羊肉

本章思政总结

扫码看彩图

本章美食图

中北地区位于祖国北部边疆,自古以来就是人类繁衍生息的家园,在漫长的历史进程中,内蒙古草原孕育出了丰富多彩、绚丽多姿、富有特色的文化遗产,蕴含着博大精深的文化内涵。尤其是内蒙古自治区是全国重要的民族文化大区之一,文化遗产十分丰富,并且具有浓郁的民族特色和地域风格,体现了中华民族文化的多样性,具有十分重要的政治意义、文化科研意义和经济意义。近年来，随着国家和地方政府对于传统文化保护力度的加大，区域文化遗产保护和传承工作取得了明显成效。

作为传统文化的重要组成部分，中北地区饮食的文化保护、传承与传播对于国家文化自信的建立具有重要意义，它能够以微妙的形式在人们之间传播，"润物细无声"，故为广大民众所乐于接受。因此，可以通过推动中北地区饮食文化的梳理和不断完善，推进中北地区传统文化振兴，坚定文化自信。

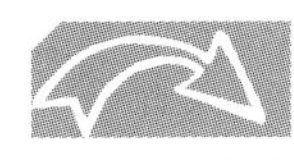

课后作业

一、简答题

1. 中北地区饮食与区域文化的关系是什么？
2. 中北地区饮食文化的特点是什么？

二、实训题

如何评价中北地区饮食文化对旅游者的吸引力？如何提升其影响力？

课后阅读

小肥羊火锅的"江湖"

Note

第四章
西北地区饮食文化

学习目标

知识目标

了解西北地区饮食文化发展的概况，理解西北地区饮食文化的特征，知道西北地区代表性时期、城市的代表性饮食及其反映的历史与文化。

能力目标

能够举一反三，思考和总结西北饮食文化的保护、传承和传播的规律。

章前引例

陈香贵的扩张“焦虑”

思政元素

1. 使学生深刻认识到西北地区饮食文化的历史渊源，以及此地饮食文化与其他文化的交叉融合概况，增强学生的文化自豪感。

2. 引导学生深化对我国西北地区文化的认识，尤其是饮食文化在文化保护、传承和传播方面发挥的作用，深化对文化历史与现状的思考，提出增强我国西北地区饮食文化影响力的对策。

第一节　西北地区饮食文化概况

一、西北地区的历史文化

中国是世界上的文明古国之一，中华文明是人类历史上有数的独立起源的古文明之一，有着从未间断的绵延历史。在源远流长的中华文化中，西北地区的饮食文化担当了非常重要的角色，从距今8000—5000年的伏羲时代开始，生生不息传承至今。

伏羲是中华民族的人文始祖，一说起源于祖国几何中心的甘肃兰州，并由此向周边地区传播。伏羲时代已经由传统的自然采集及渔猎经济向定居的农牧业经济过渡，创造了诸多的饮食文明。其中，粮食作物“黍”与“粟”的人工栽培，成为主要的食物来源，包括菜籽油的食用。在发展农业的同时，肉类生产也有了快速的发展，以人工饲养猪、牛、羊、鸡、狗等家畜为代表，使人们日常的饮食生活平稳有序。而传统采集和渔猎活动的继续，使得西北地区的饮食生活多姿多彩，极大地丰富了饮食文化的内涵。随着丝绸之路的开通，西北地区较先享受到西方饮食文化的成果，外来文化和食物品种的传入，使这里的饮食文化具有了鲜明的特点。胡食的兴起、香料的广泛使用、多民族的团结融合、清真饮食文化的异军突起，使得西北饮食文化色彩斑斓，独树一帜。

悠久的中国饮食文化与世界饮食文化一样，大体经历了由“茹毛饮血”到今天各具特色的现代饮食文化。在漫长的历史发展过程中，中国的饮食文化始终处于国际饮食文化的领先地位，大体从距今1400万年的开远腊玛古猿开始，历经距今250万年的“东方人”、距今204万—201万年的“巫山人”、距今170万年的“元谋人”、距今115万—65万年的“蓝田人”、距今60万—50万年的“北京猿人”、距今35万年的“南京猿人”、距今20万—10万年的辽宁“金牛山人”、距今10万—5万年的“许昌人”、距今4万—1万年的北京“山顶洞人”等，以及当代著名历史学家李学勤先生提出的“远古的伏羲、炎帝时期”，文献记载以黄帝为代表的“五帝时期”、距今4070年的夏王朝时期和1911年推翻帝制后的民国时期，到中华人民共和国成立，一直延伸到改革开放，直至21世纪，形成了一个完整的饮食文化进化体系。从中华先民们使用火，并用火烧熟食物开始，发展到今天，特别是从夏王朝以来的传统农业社会，在“以农为本”的国策引领下，饮食文化被提升到了前所未有的高度，人们对饮食文化产生了全新的认识。

二、西北地区的区划构成

中国地大物博，幅员辽阔，地理纬度与气候大不相同，因此，中国的饮食文化呈现出不同的地域特色。我国的自然地理状况是西高东低、南北不同。从西至东呈三级阶梯，其中最高的第一阶梯便是西部的青藏高原；第二阶梯为向北向东下降的一系列高原和盆地，包括西部的黄土高原；第三阶梯为大兴安岭、太行山、巫山等一线以东的平原及丘陵。按照饮食文化是地域文化的理论，本章重点论述西北地区的饮食文化，涵盖甘肃省、宁夏回族自治区、青海省和新疆维吾尔自治区。

（一）政治意义上的“西北”

就单纯的地理位置而言，西北地区的甘、宁、青、新位于中国的中部及西部地区，范围在东经73°40′—108°40′、北纬31°—47°10′。而甘肃兰州则处于祖国的地理中心，现在之所以称作西部、西北、大西北或小西北，是政治概念上的西北，是以传统的政治中心为坐标的。具体而言，就是以当时的王城为中心，向四面八方辐射，所以不同的地区在不同的时代背景下，有着不同的方位之称。例如，殷商之际，中央王朝的中心在殷墟（今河南安阳一带），华山以西均称为“西”。

公元前770年，周平王东迁洛阳，洛阳又成为东周的政治中心，以嵩山为中岳，区分东南西北。公元前221年，秦始皇统一六国，建都咸阳，“则五岳、四渎皆并在东方”。汉代定都长安（今西安），中心又回到了关中。

唐代以后，随着政治中心向东南转移，甘、宁、青、新地区便被固定在西北的概念之中，直到今天。目前，西北地区的基本情况如下。

土地面积：甘、宁、青、新地区共有土地面积290多万平方千米。人口分布：根据甘、宁、青、新四省区发布的年度报告，截至2021年，甘、宁、青、新地区总人口约6393万人，约占2021年全国总人口14.13亿人的4.52%。其中，甘肃全省总人口约2490万人，宁夏

全区总人口约720万人,青海全省总人口约594万人,新疆全区总人口约2589万人。就人口与土地面积比而言,西北地区真正是地大物博而人口密度又小于全国平均数的地区,有着极大的发展空间和良好的可持续发展前景。

（二）地域文化的单元划分

著名的丝绸之路从甘、宁、青、新四省区经过,作为欧亚大陆桥的交通干线及文化交流的首惠地区,这对于中国饮食文化与国际的交流发展曾起过相当重要的作用。

古老的中国饮食文化,因受到地理环境的长期制约,形成了以秦岭至淮河流域为自然分界线的南稻北粟的饮食文化大区。但是,从地理和人文的文化角度考察,还可以细分成许多小区,依照史学家徐苹芳、安志敏等人的观点,则可分成20多个特色鲜明的地域单元文化,这些均是在自然与人类活动共同作用下形成的。

饮食文化的发展首先是受地理环境等自然条件的制约,地理环境对于一个民族或一个国家社会的发展,可以起到加速或延缓的作用。由于甘、宁、青、新地区均在与陕西分界的陇山以西,所以历史上又统称为“陇右地区”。张衡《西京赋》认为,陇山起着“隔阂华戎”的作用,一句话道出了西北地区的文化特色。

西北地区广袤的土地、多民族的聚居,以及丰富的考古发现,形成了色彩绚丽的西北饮食文化。若按上述的地域文化单元划分,西北四省区属于陇右文化、西域文化和青藏文化的范畴。

（三）生态环境与物产

一方水土养一方人,人类的发展离不开自然环境,饮食文化的发展同样依赖于自然环境和人文环境。甘、宁、青、新地区有着独特的自然地理特点,它处于中国自西向东、由高至低地势的第一、二阶梯。这里有世界最高的青藏高原和本区域最高点——海拔6860米的昆仑山布喀达坂峰。高大山川纵横绵延,有秦岭、祁连山、昆仑山、唐古拉山、阿尔金山、巴颜喀拉山、贺兰山,以及天山、阿尔泰山、喀喇昆仑山等。这里大川密布,是长江、黄河、澜沧江的发源地,被誉为“江河源头”和“中华水塔”。塔克拉玛干沙漠、白龙堆沙漠、腾格里沙漠以及一望无际的戈壁滩与青海湖、博斯腾湖、赛里木湖等错落分布。这里分布着准噶尔盆地、塔里木盆地、焉耆盆地、吐鲁番盆地、青海湖盆地、共和盆地、西宁盆地,还有宁夏平原、河湟谷地和令人瞩目的黄土高原,以及一个个农业区和中国五大牧区中的甘肃牧区、内蒙古牧区、青海牧区、新疆牧区与戈壁滩上大大小小的绿洲。

复杂的高原地形和典型的大陆性气候,使本地区形成了以平原、谷地、绿洲为特色的农业经济,和以山地、草原为特色的牧业经济,共同构成了丰富多彩的饮食文化。

西北地区的黄土高原是中国农业文明的发祥地之一,8000年以来一直是传统的麻、黍、稷、麦、菽等谷物的种植区。特别值得关注的是,在甘肃民乐县东灰山发现的距今4000多年的小麦等5种作物的碳化籽粒,是我国境内年代最早的小麦标本,引发了小麦到底起源于中国还是从西方国家引进的讨论。毫无疑问,小麦在西北地区的广泛种植与推广,对整个中国饮食文化的发展有着十分重要的意义。甘、宁、青、新地区由于地域跨度大,海拔高度差异明显,故气候条件复杂多变。

Note

1. 甘肃

甘肃是干旱少雨的省份，全省平均气温在0—15 ℃，年降水量在35—810毫米，空间分布自东南向西北递减，大致为东南多、西北少，中部有一个少雨带，河西走廊平均降水40—200毫米，降水量最少的敦煌，年平均降水39.7毫米，是全省也是全国降水量较少的地区之一。

甘肃干旱半干旱的自然条件，使其成为以种植小麦、玉米、谷子、高粱、黄豆以及薯类为主的主产区。祁连山高寒半干旱区、甘南高寒湿润区，则以种植小麦、青稞、燕麦、蚕豆、春麦、豌豆、马铃薯、油菜以及饲料作物和耐寒作物等为主。甘肃的经济作物有油料、甜菜、棉花、中药材、麻类、蔬菜、瓜果等。

在传统农业经济当中，发源于甘肃的农作物就有黍、粱、麻、麦(小麦、大麦)。其中，黍发源于8000年前的甘肃秦安地区；小麦、大麦和粱，发源于5000多年前的甘肃民乐地区；麻作为古代重要的食用作物，最早发现于甘肃省东乡林家马家窑文化遗址，同样已有5000多年的历史。

特殊的地理环境，使甘肃的饮食自古以来就呈现出多样化的特点。农业区以面食为主，如敦煌黄面、炸油糕，庆阳的臊子面、荞麦面，天水的酿皮、荞麦凉粉、呱呱、搅团、浆水面，张掖的搓鱼面、羊肉粉皮面筋，以及兰州的炒面片、拉条子、清汤牛肉拉面等，即使是今天的品牌，也都镌刻着历史的印记。

以甘南为代表的牧区，主要的生计方式是放牧牛羊，其饮食生活以吃牛羊肉、奶酪，喝牛羊奶为主，面食则以糌粑为主要食品。

2. 宁夏

宁夏全省平均气温在5—9 ℃，呈北高南低变化趋势，年平均降水量为178—680毫米，南多北少。千百年来，宁夏有着“天下黄河富宁夏”的说法，这里除了传统的谷物生产之外，还大量种植水稻，有“塞上江南”之美称。

宁夏牧区自西夏时期就以产羊而久负盛名，此地草肥水美羊群壮，今人赞美道：“这里的羊吃的是中草药，喝的是矿泉水，羊肉肥而不腻、鲜而不膻。”特别是生活在这里的回族人民，十分讲究卫生，除个人卫生、家庭卫生，饮食卫生尤其讲究，处处突出“洁净”二字，体现出“以养为本，以洁为要，以德为先”的饮食理念，创造出著名的手抓羊肉、烩羊杂碎、涮羊肉、牛羊肉泡馍、蒸糕、油香等特色的清真美食。还有“三炮台”“八宝茶”等盖碗茶，成为宁夏回族茶文化的又一大特色。

3. 青海

青海全省年平均气温在6—9 ℃，东部的黄河、湟水谷地与柴达木盆地为高温区，青南高原和祁连山区为低温区；而极端最低气温，黄河、湟水谷地一般低于－24 ℃，青南高原的玛多为－48.1 ℃。青海多年平均降水量为16.7—776.1毫米，降水量的分布由东南向西北渐次减少。

青海位于青藏高原，气候条件比较差，农作物以传统的小麦、青稞、马铃薯、豌豆、

蚕豆、油菜六大作物为主。

青海的面食颇具特色,其中以焜锅馍馍、拉条子、烩面片、炮面片、狗浇尿油饼等为特色食品。肉食有烤羊肉、五香牛肉干(牦牛肉)、爆焖羊羔肉等,非常有名。

青海以畜牧业为主要经济类型,是中国传统的肉食生活区。青海形成了极具特色的饮食生活,藏族人民的糌粑、牦牛肉以及奶酪食品,还有酥油茶、青稞酒,成为西北地区饮食文化的特色符号。

4. 新疆

新疆远离海洋,东、南、北三面环山,气候变化剧烈,属典型的大陆性干旱气候。其中,北疆为温带大陆性干旱气候,南疆为暖温带大陆性干旱气候。北疆年平均气温为2.5—5.0 ℃,南疆年平均气温为10 ℃左右,吐鲁番年平均气温较高,可达14 ℃。其中,年平均降水量北疆为255毫米,南疆为160毫米。新疆地域辽阔,气候变化大,吐鲁番的夏天最高温度可达到45 ℃以上。这里日照时间长,光合作用好,非常有利于农作物的生长,尤其是瓜果。伊宁的苹果、蟠桃,吐鲁番的葡萄,哈密的瓜,甘甜可口,名满天下。

新疆是我国著名的牧业生产区,草原广阔,水草肥美,牛羊成群,传统的肉类主要有羊肉、牛肉、鸡肉、鱼肉等,其中羊肉比较多。新疆的烤羊肉、烤全羊、大盘鸡、烤羊肉串等菜肴,奶制品中的乳酪、酸奶、奶干、奶皮子,奶油面食中的薄皮包子、油塔子、油馓子、馕,以及手抓饭、米肠子、面肺子等都是闻名遐迩的美味佳肴。

第二节　西北地区饮食文化特征

丰富多彩的西北地区饮食文化,有着悠久的历史和诸多的文化亮点。

一、食材培育的领先者

就食材培育而言,除了前文所述的中国境内发现年代最早的小麦标本——甘肃民乐县东灰山碳化小麦外,西北地区还有其他三个“最早”。

首先,在甘肃秦安大地湾一期文化遗址中,发现了距今8000年的已经碳化的粮食作物黍和油菜籽,这是中国考古发现中年代最早的标本,对于饮食文化的理论研究具有十分重要的意义。

其次,考古发掘中发现了8000年前西北地区的饮食中已经出现了羊肉,同样是目前国内考古发现中最早的羊的标本。羊,肉质鲜美,即所谓“羊大为美”,因而传统饮食中的羔、美、羞(馐)、羹都与羊有关。羊是人类重要的饮食资源之一,在中国的饮食文化中有着十分重要的地位。

最后,更令人惊奇的是,考古挖掘中还发现了8000多年以前西北地区同时出现了养殖鸡,成为中国家庭养鸡的最早记录。西北地区家鸡的发现,为深入探讨家鸡的起

源提供了重要的年代依据和实物证据。

二、八卦与农耕文明

西北地区最让人骄傲的是农业文明的产物——八卦。

甘、宁、青、新地区历史悠久，文化灿烂，人文历史最早可以追溯到远古的伏羲时代。伏羲是西北农耕文化的代表人物，他对人类文明进步做出的伟大贡献之一就是发明了八卦，他发明八卦的卦台山至今遗址尚在。

八卦，是农耕文明的产物，与饮食文化有着密不可分的关系，之后也衍生出了许多民俗现象。

八卦为乾、坤、震、艮、离、坎、兑、巽，对应为天、地、雷、山、水、火、泽、风。可以认为，八卦就是八大类象征，内涵之丰富囊括了当时人们对客观世界的最高认识，包括天文学在内。在中国科技发展史上，最发达的就是中国古代的天文历法，它是我们作为传统农业国家的象征。

八卦实际上是先民们在农业生产过程中长期以来形成的一种对事物、对自然、对宇宙认识的方法。八卦代表着社会与生活的各个方面，其中农业文明和饮食文化就与天文历法有关，是日积月累长期形成的。有专家认为，八卦指由四时分化而成的冬至、立春、春分、立夏、夏至、立秋、秋分、立冬八个节气。所以在古人的观念中，八节、八风、八方和八卦的含义都是相通的。例如，两分(春分、秋分)两至(夏至、冬至)是中国古代重要的节气，精确的节气不但有助于当年农业生产的安排，而且又与日常的生活息息相关。自汉代以来，每年都要举行迎春礼的仪式，并且越来越隆重，其中就包括我们今天举国欢度的春节。

三、食礼同道的饮食观

现代考古发现证明，西北地区有着8000多年连续不断的文化遗存，特别是20世纪80年代天水师赵村和西山坪遗址的考古发现，再一次有力地证明了本地区饮食文化的发展历程。师赵村文化最早距今8000年，最晚距今3000年，有连续5000年的文化遗存。相当完整地反映了甘、青地区新石器时代距今8000—3000年考古文化的发展历程，这在中国是唯一的，在全世界也是极为罕见的。所以，我们研究甘、宁、青、新地区的饮食文化，能有着如此完整无缺的饮食文化历史信息，确实是西北地区得天独厚之处，代表着古老的中华文明。饮食文化的精髓是饮食理念，西北地区饮食文化的观念来自传统的中国文化，并且有所发展与创新。

在中国人眼里，“食”与“礼”息息相关，《礼记·礼运》说：“夫礼之初，始诸饮食。”西北人在祭祀祖先和神灵的时候，祭文的最后一句往往是“伏惟尚飨”，这个“飨”就是“食”，表示接受、吃的意思。著名古文字学家裘锡圭先生认为，祭鬼神可以叫作“食”，鬼神飨祭祀也可以叫作“食”。这是对故人和神灵崇敬的具体做法，一直延续到今天。表明人类在进化的过程中通过饮食行为和饮食规范不断强化文明，这就是传统中的礼。在西北人的践行中，反映出食与礼是同道的，即礼从食出，食礼同道。在中国很多典籍中，也都记载着以“食”来体现君臣上下、长幼尊卑、师道尊严等礼制，如“天子九鼎，诸侯七鼎,大夫五鼎,士三鼎或一鼎"等。数量的多少代表着身份的高下,既是食器,又是礼制的规定。《礼记·曲礼》称:"侍饮于长者,酒进则起,拜受于尊所。长者辞,少者反席而饮。长者举未釂,少者不敢饮。"这段话说的是晚辈陪长辈喝酒的规矩,即晚辈要站起来接长辈的酒。如果长辈没有把杯中酒饮干,则晚辈不能饮酒。这些都说明了中国古代食与礼的关系。

四、西北地区的饮食文化特色

甘、宁、青、新地区饮食文化肇始于距今8000年的伏羲时代,发展于距今6000—4500年的炎黄时代,引领着早期中华民族饮食文化的发展,至距今4000年以来的夏、商、周三代,与中部地区同步并行。

(一) 8000年饮食文化的发展历程

考古资料为我们显示了距今8000年以来西北地区饮食发展的概况,以著名的大地湾一期文化为代表。其特点为当时的先民们已经食用人工栽培的谷物——黍、粟以及油菜籽和葫芦等,并且食用家庭饲养的动物——猪、牛、羊、狗、鸡等肉类,开创了西北地区饮食文化的先河。并且,传统的渔猎活动仍然在继续,当时渔猎的主要对象是鱼、龟、蚌、鹿、马鹿、麝、狍、野猪、黑熊、狸、猕猴、竹鼠等,同时进行一些采集,以满足日常饮食生活的需要,从而揭示出远古时期先民们大体的生存状况,反映出西北先民们丰富多彩的饮食生活。

夏商周时期,西北地区"药食同源"的思想开始体现,如昆仑山奇特食材当中的芍药等一些中药材,进入了百姓的日常饮食,成为以食疗疾的早期实践。

由于民族众多,个性突出,西北地区形成了独具特色的饮食文化,其中又以地方性的齐家文化的肉食、饼、粥、面条等食物品种为代表。青铜食物加工工具的广泛使用,也拓宽了饮食加工的范围,而刀、匕等进食工具的使用,又带来了进餐时的便捷,特别是对于以肉食为主的古羌族。今天草原上的蒙古族人民、维吾尔族人民用刀子吃烤全羊时,粗犷豪放地大块吃肉大碗喝酒的场面,即是古代先民之遗风。

尤其是距今4000年的青海喇家面条,是当今世界上发现的最早的面条,这一发现,将我国食用面条最早记录的东汉时期提前了2000多年,是中华民族对世界饮食文化的一大贡献。

秦汉时期,西北地区由于丝绸之路的开通,中西交流空前发展,一些新的食材进入本地区,极大地丰富了食物的品种。人们熟知的胡桃、蚕豆、石榴、芝麻、无花果、菠菜、黄瓜、大蒜、红花、胡葱、胡麻、葡萄等多品种蔬果,以及调味品胡荽、胡椒、孜然等的使用,为炙、炮、煎、熬、蒸、濯、脍、脯、腊等传统烹饪技艺的发展提供了空间,西北地区逐步形成了特色鲜明的饮食文化传统。尤其是调味品孜然在烤羊肉中的使用,使烤羊肉成为人们饭桌上的传统美食,至今长盛不衰。

魏晋南北朝时期是中国历史上的大动荡时期,但是地处西部的甘、宁、青、新地区却相对安定,饮食文化也得以相对稳定地发展。谷类、肉类、果蔬类食品品种繁多,如传统的大米饭、黍与粟的混合米饭、面条,由加入胡麻油的豌豆粉、黑豆粉制作的烤饼及煮青稞、煮小豆等,以及烧牛肉、烤羊肉、蒸鸡鸭、奶酪,还有胡萝卜、白萝卜、白菜、菠

菜、茄子、丝瓜、藕,瓜果类的杏、桃、李、梨等。尤其是中原地区煎饼、饺子的传入,以及秦州春酒等的广泛饮用,使得饮食品种非常丰富。

隋朝是一个十分短暂的朝代,从统一到灭亡前后不过30多年,但是,隋朝之后却是中国历史上非常强盛的大唐盛世。

大气磅礴的唐朝是兼容并蓄的强盛王朝,唐朝善于接受外来文化,此时胡食风行西北,胡饼等成为时尚。另外,吐蕃的兴起、吐谷浑的衰落、伊斯兰教的传入带来了清真饮食文化,以及以素食为主的佛教饮食文化等,极大地丰富了西北地区饮食文化的内容,使其成为极具特色的饮食文化。

宋朝西北地区开始远离政治中心,饮食文化发展放缓,但是,炸、炒、炙、煮、蒸、烤、煎、煨、熬、烧、汆等烹调技艺仍可圈可点,以面条、饼、馒头、包子、饺子等面食制作的平民化饮食逐渐形成。

元朝虽然统治时间不算长,但对甘、宁、青、新地区的饮食习惯影响还是很大的,如“秃秃麻食”“雀舌子”等食品的出现。另外,在面食与肉食的搭配上,尤其是与羊肉的搭配成为一大亮点。同时,西北地区的“马奶子酒”“驼蹄羹”成为长盛不衰的美味佳肴。

明清民国时期是我国饮食文化的成熟期,但是由于西北地区愈加远离了政治与经济的中心,经济文化落后的局面开始显现。但其多民族饮食文化的特色始终保持,其中清真饮食文化、蒙古族饮食文化等成为中国饮食文化中的佼佼者。西北地区民族食品烤羊肉、手抓羊肉、牛羊肉夹馍等成为脍炙人口的名食。

西北地区有着辉煌的饮食文化历史,自伏羲肇始饮食文明以来,历经炎黄及五帝,直到夏商周时期,文明程度一直在中国的前列。先民们在人与自然的和谐环境中不断发展,在人和、地利、天时中合理利用丰富的自然资源,逐渐形成了以农业经济为主体、畜牧渔猎为辅的生计方式,并在发展中不断地影响着周边地区,开创了西北地区饮食文化之滥觞。

(二)浓郁的民族特色

历史原因形成了西北地区多民族共存的特点,自夏商周以来,甘、宁、青、新地区在隶属中央王朝的同时,有若干个大小不等的地方性政权建置,如羌、氐、匈奴、胡、鲜卑、高昌、回鹘、突厥、仇池、条支、小安息、小月氏、党项、白兰、吐蕃、坚昆、白狗、丁零、羌无弋、湟中月氏胡、吐谷浑、乙弗敌、宕昌、邓至等,他们有着很大的势力,强盛时几乎主宰着这一地区。直到今天,西北地区仍然是多民族的聚居区。

目前,世居甘肃的少数民族有回族、藏族、东乡族、土族、裕固族、保安族、蒙古族、撒拉族、哈萨克族、满族等16个少数民族。其中,回族人口最多。省内现有甘南、临夏两个民族自治州,有天祝、肃南、肃北、阿克塞、东乡、积石山、张家川7个民族自治县,有39个民族乡。青海也是一个多民族聚居的省区,主要民族有汉族、藏族、回族、蒙古族、撒拉族、土族等43个民族。新疆共有47个民族,其中世居民族有13个:维吾尔族、汉族、哈萨克族、回族、柯尔克孜族、蒙古族、塔吉克族、锡伯族、满族、乌孜别克族、俄罗斯族、达斡尔族、塔塔尔族。

正因为如此,西北地区的饮食文化才呈现出异彩纷呈的特色和琳琅满目的食物品

种。以新疆美食为例,新疆牧区的饮食习俗是把牛奶制成奶油、奶皮子、奶疙瘩、奶豆腐、酸奶子和奶油等,味道各有不同,别有风味。还有烤包子,用面皮内包羊肉、洋葱做成不规则扁平四方形,大小如掌心,贴于烤坑内烤制而成,香酥味美,便于旅行携带。烤羊肉串是极富有新疆民族特色的风味小吃,已风靡全国,其味鲜美,独具特色,制作方法是将鲜羊肉切成小块穿在铁签子上,放在炭火烤肉炉上并撒上调味品烤熟。

宁夏的风味小吃,有清汤羊肉、羊羔肉、手抓羊肉、牛羊肉夹馍、烩羊杂碎、酿皮、白水鸡、切糕等,煎制食品有油香、油饼子和嫩子。宁夏茶俗特色鲜明,常见的茶具为盖碗,上有盖,下有托盘,又名“三炮台”。茶有红糖砖茶、白糖清茶、冰糖窝窝茶。名贵的“八宝茶”,里面除了茶叶,还有枸杞、红枣、核桃仁、芝麻、果干、桂圆、冰糖等,多为回族老人所喜爱。正是这些多民族灿烂的饮食文化,才构成了西北地区的饮食特色,作为珍贵的饮食文化财富,是可持续发展的宝贵资源。

第三节　西北地区各地市饮食文化

一、宁夏部分

自古黄河富宁夏,蜿蜒的黄河在经过宁夏的时候流速放缓,形成了素有“塞上江南”美称的宁夏平原,而在这个以回族为主的自治区,美食主要以伊斯兰教美食特点为主,牛羊肉是主要的饮食原料。

(一)银川

羊肉臊子面:羊肉臊子面是宁夏传统面食,在首府银川的大街小巷,都可以看到羊肉臊子面馆。一碗好的羊肉臊子面,一定要汤香、面好。汤香,是臊子面的主要特色,选用肉、辣椒油、时蔬鲜菜、豆腐及各种调料做成。炝好的臊子汤色浓味淡,加上黄花、鸡蛋、蒜苗、豆腐等,红、黄、绿、白相间。筋道的面配上臊子红汤,端上来便让人食欲大增,见图4-1。

手抓羊肉:除了面,手抓羊肉也是宁夏美食一绝。将羊肉放入大锅,以清水炖煮,捞出后以手揉盐入味,再快刀斩成条状装盘,配蒜丁醋水蘸料,美味无比,见图4-2。

图4-1　羊肉臊子面

图4-2　手抓羊肉

（二）吴忠

烩羊杂碎：烩羊杂碎是一道著名传统小吃，宁夏各地均有制作，以吴忠的制作独特、历史悠久而素负盛名，故又称“吴忠风味羊杂碎”，被评为“全国清真名牌风味食品”。新鲜的羊杂碎处理干净后，同羊心、羊肝一起下锅煮熟，放入各种准备好的熟料，熬制片刻，最后撒上翠绿的蒜苗、香菜，滴上几滴红油，一碗色香四溢的羊杂碎汤就可出锅，成为冬日里人们的暖胃佳品，见图4-3。

图4-3　烩羊杂碎

吴忠拉面：作为宁夏拉面的代表，吴忠拉面最早始于清嘉庆年间，已有200多年的历史。经过几代的传承与改良，形成了独具特色的“一清(汤色)，二白(萝卜)，三红(辣子油)，四绿(葱、香菜)，五黄(面条黄亮)”宁夏拉面。或许有人会说，吴忠拉面和兰州拉面差不太多，其实，“一碗拉面一壶茶，一盘牛肉几碟小菜”才是吴忠拉面的全部，见图4-4。

图4-4　吴忠拉面(搭配牛肉)

（三）石嘴山

黄渠桥羊羔肉：黄渠桥羊羔肉是国家农产品地理标志产品。宁夏的羊肉得水土之利，无膻味。2—3个月的羔羊肉质最佳，鲜嫩而不腻口。将羔羊宰杀切块，大火爆炒逼出多余油脂，锁住肉的水分，再加入本地酸菜、粉条、辣椒等，一道口感细腻、味道鲜辣的地道黄渠桥爆炒羊羔肉就完成了，见图4-5。

八宝盖碗茶：八宝盖碗茶是宁夏回族男女老幼普遍饮用的一种茶。盖碗，又称“三泡台”，民间也叫“盅子”，上有盖，下有托盘，盛水的花碗口大底小，精致美观。每到炎热的夏天，喝盖碗茶比吃西瓜还要解渴。到了冬天，回族人民早晨起来，围坐于火炉旁，烤上几片馍馍，或吃点馓子，总要“刮”几盅盖碗茶，见图4-6。

图 4-5 黄渠桥羊羔肉

图 4-6 八宝盖碗茶

(四)固原

固原蒸鸡:蒸鸡是地处六盘腹地的固原泾源地区的特色小吃之一。蒸鸡好吃的关键是用料较为考究,需使用当地土鸡,加上自产的土豆,以及葱、姜、花椒粉、咸盐等调料进行蒸制。这道菜既荤素搭配,又含主食面饼,美味又方便。食用蒸鸡时,再搭配当地盛产的苦苦菜、刺五加等野生菜以及农家蒸的馒头,是一道十足的充盈着田园与乡情气息的美食,见图 4-7。

图 4-7 固原蒸鸡

隆德暖锅:隆德暖锅是去固原必吃的美食之一。一般选用猪骨熬汤,为提鲜,可适量加入鸡汤熬制。暖锅主料基本是家常菜,以土豆片为主,配以豆芽、粉条、豆腐、红萝卜、肉丸子等,上面铺一层过了油的五花肉,俗称"盖面子",见图 4-8。

荞面搅团:荞面搅团是固原的一道家常美食。荞面具有低热量、高营养的特点,对于调控血压、血糖都有一定的好处。搅团做法简单易操作,根据用料不同,可以分为荞面搅团、玉米搅团和洋芋搅团等。一般来说,固原用荞面做搅团更筋道美味,见图 4-9。

图 4-8 隆德暖锅

图 4-9 荞面搅团

（五）中卫

蒿子面：“长脖子雁，扯红线，一扯扯到中宁县……”这首流传于宁夏中宁的歌谣中所说的长面就是蒿子面，见图4-10。蒿子面是中宁县民间特色风味小吃，已经流传了360多年。蒿子面清爽可口，余味悠长，具有健胃、清热的功效，其制作工艺独特，用料考究，还蕴含“祈福安康”等意义。按照传统，大年初七，家家都吃蒿子面，名曰“拉魂面”；新婚夫妇结婚第二天，要吃蒿子面，名曰“喜庆面”；给小孩过满月和百日，要吃蒿子面，名曰“吉利面”。

素杂烩：素杂烩又称“烩小吃”，是一道传统著名小吃，宁夏各地均有制作。形状相似的夹板子、豆腐、粉条、面筋、菠菜、丸子，再加上清莹的汤，总让人忍不住多吃几碗。宁夏中卫的素杂烩很具有自己的特色，来过中卫并品尝过素杂烩的人无不称赞其“物美价廉，特色鲜明，别有风味”，见图4-11。

图4-10 蒿子面

图4-11 素杂烩

二、新疆部分

新疆维吾尔自治区位于我国西北部，地处欧亚大陆中心，是我国陆地面积较大的一个省区。除东南连接甘肃、青海，以及南部连接西藏外，其余地区与8个国家为邻，即东北部与蒙古国毗邻，北部同俄罗斯接壤，西北部及西部分别与哈萨克斯坦、吉尔吉斯斯坦和塔吉克斯坦接壤，西南部与阿富汗、巴基斯坦、印度接界，是我国陆地边境线最长、对外口岸最多的一个省区，这使新疆对外开放具有得天厚的地缘优势。

新疆北部有阿尔泰山，南部有昆仑山和阿尔金山。天山横贯中部，形成南部的塔里木盆地和北部的准噶尔盆地。新疆三大山脉的积雪、冰川孕育汇集为500多条河流，其中较大的有塔里木河、伊犁河，还有博斯腾湖等许多自然景观优美的湖泊。新疆境内独具特色的大冰川占全国冰川面积的42%，大沙漠占全国沙漠面积的2/3，其中塔克拉玛干沙漠是我国最大的沙漠。准噶尔盆地的古尔班通古特沙漠为我国第二大沙漠。

新疆是一个多民族聚居的地区，生活在帕米尔高原上的塔吉克族，属于欧罗巴人种，是中国56个民族中少有的白种人。整个新疆少数民族人数众多，简单说是北疆以汉族为主，南疆以少数民族为主。

新疆各民族的频繁交流，使人们的传统的饮食结构发生了重大变化，蔬菜开始在少数民族的食谱中占有了重要的一席之地，汉族也开始接受少数民族“食肉饮酪”的饮食习惯。烤馕是新疆维吾尔族人民的主要食物，以面粉制作，也有用玉米面做的，呈圆形,有大有小,有薄有厚,分为普通馕、油馕、肉馕等;抓饭,是维吾尔族、乌孜别克族、塔塔尔族等民族的风味食品之一,以大米为主,加入鲜羊肉、萝卜、洋葱等;烤全羊是新疆名贵的民族风味肉,馕坑中焖烤的全羊呈金黄色,皮脆肉嫩,味美鲜香;铁皮横炉内无烟煤火烤出的羊肉串别有风味。其他如奶制品、烤包子、熏马肉等均有特色。

新疆烤全羊:新疆烤全羊是新疆人招待贵宾的最高礼仪,也是新疆人食羊肉最尊贵的方式。远客到来,热情好客的新疆人就会制作一只烤全羊来招待好友。在烤制前,需要先将整只羊浸泡在配好的调料中,然后再将调制好的糊状香料均匀涂抹在整只羊上,最后放进新疆地区传统的"馕坑"中焖上一个半小时,鲜香绵软、焦黄油亮的新疆烤全羊就出炉了,见图4-12。

新疆大盘鸡:新疆大盘鸡又名"沙湾大盘鸡""辣子炒鸡",是新疆维吾尔自治区塔城地区沙湾市的特色美食,也是20世纪80年代起源于新疆公路边饭馆的江湖菜,主要用鸡块和土豆块炒炖而成,可同新疆皮带面搭配食用。色彩鲜艳、爽滑麻辣的鸡肉和软糯甜润的土豆,辣中有香、粗中带细,是餐桌上的佳品,见图4-13。2018年9月10日,"中国菜"正式发布,"新疆大盘鸡"被评为新疆十大经典名菜。

图4-12　新疆烤全羊

图4-13　新疆大盘鸡

新疆手抓饭:手抓饭是新疆各族人民普遍喜爱的食物,维吾尔语称其为"坡罗"。因为最初是用手抓食的,故得此名。其做法是先用油炒洋葱、黄萝卜丝(用黄萝卜是因为它是新疆特产,其他地方黄萝卜产量少,所以只能用胡萝卜代替)、羊肉块,然后放入淘净的大米加水焖蒸,见图4-14。新疆手抓饭营养丰富,具有食补的功效,是当地人民过节、待客的必备食品之一。

馕:"馕",由波斯语音译而来,意为面包。馕是维吾尔族、哈萨克族、柯尔克孜族、塔吉克族、塔塔尔族等民族民间的传统主食。馕的外皮为金黄色,以面粉为主要原料,多为发酵的面,但不放碱而放少许盐,见图4-15。馕大都呈圆形,最大的馕叫"艾曼克"馕,中间薄,边沿略厚,中央戳有许多花纹,直径足有40—50厘米。这种馕大的要用到1—2公斤面粉,被称为"馕中之王"。最小的馕和一般的茶杯口那么大,叫"托喀西"馕,厚1厘米多,是做工最精细的一种小馕。还有一种直径约10厘米,厚5—6厘米,中间有一个洞的"格吉德"馕,这是所有馕中最厚的一种。馕的花样很多,所用的原料也很丰富。

图4-14 新疆手抓饭

图4-15 馕

红柳枝烤羊肉：红柳枝烤羊肉是将肥肉烤得香酥，瘦肉筋道弹牙，肥瘦相宜，肉嫩汁多，见图4-16。红柳枝烤羊肉作为新疆的特色美食，曾出现在《舌尖上的中国》第二季中。

新疆阿克苏地区阿瓦提县的传统红柳枝烤羊肉串与普通羊肉串大相径庭。在新疆，随处都长着红柳树，就地取材，非常环保。用红柳的树枝削成木签来烤羊肉串，羊肉的香自不待言，用红柳枝穿着烤，更平添了几分红柳的树香，且更具地方特色，比用铁枝串着烤有风味得多。

切糕：切糕即玛仁糖，切糕这一名字是在新疆以外地区的人们在不知道其真正名称的情况下根据贩卖时食品的特点所赋予的。切糕由新疆维吾尔族人民采用传统特色工艺制作而成，是一种选用核桃仁、玉米饴、葡萄干、葡萄汁、芝麻、玫瑰花、巴丹杏、枣等原料熬制而成的具有民族特色的食品，见图4-17。

切糕历史悠久。早在古丝绸之路时期，新疆是国内外商队往来的重要交通枢纽，也是很重要的食物补给站。由于商人们多是进行长途旅行，所携带的食物必须要能长久保存且便于携带，而且要富含人体所必需的各种营养成分，各种氨基酸和微量元素，比如维生素C等，否则人长途跋涉下来，就容易得坏血病而死。而切糕所具备的易保存、易携带和高营养的特点正满足了往返于商道上的人们的需求，所以受到人们的欢迎。

图4-16 红柳枝烤羊肉

图4-17 切糕

面肺子和米肠子：在新疆各民族风味特色小吃中，面肺子与米肠子像是一对孪生，似乎从来没有分开过，总是同时出现在小吃摊上，同时进入人们的肠胃。面肺子和米肠子这种利用羊的肺和肠为外衣制作的名馔，深受维吾尔族、回族等少数民族人民喜爱。同时，也丰富了新疆民族风味小吃大家庭，见图4-18。

烤包子:烤包子是新疆各民族喜爱的食品之一。做烤包子得用新鲜羊肉,最好选择肥瘦均匀的羊腿肉,太瘦的肉口感太柴,不太适宜做馅。烤包子主要是在馕坑中烤制。包子皮用死面擀薄,四边折合成方形。包子馅用羊肉丁、羊尾丁、洋葱、孜然粉(孜然是新疆产的一种香料,带有特殊的香味,可以提香去膻,是制作羊肉菜肴时的调味佳品)、精盐和胡椒粉等原料,加入少量水进行拌匀。把包好的生包子贴在馕坑里,十几分钟即可烤熟。其皮色黄亮,入口皮脆肉嫩,味鲜油香,见图4-19。

图4-18 面肺子和米肠子

图4-19 烤包子

油塔子丸子汤:在新疆,有一种美食叫"油塔子",有一种鲜汤叫"丸子汤"。油塔子丸子汤在新疆虽然没有烤肉的知名度高,没有烤包子的历史悠远,但这个不起眼的小吃也一样受到大家的欢迎和喜爱,见图4-20。

油塔子丸子汤是新疆维吾尔族的一道名小吃,以丸子鲜嫩可口、汤味鲜美著称,具有开胃、暖胃的效果。丸子汤一上来,先喝一口汤,让人整个身体都热乎起来,口口都透着鲜。吃一口牛肉丸子,外脆里嫩。再吃一块冻豆腐,豆腐里吸足了汤,吃下去让人回味悠长。此外,汤里的配菜也是精华荟萃,蘑菇、牛肉片、粉块、粉条、鲜蔬菜等,口感十分丰富,有的香糯,有的爽滑,有的筋道。当然,吃丸子汤一定要搭配油塔子才完美,油塔子形状似塔,是新疆人民喜爱的油面食品。油塔子色白油亮,面薄似纸,层次分明,油多而不腻,香软而不沾,老少皆宜。

图4-20 油塔子丸子汤

拉条子:拉条子是新疆拌面的俗称,起源于甘肃河西走廊的移民。甘肃河西走廊一带居民世世代代食用拉面,做工精细,后来随着河西走廊居民逐渐向北疆移民,在新疆逐渐将这种面食传播开来。甘肃拉条子的做法还有很多种,比新疆流行的"菜盖面"品种更加多样。拉条子因制作的时候以菜拌面而得名"新疆拌面",见图4-21。

镶包肉：镶包肉，维吾尔语音译为"塔瓦喀瓦甫"，意即锅烧肉，是新疆风味名食之一。镶包肉这种面肉合一的风味食品非常能代表新疆的传统民族特色，见图4-22。它的食用方式也非常多样化，既可以作为小吃在推车上或店门前兜售，也可以作为一种风味菜食，登上清真宴席，作为一种名菜供中外宾客品尝。2018年，镶包肉被评为"中国菜"之新疆十大经典名菜。

图4-21　拉条子

图4-22　镶包肉

薄皮包子：薄皮包子历史悠久，是新疆维吾尔族特有的美食，也颇受各地游客的喜欢。维吾尔语叫其"皮提曼塔"，意为死面包子。包子蒸熟后，色白油亮，皮薄如纸，晶莹剔透，肉嫩油丰，再撒上黑胡椒粉，咬上一口，满嘴流油，见图4-23。

那仁：那仁是新疆地区哈萨克族的一种牧区佳肴。制作方法是：选用马肉或者羊肉为材料（熏马肉、熏羊肉味道更好），煮熟后放在大铁盘里；然后用肉汤煮熟皮带面，连汤带面浇在熏马肉上，上面再撒一些皮亚子（洋葱），连肉带汤、带面等搅拌在一起，味道奇香无比，是一道毫无膻味的美食。这种佳肴也叫"手抓马肉面"，具有明显的牧区特色，见图4-24。

图4-23　薄皮包子

图4-24　那仁

三、甘肃部分

（一）兰州

灰豆子：从清朝开始，人们便担着担子在兰州的大街小巷卖灰豆子。灰豆子主要由上等麻豌豆和枣做成。值得注意的是，豆与枣得分开煮，需要添加蓬灰与碱，煮豆最少需要文火六小时，这样豆子才绵而爽口，两者根据一定比例调配之后，食客可根据个人喜好添加白砂糖，见图4-25。

酿皮：兰州的酿皮有两种，高担酿皮和水洗酿皮。"高担酿皮"原为西安小吃，"水洗

酿皮”是兰州本土做法。两者口感各异,高担酿皮比较筋道,水洗酿皮则软糯一些,见图4-26。

图4-25 灰豆子

图4-26 酿皮

兰州砂锅:兰州民谣曾这样唱,“砂锅里煮着洋芋蛋,炕上睡着尕老汉。”兰州砂锅自古以来就受到人们的喜爱,是甘肃省久负盛名的传统产品,见图4-27。兰州砂锅还曾作为“进上八宝珍品”之一,由明代肃藩王向朝廷进贡。

兰州牛肉面:兰州牛肉面是兰州的招牌面。在别的城市挂的都是“正宗兰州牛肉面”招牌,是当地人非常熟悉的味道之一,见图4-28。

图4-27 兰州砂锅

图4-28 兰州牛肉面

黄焖羊肉:黄焖羊肉是把羊肉与土豆、粉条、青红椒加密制调料炖熟而成。配菜里最讲究的是手擀粉,也是黄焖羊肉里的主食,和汤汁拌着吃最美味。

手抓羊肉:手抓羊肉是西北地区特色传统名吃,其特点是肉细嫩,膻味小,不腻口,见图4-29。在西北地区,手抓羊肉和黄焖羊肉一样受欢迎,相比之下,手抓羊肉更原汁原味一些。大块吃肉、大口喝酒的豪爽劲,在西北地区展现得淋漓尽致。

三泡台:三泡台因其茶具由茶盖、茶碗、茶托三部分组成,故名三泡台,在兰州也叫“刮碗子”,因为喝之前一定要提起盖在碗口刮几下。外地人喜欢三炮台更多的原因在于配料,包括春尖茶、红枣、桂圆、枸杞、玫瑰、杏干、葡萄干、冰糖等,其中所用的玫瑰是有名的苦水玫瑰,自然清香四溢,见图4-30。

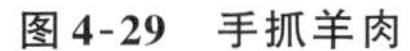

图4-29 手抓羊肉

图4-30 三炮台

烤羊肉串：烤羊肉串是风靡兰州大街小巷的一道经典小吃，一般是用铁签子来穿，肉块小、酥嫩、味鲜。在兰州这个离不了牛羊肉的城市，羊肉串自然是外地游客们不能不品尝的一种美味，见图4-31。

炒面片：炒面片是西北很有名的面食，一般是用洋葱、土豆片、青椒与面片一同翻炒，是每个餐馆必有的主食之一。人们吃小吃可以解嘴馋，却不能保证饱腹，所以炒面片这个集美味、颜值、饱腹于一体的食物，在兰州颇受欢迎，见图4-32。

图4-31 烤羊肉串

图4-32 炒面片

（二）敦煌

驴肉黄面：敦煌人喜食羊肉、鸡肉、牛肉、驴肉等，对面食制作尤其讲究。敦煌黄面，细如龙须，长如金线，香味溢口，这是敦煌推荐得最多、最有名的特色小吃，见图4-33。"天上的龙肉，地下的驴肉"是在敦煌关于吃流行的一句话，敦煌人硬是把驴肉吃成了一种文化。在牛羊肉纵横的西北，在敦煌，每头驴身上所有可以吃的部位几乎都被送进了后厨，菜品有酱驴肉、带筋肉、爆炒驴腰、驴舌肉、红烧驴蹄筋、驴皮冻、炒驴板肠、驴心、青椒驴肚、炒驴杂碎等。

杏皮水：夏天，敦煌酷热难耐，来一杯冰镇杏皮水，清热解渴，酸甜开胃。杏皮水采用敦煌当地特有的李广杏的杏皮熬制而成，是一款深受当地人和游客喜爱的饮品，见图4-34。据史料记载，此杏为汉代飞将军李广从匈奴地区（今新疆）带到敦煌栽植嫁接而成。敦煌李广杏色泽黄亮如金，光洁无茸毛，果肉致密金黄，味甜汁多，粘核仁甜，富浓香，品质极佳，因汁甜似蜜而享有盛名，乃果中珍品、瓜果之王。

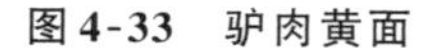

图 4-33　驴肉黄面

图 4-34　杏皮水

胡羊焖饼:古代敦煌为少数民族游牧之地,当地人民被称为"胡人"。敦煌地处古丝绸之路西端,是汉人文化和胡人文化的融合之地,而这道胡羊焖饼就是由胡人的饮食习俗演变而来的。隋唐以来,汉文化和胡文化(当地的少数民族文化)相融合,成为敦煌饮食文化发展的典型代表。胡羊焖饼是以胡人的膳食习俗做法演变而得名,羊肉和面饼的焖炖,实属美味,是敦煌特有的民间小吃。焖饼子是敦煌老丈人接待女婿最好的菜,这个特色菜分为肉和饼两部分,有点像大盘鸡,是用高压锅做的,肉可以选鸡肉、羊肉或牛肉。这道菜的重点和关键都在于饼,饼子薄、筋道、光亮,蘸着汤汁吃,很入味,见图 4-35。

羊肉粉汤:羊肉粉汤是敦煌传统小吃,羊肉的选用精心讲究,必须是本地饲养的且膘肥体壮的羯羊。很多人喜欢在早上吃上一碗热腾腾的粉汤,驱寒暖胃,滋补爽口。食用时,先将骨汤兑水,放入调料煮沸,再将熟肉切成薄片与切成块的凉粉盛入碗中,舀入沸汤,上面撒上香菜末、韭菜和葱、辣椒末等。观之红、黄、绿、白相间,香味扑鼻,食之香辣爽口,肥而不腻,见图 4-36。

图 4-35　胡羊焖饼

图 4-36　羊肉粉汤

(三)陇南

洋芋搅团:洋芋搅团是用陇南当地产的洋芋精制而成的一种食物。搅团过去为农家家常小吃,现已成为大众喜爱的地方特色小吃之一。洋芋搅团风味独特,口感滑润、清香,是美食养生的理想之选,见图 4-37。

图4-37 洋芋搅团

油面茶:油面茶是东乡族人民的一种冬令传统营养食品,见图4-38。时至严冬季节,生活在西北高原上的东乡族,家家户户都要熬油面,滚油面茶。人们清晨出工,出发前,总要喝一大碗醇香可口的油面茶来增加热量。

砂嵌烧饼:砂嵌烧饼又名“麻烧饼”,最大的特点是用炒热的沙子烤熟,它是西北人们每天早上煮灌灌茶时的首选早点,见图4-39。

图4-38 油面茶

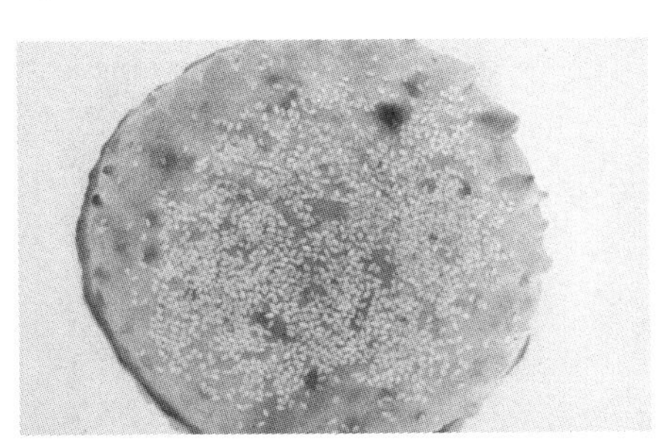

图4-39 砂嵌烧饼

（四）天水

天水呱呱:呱呱是天水的一种特色食品,品种繁多。呱呱以原料区分,有荞麦呱呱、冰豆呱呱、豌豆呱呱和粉面呱呱等,其中最受人们欢迎的是荞麦呱呱,见图4-40。天水呱呱历史悠久,相传在西汉末年隗嚣割据天水时,呱呱是皇宫里的御食。隗嚣的母亲朔宁王太后,对呱呱特别喜欢,每隔三日必有一食。到了东汉,隗嚣兵败刘秀,投奔西蜀的公孙述时,御厨逃离皇宫,隐居天水,后在天水城内租了一间铺面,专门经营呱呱。

荞面凉粉:天水凉粉品种繁多,风味各异,制作考究,佐料独特。其中,用荞麦制成的凉粉柔软滑爽,最为常见,见图4-41。而用豌豆制作的凉粉则晶莹透亮,也受到人们的欢迎。此外,还有用扁豆、粉面等制作的凉粉,都非常好吃。

图4-40 天水呱呱

图4-41 荞面凉粉

清水扁食:清水扁食因清水居民中回族等少数民族居住较多,具有浓郁的民族特色——有汉族的荤扁食和回族的素扁食两种。汉族荤扁食的烹制分炒、包、煮、调四个步骤;回族素扁食讲究清淡味鲜。清水县东部的山门、秦亭等乡镇,当地群众用麻籽仁和豆腐为馅所做的麻腐扁食尤为清水扁食中的珍品,见图4-42。“扁食”与“遍食”谐音,是人们希望生活更加美好,遍食天水美食之意,逢年过节吃扁食已成为清水人民的传统。

天水面皮:面皮是天水著名的地方风味小吃,在夏秋炎热天气受到人们的欢迎。一碗黄亮透明的面皮,加上油泼辣椒、精盐、酱油、蒜泥、芥末、香醋、芝麻酱等调料,再加一小撮青菜,具有色艳味美、油浓汁足、凉爽利口、喷香解暑之特点,见图4-43。面皮食法多样,既可当主食,也可当菜肴,可凉可热,四季皆宜。

图4-42 清水扁食

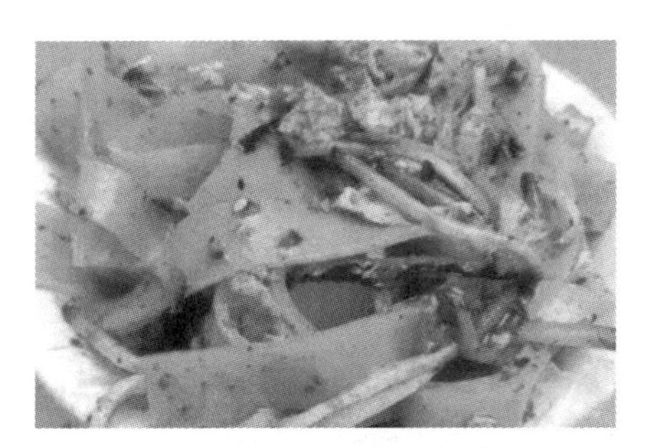
图4-43 天水面皮

甜饭:八宝饭又称“甜饭”,香甜可口,入口即化的甜米和无味的果仁让人垂涎欲滴。甜饭配料为糯米、白糖、葡萄干、绿樱桃、红樱桃、红绿丝、大枣、莲子、花生仁、核桃仁、橘子瓣等,五颜六色,绵软可口,见图4-44。

浆水面:浆水面是浆水作汤,加上葱花、香菜等制作而成的一种面条。浆水面有清热解暑之功效,也可单独作为饮料。其通常选用鲜嫩的苦苣、苜蓿、荠荠菜等野菜或芹菜、莲花菜、小白菜叶为原料,切成细条,煮熟后加上发酵引子,盛在瓷罐内盖好,三天后即成浆水。将浆水烧开,下面再配以其他佐料,即成浆水面,见图4-45。

图4-44 甜饭

图4-45 浆水面

甜醅:甜醅是西北地区的特色小吃之一,是用青藏高原耐寒早熟的粮食之一青稞加工而成的一种风味小吃。在甘肃兰州、天水,青海高原古城西宁和农业区各地,都能看到独特的民间小吃“甜醅”。甜醅具有醇香、清凉、甘甜的特点,吃时散发出阵阵的酒香。夏天吃它能清心提神，去除倦意；冬天食用则能壮身暖胃，增加食欲，见图4-46。

散饭和搅团：散饭（也称馓饭）和搅团是用玉米等杂粮做成的美食。其中，稀的叫散饭，稠的叫搅团，吃时配以天水风味小菜，清香可口。里面臊子多种多样，常见的有浆水、素菜等，为天水的家常便饭，见图4-47。尤其在冬天，坐在热炕上吃最为适宜。

图4-46 甜醅

图4-47 散饭和搅团

甘谷酥油圈圈：甘谷酥油圈圈是甘谷地方小吃，其以精细白面为主料，用上等胡麻油配各味香料，精工制作而成。因其形如微缩的救生圈，又名“曲连”，见图4-48。甘谷酥油圈圈具有色泽金黄、香酥可口、油而不腻的特点，并具有耐存、耐放的优点，即使在炎夏，存放月余也是只干不馊。

米黄：米黄又称“甜馍”。将糜子碾成粉和成面，适度发酵，入笼蒸熟，其块如蜂巢，色如黄蜡，味甜可口，柔酥恰好，营养丰富，长幼喜爱，见图4-49。天水有些地方以玉米面或荞麦面同法制作，例如清水当地会用玉米面制作，当地人叫它“仙美面巴子”，它风味独特，口感不亚于米黄。

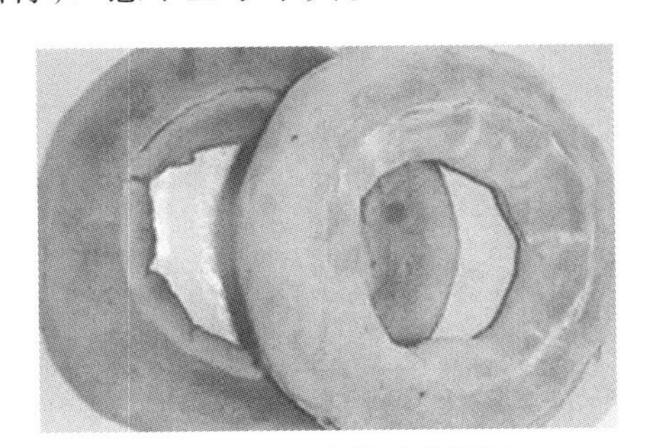

图4-48 甘谷酥油圈圈

图4-49 米黄

（五）平凉

平凉羊肉泡：羊肉泡以前被人们视作盛宴，现已成为平凉人的主食，见图4-50。其选取肉质鲜嫩的站羊，在煮肉的过程中，不添加任何调料，因而其汤汁呈奶白色，也可以称为“清汤”，即清亮、不浑浊，在颜色、味道上均不同于陕西羊肉泡。

平凉酥饼：平凉酥饼是具有地方特色的一种美食，也叫“酥馍”，在陕甘宁地区十分有名，而且已经具有百余年的经营历史。酥饼分为三种，分别是暗酥饼、回族的明酥和扯酥饼。暗酥饼的表面是看不见酥的，入口后才可感觉到那层酥软，有甜和咸两种口味。酥饼外形也分多种，有像牛舌头的，有像麻鞋底的，让人看了就很有食欲，且方便携带，见图4-51。

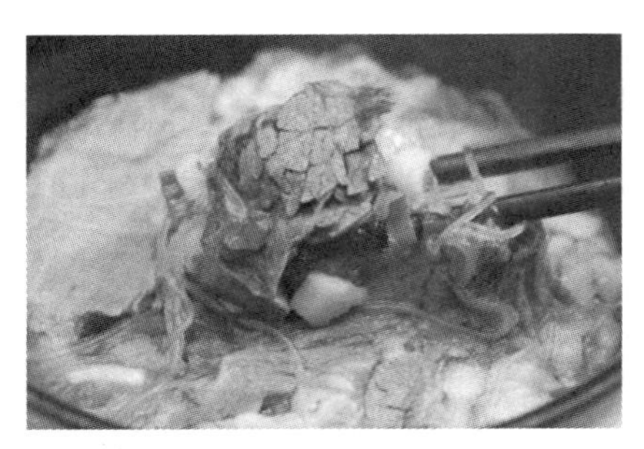

图4-50　平凉羊肉泡

图4-51　平凉酥饼

平凉饸饹面:"饸饹"是北方人自创的专有名词。饸饹面有荤素之分:素的,有清淡之香,吃面的原味,喝汤的地道;荤的,讲究油香,见图4-52。在陕西、山西、河南等地也有类似饸饹面的美食,但做法各有差异。

平凉锅盔:锅盔是一种独具特色的面食,形状为圆形,厚度一般在十几厘米,见图4-53。锅盔这一面食在不同地区的做法、形态各有差异。

图4-52　平凉饸饹面

图4-53　平凉锅盔

(六)庆阳

庆阳清汤羊肉:庆阳清汤羊肉是甘肃庆阳地区有名的小吃,以正宗放养两年以上的山羊为主要肉源,精选食材,秘制调料,打碎羊骨,慢火炖汤,骨髓入味,营养美味。地道的庆阳吃法,是把羊肉、羊杂切片搁置一边放凉,有客人点单时,再把肉片放进碗里,浇上锅中沸腾的汤,再撒上葱花食用,见图4-54。

庆阳搅团:庆阳搅团是甘肃庆阳地区的特色美食。搅团的原料为麦面、玉米面或者高粱面等,配上炝炒韭菜和蒜泥,热吃或凉吃都是绝佳的地方美食,见图4-55。

图4-54　庆阳清汤羊肉

图4-55　庆阳搅团

庆阳臊子面:庆阳臊子面是甘肃庆阳的特色美食。其实臊子面制作并不难,臊子里放黄花菜,又叫"解忧面",首先是要把面做好,难的是要将它切成粗细均匀的面条,好吃又美观,见图4-56。

环县羊羔肉:环县羊羔肉是甘肃庆阳环县的地方特色名吃,羊羔肉嚼起来筋道,味道鲜香,最重要的是吃起来没有膻味。听当地人说,羊一般需要自然放牧180天,喝矿泉水,山上还生长着不少中草药植物,羊群也是尝尽百草,吃着"山珍",饮着甘泉,因此肉煮熟了之后,汤白肉嫩,瘦而不柴,见图4-57。

图4-56 庆阳臊子面

图4-57 环县羊羔肉

庆阳土暖锅:土暖锅是甘肃庆阳地区的一道冬季特色美食,只有在重要的节日,庆阳人民才会把暖锅从高台上拿下来清洗干净。土暖锅里面有豆腐、粉条、萝卜片等,上面铺一层肉片,以柴火煨之,加高汤添料,香味扑鼻,见图4-58。冬天一群人围着吃土暖锅,温馨又暖和。

庆阳搓搓面:搓搓面是庆阳人民日常喜爱的面食之一,不清楚的人还以为搓搓面就是我们平常吃的拉条子、棍棍面,其实是不一样的。拉条子、棍棍面是拉出来的,搓搓面是把面放在案板上搓成细条,纯手工一根根搓出来的。面熟后,再将肉臊子、青菜、豆芽、西红柿、鸡蛋等浇到面上,吃起来非常筋道,见图4-59。

图4-58 庆阳土暖锅

图4-59 庆阳搓搓面

四、青海部分

青海省总体地势呈西高东低、南北高、中部低的态势。即西部海拔高峻,向东倾斜,呈梯形下降,东部地区为青藏高原向黄土高原过渡地带,地形复杂,地貌多样。青海省地貌复杂多样,4/5以上的地区为高原,东部多山,西部为高原和盆地,兼具青藏高原、内陆干旱盆地和黄土高原三种地形地貌。青海省属高原大陆性气候,地跨黄河、长江、澜沧江、黑河、大通河五大水系。

青海省由2个地级市西宁市、海东市及6个自治州(海北藏族自治州、黄南藏族自治州、海南藏族自治州、果洛藏族自治州、玉树藏族自治州、海西蒙古族藏族自治州)组成。在漫长的岁月里,青海的各个民族逐步形成了一套本民族独特的风俗和习惯,同时,民族的多样性赋予了其不一样的文化交融,各民族的饮食文化相互学习和影响,发展至今,形成了青海特色的美食。

(一) 西宁

青海三烧:青海三烧被评为青海的"十大经典名菜"之一,它主要是用土豆、羊蹄筋、牛羊肉丸这几种食材烧制而成。烧好的菜色泽鲜艳,口感筋道,羊蹄筋顺滑弹牙,咸香微辣,寓意美好,也是青海人年夜饭餐桌上必不可少的一道菜,见图4-60。在吃这道菜时,一般还会配上肉包子或菜包子。

青海尕面片:青海尕面片是青海面食中非常普遍而又独特的家常饭。这种面片不是用擀面杖擀出来的,而是用手揪出来的。由于面片小,故叫"尕面片"。青海尕面片光滑筋道,味道鲜香,别有风味,见图4-61。

图4-60 青海三烧

图4-61 青海尕面片

青海羊肠面:羊肠面是西宁的一道传统小吃。其中的面条也称为"抓面",抓面是煮至七分熟的拉面。要提前用菜籽油将面裹好,想吃的时候抓一把,放在滚烫的汤中烫熟。然后将羊肠、羊肉等放在已经煮熟的面条上,再用醋、蒜末、韭菜末、盐等进行调味。盛一碗热汤,吃一口面,喝一口汤,真是美滋滋。羊肠面面条入口根根分明,浓香四溢,羊肠不膻、不腻、有嚼劲,见图4-62。

炕锅羊排:炕锅羊排在西北地区尤其是在青海地区很受欢迎。炕锅羊排的做法和干锅菜差不多,但是味道却不相同。刚做好的炕锅羊排色泽诱人,香气扑鼻。肉皮焦黄的羊排,充分吸收锅中的配菜和调料的香气,鲜、香、辣味十足,见图4-63。

图4-62 青海羊肠面

图4-63 炕锅羊排

Note

炮仗面:西宁炮仗面是西北的经典面食。炮仗面的做法是把面切成炮仗的长度,然后加上配菜,把面炒熟,再放入牛肉丁、辣椒等一些配菜。炮仗面吃起来面条筋道弹韧,有满满的红油的油香味,很受西宁人的欢迎,见图4-64。

青海土火锅:青海人把火锅称为"锅子",其食材和做法极具青藏高原特色。青藏高原气候寒冷,盛产牛羊,青海土火锅的"锅底"一般由羊肉加少许酸菜制成,口味偏香辣,不加红油及过多调料,汤色清亮,滋味天然醇厚。值得一提的是,土火锅在很多地区很受欢迎,区别在于食材及搭配不同。青海土火锅大致可分为家常火锅、海鲜火锅、素火锅三类,具体花样有十几种,但食材都是寻常之物,主要有牛肉、羊肉、鱼肉、土豆、豆腐、粉丝、海带、青菜、笋尖等,正应了一个"土"字。青海土火锅的一个显著特点是,从西汉出现至今,一直采用传统的铜质火锅,以木炭为燃料,使火锅受热均匀,味道天然。此外,与传统的"涮火锅"不同,青海土火锅端上桌时,主要食材已经在锅内,并且基本上都是熟食、荤素搭配得当,鲜香扑鼻。食材上部再配上刚切好的新鲜红绿辣椒丝、葱丝等,看上去赏心悦目,令人食欲大开,见图4-65。

图4-64 炮仗面

图4-65 青海土火锅

(二)海东

海东市美食有爆焖羊羔肉、焜锅馍馍、葱爆羊肉、酿皮、青稞酒、手抓羊肉、羊筋菜、五香牛肉干等。

本章思政总结

扫码看彩图

本章美食图

辽阔的西北大地,主要包括今甘、宁、青、新四省区,西起新疆帕米尔高原,东至陕北府谷县东端;南自青海和陕西南端,北至新疆阿勒泰地区北端。汉族、回族、维吾尔族、藏族、蒙古族、土族、撒拉族、东乡族、保安族、裕固族、哈萨克族、塔吉克族、塔塔尔族、柯尔克孜族、锡伯族、俄罗斯族、达斡尔族、满族等近20个民族长期生活于此。悠久的历史记忆,多民族的生活方式,多样化的地理地貌,使这块土地上的民间文化蕴藏十分丰厚,为区域饮食文化的

形成创造了条件。

作为传统文化的重要组成部分,西北地区饮食的文化保护、传承与传播对于国家文化自信的建立具有重要意义。近年来,西北地区旅游线路火爆,尤其是在暑期,吸引了众多旅游者去感受其广袤土地、亮丽的风景带来的震撼,旅游业的发展给区域经济发展带来了机遇,推动了当地发展。西北地区独特的饮食文化也吸引了众多游客。另外,饮食文化能够以微妙的形式在人们之间传播,润物细无声,故为广大民众所乐于接受。因此,可以通过推动西北地区饮食文化的梳理和不断完善,推进西北地区传统文化振兴,坚定文化自信。

课后作业

课后阅读

浅谈西北饮食文化特色

一、简答题

1. 西北地区饮食与区域文化的关系是什么?
2. 西北地区饮食文化的特点是什么?

二、实训题

如何评价西北地区饮食文化对旅游者的吸引力?如何提升其影响力?

第五章
黄河中游地区饮食文化

学习目标

知识目标

了解黄河中游地区饮食文化发展的概况，理解黄河中游地区饮食文化的特征，知道黄河中游地区代表性时期、城市的代表性饮食及其反映的历史与文化。

能力目标

能够举一反三，思考和总结黄河中游地区饮食文化的保护、传承和传播的规律。

思政元素

1. 使学生深刻认识到黄河中游地区饮食文化的历史渊源，以及此地饮食文化与其他文化的交叉融合概况，增强学生的文化自豪感。

2. 引导学生深化对我国黄河中游地区文化的认识，尤其是饮食文化在文化保护、传承和传播方面发挥的作用，深化对文化历史与现状的思考，提出增强我国黄河中游地区饮食文化影响力的对策。

章前引例

洛阳水席：从宫廷到民间传承千年的豫菜名宴

第一节　黄河中游地区饮食文化概况及发展历程

黄河是中华民族的母亲河，发源于青藏高原的巴颜喀拉山，流经青海、四川、甘肃、宁夏、内蒙古、山西、陕西、河南、山东等九省区，注入渤海。从内蒙古的河口到河南的孟津为黄河的中游，山西、陕西两省和河南西部为黄河中游地区。黄河中游地区的饮食文化历史悠久、源远流长，是中国饮食文化的重要组成部分。黄河中游地区的饮食文化史可分为四个明显不同的阶段：原始社会的萌芽期、夏商周三代的发展期、秦至北宋的繁荣期、元代至今的转型期。

一、黄河中游地区饮食文化的萌芽

黄河中游地区是中华文明的发祥地之一,也是中国饮食文化的摇篮。黄河中游地区很早就成为原始人类的生活地,有着深厚的原始文化遗存。据考古发现,旧石器早期的文化遗址有陕西蓝田文化遗址、山西芮城西侯度文化遗址和风陵渡匼河文化遗址;旧石器中期的文化遗址有山西襄汾的丁村文化遗址、山西阳高的峙峪文化遗址;旧石器晚期的文化遗址有分布在山西垣曲、沁水、阳城的下川文化遗址;新石器早期的文化遗址有河南新郑的裴李岗文化遗址;新石器中期的文化遗址有以河南渑池仰韶村遗址为代表的仰韶文化等。

在旧石器时代,黄河中游地区的先民使用石块、木料、兽骨制作的粗糙工具,依靠群体的力量,相互协作,以采集野果、根茎和狩猎动物作为食物,过着原始的生活。《礼记·礼运》对早期黄河中游地区的先民进行了这样的描述:"昔者先王未有宫室,冬则居营窟,夏则居橧巢。未有火化,食草木之实、鸟兽之肉,饮其血,茹其毛。"火的使用,使生食变为熟食,是人类发展史上的一次重要飞跃。考古资料表明,早在180万年前的山西芮城西侯度文化遗址和距今约80万年的陕西蓝田文化遗址中,都曾发现过用火的痕迹。人类最早使用的火是天然火,用火烤熟食物是火的基本用途之一。在漫长的生活实践中,黄河中游地区的先民们逐渐学会了长期控制火种,他们把猎捕到的动物的肉置于火堆之中或火焰之上烧烤,由此迈开了黄河中游地区饮食文化中用火烤熟食物的第一步。

在旧石器时代晚期,黄河中游地区的先民开始学会人工取火。古代许多历史典籍中都记载着发明人工取火的人是生活在今河南商丘的燧人氏。汉代应劭《风俗通义·皇霸》记载:"燧人氏始钻木取火,炮生为熟,令人无腹疾,有异于禽兽。"《韩非子·五蠹》也记载:"有圣人作,钻燧取火以化腥臊。"钻木或钻燧都是人工获取火种的方法,于是新的制作熟食的方式——炮,也随之被发明。魏晋时期谯周创作的史书作品《古史考》曰:"燧人氏钻火,而人始裹肉而燔之,曰炮。"《古史考》记载的这种熟食方式比用火直接烧烤要进步得多。

新石器时代,在黄河中游地区,人们的食源不断扩大,新的烹饪方法日益增多,逐渐奠定了黄河中游地区乃至整个中国饮食文化的基础,黄河中游地区的饮食文化开始萌芽。

食源的不断扩大与这一时期农业、畜牧业的出现密切相关。王仁湘《饮食与中国文化》记载:黄土地带和黄土冲积地带,在距今1万至8000年的新石器时代早期,已经有了一些原始的农耕部落,创造了粟作农业文明。粟是由黄河中游地区的先民用狗尾草驯化而来的。在黄河中游地区新石器时代早期遗址中,大都发现了早期的粟粒、粟壳及碳化粟粒。粟类谷物,不宜像肉类那样用烤炮等方式制成熟食,于是先民就发明了石烹法。《太平御览·饮食部》记载《古史考》曰:"及神农时,民食谷,释米加于烧石之上而食。"这便是石烹谷物。几乎与农业出现的同一时期,黄河中游地区也出现了原始畜牧业。人们驯化和饲养了猪、狗、牛、羊、马、鸡等六畜,扩大了肉食来源。这时的肉类加工,人们除了用传统的烤炮等方式,还用石烹法。《礼记·礼运》所记的"豚",就是把猪肉放在烧石上使之成熟。

这种烧石加热使食物成熟的石烹法一直为后人沿用，如唐朝时有“石鏊饼”，明清谓之“天然饼”。这种古老的烹饪法，至今在黄河中游地区仍有遗存，如陕西关中区域的石子馍。制作石子馍的方法，是先把洗净的小鹅卵石子放入平底锅里加热，然后把饼放在热石子上，上面再铺一层热石子，上下加热，使之成熟。在新石器时代中期，黄河中游地区的先民发明了陶器。关于陶器的发明和制作，史籍多有记载。《太平御览·资产部·陶》记载：“《周书》曰：‘神农耕而作陶’。”《吕氏春秋·审分》记载：“昆吾作陶。”无论神农、昆吾，还是黄帝，都是黄河中游地区的远古圣人。有了陶器，也就开始有了真正的烹饪器具。陶制炊具可以加水、加谷或加菜、加肉于其中，以水作为传热介质，使食物成熟。这样，煮、熬、炖、烩等烹饪方法开始出现，奠定了宋代以前盛行中国数千年之久的羹类菜肴烹饪方法的基础。

在新石器时代的陶器中，除了人们熟悉的罐、盆、瓶、壶、碗、碟、杯、盘，还有陶甑。陶甑是一个带隔层的炊具，可以加肉、米等于隔层之上，利用水蒸气加热，使之成熟，蒸的烹饪方法由此诞生。陶甑的发明，对于黄河中游地区饮食文化意义重大，它奠定了中国汉代以前黄河中游地区居民主食烹饪的基础。汉代以前，黄河中游地区的居民主食以粟为主。粟基本上是粒食(没有被细加工过的粮食，例如小麦没有被磨成面粉，而是呈颗粒状来煮饭食用)。有了陶甑，黄河中游地区的先民就可蒸饭而食了。古人也意识到陶甑发明的意义，《农政全书·农器》记载：“釜，煮器也。”《古史考》记载：“黄帝始造釜甑，火食之道成矣。”另外，考古工作者在河南舞阳贾湖新石器时代遗址发掘出的陶器皿中，发现了距今已有9000年的发酵酒的残渣，表明中国是世界上最早掌握酿酒技术的国家。发酵在人类文化技术发展中扮演了关键角色，为农业、园艺、食品加工技术的进步做出了重要贡献。

二、黄河中游地区饮食文化的发展

夏商周三代是黄河中游地区饮食文化的发展时期，主要表现在以下三点。

（一）饮食品种的不断丰富

夏朝的统治中心位于今天的豫西和晋南。商朝虽然起源于黄河下游，但它对夏的统治中心极为重视，商汤把都城定在亳(今河南商丘)。商朝中期，从仲丁到盘庚，都城五迁，其中有三个位于河南(郑州、内黄和安阳)。周人起源于渭河流域，西周定都镐京(今陕西西安)，统治中心从关中平原转移到了伊洛河谷的黄河中游地区。其后，周平王迁都洛邑(今河南洛阳)，东周开始。无论是东周前期的“春秋五霸”，还是东周后期的“战国七雄”，都把黄河中游地区作为争夺的重点。可见，夏商周三代的统治中心和国都大多在黄河中游地区。政治中心的地位特殊，经济、文化的发达，为黄河中游地区饮食文化的发展奠定了坚实的基础。由于农业和畜牧业获得了进一步的发展，人们的食物来源不断扩大。夏代时，我国已经有了历法。我们现在使用的农历，在夏代就初具雏形了。当时，人们已发明了节气和干支纪日法，说明农业知识在夏代就有了系统化的提高。殷墟甲骨文记录了黍、粟、麦、麻、稻五谷的种植，马、羊、牛、鸡、犬、猪六畜的养殖，还有果园和菜圃，用以栽种多种果木和蔬菜。在商朝遗址中还发现了鱼骨，证明

当时人们常食用鳛鱼(古代一种吹沙吸食的小鱼)、黄颡鱼、鲤鱼、草鱼、青鱼和赤眼鱼。《诗经》300篇中的诗歌大多反映了西周到春秋中叶黄河中游地区居民的社会生活。据统计,《诗经》中提到的植物有130多种,动物约200种,而且有了盐、酱、蜜、姜、桂、椒等多种调味品。食物来源的不断扩大,促使人们的饮食品种不断丰富。《周礼·天官·膳夫》记载,周天子进膳时,"食用六谷,膳用六牲,饮用六清,馐用百有二十品,珍用八物,酱用百有二十瓮。"足见当时饮食品种之丰富。

夏商周三代饮食品种的大发展还表现在酒文化的发展上。由于生产力的不断提高,粮食有了较多剩余,谷物酿酒技术得以提高。商周时期,酒文化获得了初步发展。商代是一个极其重视酒的朝代,在商代遗址中出土了大量的酒器,充分说明了这一点。周代统治者鉴于人因酒亡国的教训,控制人们饮酒,逐渐形成了一整套的饮酒礼仪制度。

(二)烹饪技术获得了突飞猛进的发展

夏代后期,陶质炊具逐渐被青铜器取代,提高了炊具的传热性和其他功能,并且向形制多样化发展。如鼎用来炖肉,釜用来煮汤,鬲用来熬粥,甑用来蒸饭。炊具的多样化,说明烹饪由简单操作逐渐过渡到成为一种专门技术。烹调方法发展到氽、炸、浸、烙、烤、烹、涮、煮、煎、焗、炖、熬、烧、蒸、焖、烩、炒等20多种。刀功、火候、调味品也开始受到广泛的关注。周天子所食的"八珍"就是多种烹调法与精湛的刀功、恰当的火候、适中的调味相结合的产物。

烹饪技术的提高,产生了一些饮食专家和职业厨师。夏代的第六位君主少康,曾当过有虞氏的庖正,他是中国第一位可查考到的厨师。有些厨师还总结自己和他人的烹饪经验,形成了一些烹饪理论。商代著名宰相伊尹生于空桑(今属河南),他对烹调极有研究,对利用三材(水、火、木)和五味(甜、酸、苦、辣、咸)有一整套精辟见解,为我国烹饪理论的发展奠定了基础。

随着烹饪技术的提高,贵族们已不再仅仅满足于吃得饱,而是追求吃得好,开始讲究美味,人数众多的大型宴会在黄河中游地区也出现了。《礼记·王制》记载:"凡养老,有虞氏以燕礼,夏后氏以飨礼,殷人以食礼。周人修而兼用之。"这是中国较早的宴会制度。《左传·昭公四年》记载:"夏启有钧台(今河南禹州)之享。"这是中国见诸文字记载最早的一次宴会。《史记·殷本纪》记载殷末纣王在国都安阳附近的沙丘:"以酒为池,县(悬)肉为林,为长夜之饮。"人们对美味的追求为烹饪技术的进一步发展提供了直接的动力。

(三)形成了一整套的膳食制度

在国家机构中,夏代设有"庖正"一职,专管膳食。国家建立起膳食机构,使帝王高水准的饮食生活从制度上得以保证。至周代时,膳食机构已极为庞大。据《周礼·天官·冢宰》统计,周代食官有膳夫、庖人、内饔、外饔等20余种,共计2000余人,他们共同负责周王室的膳食和祭祀供品。

这一时期形成的宴会、进餐制度对后世影响极大。这些制度的核心集中表现为一个"礼"字。在"三礼"(《周礼》《仪礼》《礼记》)中,对天子、诸侯、大夫、士在进餐举宴时可以吃什么食物，用几道菜，放什么调味品，使用什么食具，有什么规矩，奏什么乐，唱什么歌等都有极其苛细、烦琐的规定。这些规定表现出森严的等级制度，一方面维护了统治者的权威和利益。另一方面，这些规定也有提倡温文尔雅、约束过度饮食、制止举止失仪等积极意义。

在日常饮食方面，人们为了适应早出晚归、白天劳作的需要，逐渐形成了固定的两餐制。进餐时，仍保持着原始社会遗留下来的分餐制传统。当时由于高大的家具还没有出现，人们或在室内席地而食，或把饭菜放置在小食案上进食。

三、黄河中游地区饮食文化的繁荣

秦汉至北宋时期是黄河中游地区饮食文化的繁荣期，这一时期的文化繁荣是由多种因素促成的。

（一）政治、文化中心的地位使然

黄河中游地区是这一时期中国的政治、文化中心，从这一时期政权的定都情况可见一斑。统一时期的秦帝国定都咸阳，西汉、隋、唐定都长安，东汉、西晋定都洛阳，北宋定都开封，分裂时期的北方政权也大多定都在长安、洛阳、开封这三个城市。政治、文化中心的地位使宫廷皇族、官僚士人、富商大贾等人物集中于此，这些阶层既有财富又有时间，他们多追求美食佳饮，为这一时期黄河中游地区饮食文化的繁荣提供了强大的动力，这对全国其他地区往往具有导向性和示范性。

（二）饮食文化交流频繁

西汉张骞通西域后，中国迎来了胡汉饮食文化交流的高潮。从西域引进的葡萄、石榴、核桃、芝麻等农作物扩大了黄河中游地区人们的食源，丰富了人们的饮食文化生活。魏晋南北朝时期，北方少数民族内迁，南北民族广泛融合。北方少数民族的食物、饮食方式、饮食习俗广泛传入中原，双方彼此交流。正是在各民族饮食文化交流的基础上，隋唐饮食文化繁荣的花朵才能竞相绽开。同时，黄河中游地区地处东西南北交通要冲，加之政治、文化中心的地位，吸引着全国各地的人们流向黄河中游地区。他们或做官、或经商、或游学赶考、或探亲访友、或游览观光，与此同时，也把全国各地的饮食风味带到黄河中游地区，像北宋京师东京城内，已有北饭店、南饭店、川饭店等不同地方菜馆。在吸收各地饮食文化精华的基础上，黄河中游地区的饮食文化更上一层楼，极其繁荣。

在黄河中游地区饮食文化的繁荣时期，茶文化的兴起颇值得关注。茶作为饮品，秦汉时期尚局限于西南一隅。魏晋南北朝时期，饮茶之风流行于吴越之地并开始向黄河中游地区传播。唐朝时期，佛教的大发展、科举制度的施行、诗风的大盛、贡茶的兴起，以及中唐以后政府的禁酒等因素促使中国茶文化的形成。唐代“茶圣”陆羽的《茶经》更是推动了中国茶文化的发展。宋代茶文化已发展到登峰造极的程度，茶叶“采择之精、制作之工、品第之胜、烹点之妙，莫不咸造其极”。黄河中游地区虽不产茶叶，但由于此区域是国家的政治、文化中心，茶文化极其繁荣，饮茶之风流行于社会各阶层，并且逐渐渗透到人们的日常生活习俗之中。

(三)烹饪技术取得较大发展

这一时期的烹饪技术也获得了较大发展,主要体现在以下两点。

一是炒菜技术日益成熟。两汉以前,中国菜肴的制法主要是煮、蒸、烤等,人们所食用的重要菜肴是各种羹汤,西汉以后,重要菜肴则逐渐转向于炒菜。王学泰先生认为,用炒的方法制作菜肴最迟在南北朝时已发明(有的专家认为,炒法春秋时期就已出现),只是当时尚未用"炒"命名。至宋代,人们开始用"炒"字来命名菜肴,在菜肴比重中,炒菜已同羹菜并驾齐驱了。炒,也日益成为中国菜肴加工的主要方式,深刻影响着人们的饮食生活。

二是素菜获得了较快的发展,并在北宋时期形成独立的菜系。推动这一时期素菜发展的因素有很多,其中佛教的传入并走向鼎盛是其重要原因之一。佛教在两汉之际经西域传入黄河中游地区,魏晋南北朝时期是中国佛教迅速发展的时期,至唐朝时,佛教走向鼎盛。汉传佛教在传承过程中形成了忌食肉荤的戒律。佛教在黄河中游地区的盛行为素食消费提供了广阔的市场。这一时期,中国发明了豆腐及其他豆制品的制作技术,豆腐及其他豆制品加盟素菜并成为主要食材,为仿荤素菜的形成提供了必要条件,成为素菜发展较快的另一重要因素。

在饮食文化繁荣时期,黄河中游地区人们的饮食结构也发生了较大的变化。在主食方面,发生了由粒食向面食的转化。由于小麦在中国北方的推广,由面粉制作的各种饼类食品逐渐成为黄河中游地区居民的主食。在副食方面,受北方游牧民族的影响,羊肉在当时很受欢迎。在饮食习俗方面,人们由一日两餐制逐渐过渡到一日三餐制。由于高桌大椅等家具的出现、菜肴品种增多等因素,分食制逐渐向合食制过渡,到北宋时,合食制已经形成。

四、黄河中游地区饮食文化的转型

唐代中后期,中国的经济中心由黄河中游地区转移到江南。自元代起,中国的政治中心转移到现在的北京,文化中心则转移到了江浙一带。黄河中游地区从此丧失了中国经济、政治、文化的中心地位,降为一般的普通区域,黄河中游地区的饮食文化开始进入转型期。这一时期,由于人口过度膨胀,生态环境日益恶化,经济发展相对缓慢,遂使黄河中游地区人们的主副食结构、酒文化、茶文化都发生了很大的变化。在本饮食文化区内部,也形成了不同风味的地方饮食。

(一)主食结构方面

一是面食继续得到加强。在华北平原、关中平原、汾河河谷和伊洛河谷,人们广泛种植小麦,面粉成为黄河中游地区中上层居民的主食。黄河中游地区的面食品种极其丰富,其中饼馍类食品的制作技术已达到相当高的水平,出现了不少饼馍名食。生于晚清、民国时期的陕西人薛宝辰在《素食说略》中,对饼馍类食品进行了归纳,涵盖7种蒸法、11种烙法、5种油炸法及各种面条类食品,其中,出现了拉面、削面、托面等新的制作方法。二是明末清初,甘薯、马铃薯、玉米等美洲高产农作物的引进,并在黄河中游地区广泛种植,使这些作物开始成为黄河中游地区一些地方下层居民的主食。甘薯多

种于平原与河谷地带，山西种植马铃薯最多，玉米多种植于豫西、陕南山区。这些高产作物，在一定程度上缓解了人口压力所带来的粮荒问题。

（二）副食结构方面

其一，由于养猪技术的进步和清代统治者对猪肉的喜爱，使人们之前“重羊轻猪”的观念发生了很大变化。猪肉受到人们的普遍重视，地位上升，成为黄河中游地区食用量最大的肉类。但在山区和高原地带，养羊业仍很兴盛，羊肉在人们的肉食中仍占重要地位，仅次于猪肉。其二，蔬菜生产与前代相比也发生了一些变化。由于海外蔬菜的引进，蔬菜品种增多。在传统秋冬季蔬菜中，白菜、萝卜的地位上升，葱、姜、蒜、韭、芥、辣椒等辛辣类蔬菜被广泛种植。

（三）烹饪方法方面

这一时期的黄河中游地区，由于天然森林多数遭到砍伐，燃料不足，节省燃料的大火急炒得到了推广，炒菜几乎完全取代了羹菜和蒸菜。烹饪方法形成了以炸、爆、熘、烩、扒、炖闻名，尤其擅长用酱及五味调和的总体特色。在日常饮食上，人们多重主食，主食以面食为主，且花样繁多，有“一面百样吃”之说。副食菜肴多重数量，轻质量。因物产、气候、风俗习惯的不同，黄河中游地区各地的饮食文化生活也表现出明显的地域差异性。如河南菜素、油、低盐，调味适中，鲜香清淡，色形典雅；山西菜酸味十足；陕西菜讲究火功，能保持原料的原有色泽，以咸定味，以酸辣见长。伴随着地方风味的形成，名食佳馔大量涌现，如开封的小吃、洛阳的水席，以及太原的刀削面、头脑和西安的羊肉泡馍、葫芦头等。

（四）酒文化方面

受唐代的政治安定、经济繁荣、文化多元化等多方面因素影响，唐代酒业兴盛，白酒很快取代了传统粮食发酵酒的地位。黄河中游地区在这时期名酒众多，质量上乘，产量很大，是全国主要的白酒产区。明代，黄河中游地区的名酒有陕西的桑落酒，山西的襄陵酒、羊羔酒、蒲州酒、太原酒、潞州鲜红酒、河津酒，河南的刁酒、焦酒、清丰酒等。清代的名酒有陕西的柳林酒(今西凤酒的前身)，山西的汾酒，河南的杜康酒、温酒、鹿邑酒、郭集酒、明流酒等。黄河中游地区的人们也喜欢饮用白酒，人们饮用白酒时，不再温酒。在酒器方面，过去温酒的注碗已销声匿迹，注酒的酒注却因此摆脱束缚，变得洒脱轻盈、千姿百态。同时，人们饮酒的大酒盏被小酒杯所取代。

（五）茶文化方面

元代时，饼茶已开始衰落。明代以后，炒青法制成的散条形茶叶取代了饼茶。从唐代开始研末而饮的末茶法，变成用沸水冲泡茶叶的瀹饮法。这一时期，黄河中游地区的茶文化与前代相比显得暗淡，与同一时期的南方茶文化相比显得苍白，但茶文化并没有完全消失，在人们的生活之中，不时闪现其“倩影丽姿”。

值得一提的是，中华人民共和国成立后，尤其在改革开放后，黄河中游地区的饮食文化揭开了新的一页，城乡居民的饮食得到了很大改善，普遍解决了吃得饱的问题，正向吃得好、吃得健康方向发展。但是，同沿海发达区域相比，黄河中游地区居民的饮食

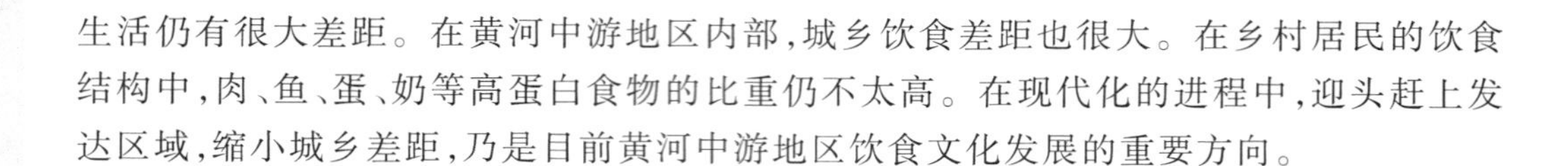

生活仍有很大差距。在黄河中游地区内部,城乡饮食差距也很大。在乡村居民的饮食结构中,肉、鱼、蛋、奶等高蛋白食物的比重仍不太高。在现代化的进程中,迎头赶上发达区域,缩小城乡差距,乃是目前黄河中游地区饮食文化发展的重要方向。

第二节 黄河中游地区饮食文化特征

黄河中游地区饮食文化在不同时期呈现出不同的特征,每个阶段的发展都为其下一时期奠定了坚实的基础。

一、先秦时期

先秦时期是黄河中游地区饮食文化的萌芽和初步发展期,中华民族在此时已形成了以谷物粮食为主、以肉蔬瓜果为辅的独具特色的传统膳食结构;随着烤炙、水煮、汽蒸、油煎等烹饪方式相继发明,人们的饮食生活水平得到提高,奠定了后世中国烹饪方式的基础;席地而坐的分餐制,素食、冷食、慢食等多样化的饮食方式以及等级严格的宴席制度等先秦饮食礼俗无不对后世黄河中游地区,乃至整个中国的饮食文化产生重要影响。

二、秦汉时期

秦汉时期,随着农业、手工业、商业的发展,以及对外交往的日益频繁,黄河中游地区的饮食文化不断吸收各民族、各区域饮食文化的精华,呈现出繁荣景象。具体表现为:在食材方面,无论是粮食结构,还是副食原料都有所发展;在食物加工与烹饪技术方面,面食品种日益多样化,副食烹饪技法增多;在酒文化方面,酿酒技术获得了一定进步,葡萄酒开始从西域引进入中原,榷酒(国家对酒类的专卖)开始出现,酒肆业逐渐繁荣,形成了丰富多彩的饮酒习俗,酒器的材质多样、种类丰富;在饮食习俗方面,三餐制得以确立,分食制继续传承,饮食礼仪日益完善,节日饮食习俗日趋成熟。

秦汉时期,黄河中游地区的饮食文化为什么能够获得较大发展呢?这有着深刻的社会原因和经济原因。

首先,经济的迅速发展,为黄河中游地区饮食文化的繁荣提供了雄厚的物质基础。秦汉时期是中国封建社会巩固和初步发展期。特别是西汉前期,由于实行了一系列的“休养生息”政策,封建经济迅速发展起来。到汉武帝时,又进一步采取了一些政治、经济措施,使中国封建社会进入第一个鼎盛时期,农牧业生产发展到了一个新的水平,出现了所谓的“池鱼牧畜,有求必给”的景象。而黄河中游地区是秦汉时期中国经济最为发达的区域,像关中地区土地肥沃,特产丰富,史称“膏壤沃野千里”,关中中心地带的酆、镐,有“酆、镐之间号为土膏,其贾亩一金”之说。以洛阳为中心的三河地区亦是秦汉经济较发达的地区之一。正是在经济高度发达的基础之上,才绽开了秦汉时期黄河

中游地区饮食文化的繁荣之花。

其次,统一运动带来的饮食文化交流,极大地促进了饮食文化的发展。秦汉以来,中国社会发生了极大变化,结束了春秋战国诸侯割据称雄的局面。这种统一运动,扩大了中国饮食资源的开发,蒙古高原和川滇西部地带繁盛的畜牧业与中原地区高度发达的农业互通有无,北方的小麦和南方的水稻互为补充,天山南北与岭南的蔬菜、水果汇入京都,都大大丰富了秦汉时期黄河中游地区人们的饮食。汉武帝时,张骞对西域的"凿空"(古代称对未知领域探险为凿空)引起了中原和西域之间经济文化的大交流,原产于西域的胡麻、胡桃(核桃)、胡瓜(黄瓜)、大蒜、石榴、葡萄等作物开始引进到黄河中游地区,丰富了人们的食源。胡饼、奶酪、葡萄酒等大量胡食、胡饮引起了中原地区人民的兴趣。这种广泛的饮食文化交流,使得黄河中游地区的饮食文化更加绚丽多姿。

再次,政治、文化中心的地位,对秦汉时期黄河中游地区饮食文化的繁荣起到了催化剂的作用。秦朝定都咸阳、西汉定都长安(今陕西西安)、东汉定都洛阳,这些城市都位于黄河中游地区,使得该地区成为秦汉大帝国的政治、文化中心。该地区集中了许多经济实力雄厚的社会上层,他们对美食佳饮的追求对该地区饮食文化的繁荣起到了推进作用。特别是秦汉宫廷的饮食,代表了当时饮食制作的最高成就,对后世宫廷饮食文化的发展产生了深刻的影响。

最后,秦汉时期黄河中游地区饮食文化的发展也是继承和发展先秦时期饮食文化的结果。先秦时期,黄河中游地区的饮食文化就已相当发达,其品种之繁多、工艺之精湛、风格之迥异、用料之讲究,都堪称一流,而秦汉时期饮食文化正是在继承这些优秀的传统饮食文化的基础上发展起来的。秦汉时期饮食文化的发展,为魏晋南北朝时期黄河中游地区饮食文化的发展奠定了基础。

三、魏晋南北朝时期

魏晋南北朝时期是中国封建社会历史上大动荡、大分裂持续时间最长的时期。这一时期,中国社会经济在不断破坏和重建中艰难地向前发展。在黄河中游地区,游牧民族的牧业经济同传统的农业经济互相融合,大量胡食、胡饮与当地汉族饮食互相影响,出现了许多风味各异的名馔佳肴。加之这一时期社会经济文化的发展,使魏晋南北朝时期的饮食文化较前代有了一些新变化,呈现出一些新特色。具体表现为:在食材上,粮食品种和数量增加,肉类生产结构有了一定的变化,蔬菜栽培技术日趋成熟,瓜果种植技术获得一定发展;在食物加工与烹饪上,粮食加工工具有了较大改进,主食烹饪水平逐渐提高,菜肴烹饪方法广泛交融,宴席与宴会场面更加宏大;在饮品文化上,酒文化得到了快速发展,乳及乳制品得到了较快普及,茶饮在北方开始出现;在社会饮食风俗方面,出现分食制向合食制转变的趋势,士族对饮食经验的总结使食谱大量出现,汉传佛教戒荤食素的饮食习俗开始形成,道教则流行少食辟谷和"少食荤腥多食气"的饮食习俗。正是在魏晋南北朝时期饮食文化交流的基础之上,才绽开了后世唐宋饮食文化的绚丽花朵。可以说,在中国饮食文化史上,魏晋南北朝时期的饮食文化起到了承前启后的作用。

四、隋唐五代时期

这一时期，黄河中游地区饮食文化在各个方面都呈现出繁荣景象，饮食文化表现出从未有过的多彩风格。在食材上，粮食、肉类、蔬菜、瓜果的生产结构都发生了较大变化。在菜肴烹饪上，菜肴烹饪技术逐渐完善，并且原料日益扩展，开始出现了象形花色菜和食品雕刻。在饮食养生和食疗上，饮食养生学和饮食治疗学日益发展成熟。在酒文化上，酒类生产有了较大进步，饮酒之风盛极一时，酒肆经营空前繁荣，饮酒器具出现革新。在茶文化上，饮茶之风开始在黄河中游地区盛行，蒸青饼茶成为人们饮用的主要茶类，"茶圣"陆羽提倡的"三沸煮茶法"成为主流的烹茶方式，茶肆业初步形成，茶具迅速发展成为系列。在饮食习俗上，合食制得到初步确立，节日饮食习俗逐渐丰富，生日、婚嫁等人生礼仪食俗得到了发展，公私宴饮名目繁多。

这一局面出现的原因是多方面的。

第一，隋唐五代时期，尤其唐代安史之乱以前，社会安定，政治清明，国力强盛，四邻友好，农业、手工业和商业都达到了超越前代的水平，这为黄河中游地区饮食文化的繁荣创造了基本条件。

第二，隋唐五代时期，黄河中游地区是中国的政治、文化中心，这种地位使宫廷皇族官僚士人、富商大贾等社会上层人物集中于此，这些阶层既掌握了一定的财富，又有闲暇时间，他们多追求美食佳饮，为这一时期饮食文化的繁荣提供了强大的动力。

第三，得益于当时的饮食文化交流，特别是胡汉饮食文化交流。从汉代开始的胡汉饮食文化交流在唐代出现高潮。大量胡食、胡饮流向中原地区，得到中原地区广大汉族人民的喜爱，当时"贵人御馔，尽供胡食"。酒家成为当时黄河中游地区饮食文化的一个重要特征。域外文化使者们带来的各地饮食文化如一股股清流，汇进了中国这个海洋。除此之外，南北方饮食文化交流也极大地丰富了黄河中游地区的饮食文化，如饮茶之风的流行就是南北方饮食文化交流的结晶。

第四，这一时期黄河中游地区饮食文化的繁荣也是继承和发展前代饮食文化的结果。

隋唐五代时期的饮食文化，尤其是唐代的饮食文化，由于其高度发展，迄今仍在世界各国享有崇高的声誉。国外唐人街上的饮食店中，以唐名菜，以唐名果(点心)，乃至名目繁多的仿唐菜点比比皆是，唐代的饮食文化已被世界各国人民所接受并享用。

五、宋元时期

此时期，中国各民族联系进一步加强、民族融合进一步深化。北宋时期，黄河中游地区是国家政治、文化中心。契丹族建立的辽和党项族建立的西夏在北方和西北方与北宋长期对峙。宋室南迁后，黄河中游地区成了女真族建立的金朝版图的一部分，并在金朝后期成为金的政治、经济、文化中心。金亡后，黄河中游地区成为蒙古族建立的元朝版图的一部分，完全丧失了全国的政治中心地位。政治经济形势的变化、时代的发展、各民族之间的相互交流，使宋元时期黄河中游地区的饮食文化呈现出与前代不同的特征。具体表现有：在食材方面，副食原料出现新变化，形成了"贵羊贱猪"的肉食

风气，水产品的消费量增多，引进了一些蔬菜瓜果新品种；在食物加工与烹饪方面，面食品种得到细化，米食品种有所增加，菜肴加工与烹饪方法得到较大的发展；在饮食业方面，北宋东京（今河南开封）的饮食业盛极一时，代表着宋元时期中国饮食业的最高成就，无论是上层的饮食店肆，还是下层的食摊、食贩，都极具特色；在酒文化方面，榷酤制度日趋完善，酒俗丰富多彩，饮酒器具出现较大变革；在茶文化方面，茶叶生产以饼茶为主，点茶成为主要的饮茶方式，饮茶习俗日益丰富。

六、明清至民国时期

明清至民国时期，黄河中游地区的饮食文化对过去有继承，更有创新与发展。在食材方面，生产能力有所提高，食源更加广泛，既有本土生产的，又有从国外引进的玉米、番茄、马铃薯、辣椒等新作物；在食品加工与烹饪上，面食品种得到了极大丰富，肉类菜肴以鸡、猪、羊为主，注意制作腌菜和利用各种豆制品来弥补新鲜蔬菜的不足，各具特色的地方菜肴逐渐形成；在酒文化方面，黄河中游地区成为全国的白酒生产中心，名酒众多，饮酒习俗在传承前代的基础上有了新发展；在茶文化方面，炒青、瀹饮的兴起和花茶的普及，使黄河中游地区形成了别开生面的泡茶文化，这一时期，茶文化世俗化倾向明显，流行返璞归真的陶瓷茶具；在饮食习俗方面，节日饮食习俗多姿多彩，人生礼仪食俗发展得相当成熟，各种饮食的寓意深刻。

七、中华人民共和国成立至今

这一时期，又可分为改革开放之前和改革开放之后两个历史阶段。改革开放前，黄河中游地区整体上处于物资短缺的时代，大部分地区没有解决好人们的吃饭问题。在饮食思想上，人们也普遍以奢为耻、以俭为荣。改革开放后，黄河中游地区的社会生产力得到了极大的发展，恩格尔系数不断下降，人们告别了物资短缺，稳步由温饱向小康迈进。在膳食结构中，除了米、面等主食，肉、蛋、奶、食油、酒、糖的消费量逐步增长。黄河中游地区的食品工业和餐饮业也得了突飞猛进的发展，酒文化、茶文化和饮食习俗等在继承传统的基础上又增添了新的时代内容。人们的饮食文化思想发生了巨大变化，多姿多彩的黄河中游地区的饮食文化徐徐展现在世人面前，各类饮食习俗、茶文化、酒文化也蓬勃发展起来。

第三节　黄河中游地区各地市特色饮食文化

一、河南部分

（一）洛阳

“清晨一碗汤，神仙都不当；不喝牛肉汤，不算到洛阳。”汤在洛阳受众广泛，世代相传，堪为汉唐遗风。洛阳的汤种类繁多，有牛肉汤、羊肉汤、不翻汤、丸子汤、豆腐汤以及洛阳水席等。其中,最有特色的就是洛阳水席了。

洛阳水席:洛阳水席是河南洛阳一带特色传统名宴,属于豫菜系。洛阳水席始于唐代,已有1000多年的历史,是中国迄今保留下来的历史久远的名宴之一。洛阳水席有两个含义:一是全部热菜皆有汤——汤汤水水;二是热菜吃完一道,撤后再上一道,像流水一样不断更新。洛阳水席的特点是有荤有素、选料广泛、可简可繁、味道多样,酸、辣、甜、咸俱全,舒适可口,见图5-1。2018年9月,"中国菜"正式发布,洛阳水席被评为"中国菜"河南十大主题名宴之一。

图5-1 洛阳水席

(二)南阳

方城烩面:河南南阳因地处伏牛山以南,汉水之北而得名,为东汉时期光武帝刘秀的发迹之地,故有"南都""帝乡"之称。方城烩面是南阳的地方名吃,属于清真面食。羊肉清汤是用纯羊骨汤熬制的,主要有汤、面、菜、肉,没有郑州烩面中的黑木耳、鹌鹑蛋、千张丝、海带丝等。吃一碗方城烩面,全身都是暖洋洋的。方城烩面非常讲究,汤汁要浓白,熬得就像牛奶一样,肉要绵软,面要筋道,菜要青翠,能喝出羊骨头的原汁原味,见图5-2。

图5-2 方城烩面

(三)平顶山

郏县豆腐菜:郏县豆腐菜是河南郏县的特色名吃,是用高汤、豆腐、粉条和羊血等食材一起放在大锅里,用大火煮,然后加上辣椒油一起吃,吃起来味道鲜美、香而不腻,深受食客们的喜爱,见图5-3。

(四)许昌

禹州十三碗:禹州十三碗起源于河南禹州西部山区,已有500多年的历史,主料为大肉、豆腐,辅料为焖子、粉条,取材仅限于家养的经年肥猪、自家磨制的豆腐、自家加

Note

工的粉条等，见图5-4。因为"13"这个数字在中国蕴含着"一生"的意思，所以很早以前十三碗就成为禹州西部乡民娶亲、嫁女等重大庆典宴席必备之"佳肴"。2013年，禹州十三碗入选许昌市第三批市级非遗名录。禹州十三碗足足有13碗菜，每一个碗的顺序都是有讲究的：头碗鸡，二碗鱼，三碗方块肉……七碗金边豆腐，九碗豆腐条……禹州十三碗的菜品注重荤素搭配，有甜有咸，每个人都有自己最中意的那一款。

图5-3 郏县豆腐菜

图5-4 禹州十三碗

（五）漯河

丁湾豆腐：提起丁湾豆腐，漯河人几乎无人不知，无人不晓。丁湾豆腐在传统制作工艺的基础上，用本土纯净无污染的澧河之水来点豆腐脑，使其口感格外细腻滑口，口味独显沙澧特色，是漯河的特色早餐、传统名吃，见图5-5。丁湾豆腐一般是用刚做好的热豆腐切成不规则的菱形，置于特制的青花瓷餐碟里，再浇上调好的辣椒酱、香椿酱、芝麻酱等。

（六）驻马店

桶子鸡：桶子鸡是一道美味可口的传统名菜，属于豫菜系，产自河南驻马店。桶子鸡相传创立于北宋时期，据说其技艺是从皇宫御膳房传出的。由于桶子鸡选料严格，制作讲究，故其成品形体圆美，不裂口，不破皮，色泽鲜黄，味香爽口，嚼起来既嫩又脆，油而不腻，见图5-6。

图5-5 丁湾豆腐

图5-6 桶子鸡

二、山西部分

山西面食闻名于世，地方风味小吃更具盛誉，山西人爱吃醋是尽人皆知的。民以食为天，山西人喜食杂粮，干饭、稀饭结合，主粮、杂粮调剂，花样多，南北风味各异。晋北地区寒冷，人们喜食热量较高的莜面、山药蛋、玉米等，副食佐以萝卜、豆腐及腌菜。

忻州、晋中大部分地区则以高粱、玉米为主食，腌制咸菜、酸菜佐餐。晋南大部分地区喜食饼子、干馍，晋东南人则对小米饭有着浓厚的兴趣。山西饮食文化涉及城市有太原、大同、阳泉、长治、晋城、朔州、晋中、运城、忻州、临汾、吕梁等。

（一）太原

太原头脑：太原人的早餐是从一碗热乎乎的太原头脑开始的。太原头脑由明末清初著名文人、医学家傅山发明，又名“八珍汤”，是著名的药膳美食。太原头脑由黄芪、煨面、莲菜、羊肉、长山药、黄酒、酒糟、羊尾油等配制而成，吃法是用腌韭菜做引子，特别是冬天，吃一碗暖胃、暖肚子，是非常好的抗寒早餐，见图5-7。

（二）大同

大同刀削面：俗话说，“世界面食在中国，中国面食在山西。”山西是面食之乡，面食种类繁多，其中以大同刀削面最为有名。大同刀削面入口外滑内筋，软而不黏，越嚼越香，见图5-8。很多外地朋友来到大同，在品尝过这里的刀削面之后，都赞不绝口。

图5-7　太原头脑

图5-8　大同刀削面

（三）阳泉

阳泉糊嘟：在山西阳泉，有一样别具风味的面食，叫“糊嘟”。糊嘟是人们用玉米面做出来的一种面食，但因其极具特色的蘸料和软硬适中、老少咸宜的口感，受到广大山城人民的青睐，见图5-9。乡间也有用酸菜、豆叶菜、萝卜丝等作辅料调制糊嘟的，因为放些蔬菜更容易使面、菜、水三者结合，而且可以使糊嘟的口感更好。

图5-9　阳泉糊嘟

（四）长治

长治驴肉甩饼：长治驴肉甩饼已有100余年的历史，原料配有精面粉、驴油、葱花、椒盐、腊肉片等，见图5-10。长治驴肉甩饼油汪汪、香喷喷、不软不硬，让人回味无穷。

（五）晋城

晋城清汤饸饹：清汤饸饹是极具晋城特色的一种小吃，做法简单又独具特色。清汤饸饹的配菜有胡萝卜、豆角、豆芽、粉条，也可以加豆腐、土豆等。把这些食物放到一起，浇上点香油，放少许盐和味精，用手搅拌均匀，混合好的菜离很远就能闻到扑鼻的香味，见图5-11。

图5-10　长治驴肉甩饼

图5-11　晋城清汤饸饹

（六）朔州

朔州油果子：朔州油果子又叫"包尔沙克"，早在清代就已是外销特产之一。现在油果子的做法和口味也很多，有滚糖、罩蜜、夹心、包馅、擦酥、渗糖等，品种多样，美味可口，享誉四邻，见图5-12。

（七）晋中

晋中碗托：晋中碗托是平遥由来已久的一种特色风味面食小吃，具有面质筋道、滑爽可口的特点。晋中碗托由清光绪年间城南堡厨师董宣首创，已有100多年的历史。清光绪二十六年（1900年），慈禧太后西逃西安途经平遥时，品尝这种食品后，赞不绝口，当场赐予重赏。于是，碗托名声大振，成为一种地方名吃，见图5-13。

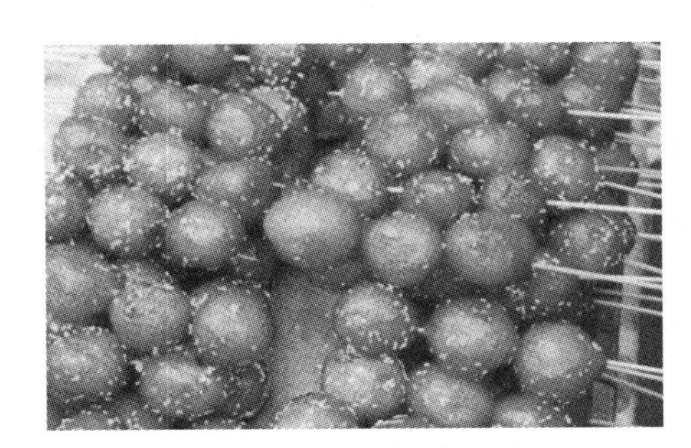

图5-12　朔州油果子

图5-13　晋中碗托

（八）运城

运城大盘鸡：运城大盘鸡是山西运城的一道特色美食，它是在新疆大盘鸡的基础上，根据运城人的口味加以改良而形成的，里面融合了当地人喜爱的独特口感。主要食材有土豆、鸡块，还会加上一份饸饹面，面条吃着筋道弹牙，土豆软糯甜润，鸡块爽滑麻辣，见图5-14。

(九)忻州

忻州瓦酥:忻州瓦酥形状似瓦,故得此名。瓦酥制作历史悠久,始于明末清初。在清朝时,慈禧太后品尝后大悦,赐名为“龙凤瓦酥”。忻州瓦酥质酥脆,味香郁,鲜食酥沙、松软,干食酥脆、甘香,见图5-15。1981年,忻州瓦酥被列为山西省名特产品。

图5-14　运城大盘鸡

图5-15　忻州瓦酥

(十)临汾

临汾牛肉丸子面:临汾牛肉丸子面有牛肉的鲜、丸子的香,还有秘制的汤,吃起来很辣很爽,让人大汗淋漓。满满一大碗面条上漂着红红的辣椒油,让人充满食欲。溜圆的牛肉丸子伴着碧绿的香菜,纯朴、简单的美味令人酣畅淋漓,见图5-16。

(十一)吕梁

吕梁合楞子:合楞子是山西吕梁地区用土豆制作的传统食品,尤其在吕梁临县比较知名。山西位于黄土高原,尤其是吕梁地区,独特的地理位置,使得这里的土豆皮薄个大,勤劳质朴的吕梁人民利用土豆这一简单、平凡的食材,做出一桌花色各样、种类丰富的土豆宴,见图5-17。

图5-16　临汾牛肉丸子面

图5-17　吕梁合楞子

三、陕西部分

陕西是中华文明的发祥地之一,历史悠久、人杰地灵。陕西是中国重要的航空航天、机械制造、有色冶金、能源化工和电子信息产业基地,在中西部具有较强的竞争力。陕西文化荟萃、科技教育发达、旅游景区众多。与此同时,陕西美食在全国也有非常高的影响力,西安多次被评为中国美食城市,宝鸡也曾经入选相关榜单。另外,陕西其他各城市也有自己的特色美食,令人垂涎欲滴,回味无穷。陕西饮食文化涉及城市有西安、铜川、宝鸡、咸阳、渭南、汉中、安康、商洛、延安等。

（一）西安

古城西安，总给人一种严肃端庄、神秘优雅的感觉。西安是世界级文明古都，历史上有十三个王朝在此建都，拥有3100多年的建城史，这座城市铭刻着中华民族的璀璨荣耀。它带着厚重的历史责任，让文明和科技碰撞，迈向新的台阶。西安，依山傍水，清丽秀雅。西岳华山，长安八景，似一幅唯美的山水园林图。漫步在古色古香的西安街头，可以感受着气象万千的名胜古迹，品尝着独具古城芬芳的特色美食。西安小吃闻名全国，其中肉夹馍、羊肉泡馍独具特色，秦镇米皮是陕西三大凉皮代表之一。除此之外，西安水晶饼、葫芦鸡、琼锅糖、软面、甑糕等美食也非常有名。

肉夹馍：肉夹馍是陕西西安的美食担当。走在西安大街上，随处可见人们排长队购买肉夹馍的场景。西安肉夹馍由白吉馍和腊汁卤肉两部分组成。白吉馍焦黄酥脆，腊汁卤肉肉质细腻鲜香，肥肉不腻，瘦肉不柴，吃起来满口生津，百吃不腻，见图5-18。西安周边较为知名的潼关肉夹馍和灵宝肉夹馍则用酥脆起层的饼坯夹肉，也别具风味。

羊肉泡馍：羊肉泡馍是浓香味美的暖胃美食，是古都西安的城市名片之一，也是西安人的心头最爱。西安的羊肉泡馍肉质软烂且特别入味，料香味醇，肉质肥而不腻，吃一口肉，喝一口汤，瞬间唇齿留香，令人回味，见图5-19。

图5-18　肉夹馍

图5-19　羊肉泡馍

秦镇米皮：古镇秦渡镇位于西安市鄠邑区东部，紧邻着沣河西岸，也被称为“秦镇”。米皮是秦镇的金字招牌，以筋、薄、细、软闻名，跟乾州锅盔和岐山臊子面并称为“关中三大面食”。2007年5月，秦镇米皮制作技艺被列入陕西省第一批非物质文化遗产名录。秦镇米皮是用沣河西岸的稻谷制作而成，具体工序包括泡米、磨浆和蒸制等步骤。最后，用重量约十斤的大铡刀将米皮切成细条，拌上特制的辣椒油、香醋和盐等调味品，还可以添加黄瓜丝、芹菜和豆芽等配菜。米皮皮薄细软，色白光润，白中透红，红里透香，吃起来酸辣筋道，让人神清气爽。因为米皮通常为凉食，所以也被称为“凉皮”，见图5-20。

（二）铜川

铜川是关中地区最北部的城市，饮食在接近关中其他城市的同时，也带有一些陕北风格，知名美食包括窝窝面、咸汤面和麻酱酿皮等。

铜川窝窝面：“不吃咸汤面，不算到耀县。”“天下美味都吃遍，首推耀州窝窝面。”在铜川耀州古城，长期流传着这样两句话，在耀州人心中，咸汤面、窝窝面有着不言而喻

的地位。铜川窝窝面，就是因其用料中有如窝状的面食而得名，见图5-21。

图5-20　秦镇米皮

图5-21　铜川窝窝面

（三）宝鸡

宝鸡的代表性美食有岐山臊子面、擀面皮、豆花泡馍等。

岐山臊子面：臊子面是陕西的特色传统面食之一，是著名西府小吃，以宝鸡的岐山臊子面最为正宗，在陕西关中平原及甘肃陇东等地流行。臊子面历史悠久，里面有豆腐、鸡蛋等配菜，做法简单。臊子就是肉丁的意思。对于陕西人来说，臊子面的配色尤为重要，黄色的鸡蛋、黑色的木耳、红色的胡萝卜、绿色的蒜苗、白色的豆腐等材料，既好看又好吃，见图5-22。一碗合格的岐山臊子面，其面条细长，厚薄均匀，臊子鲜香，红油浮面，汤味酸辣，筋韧爽口，老幼皆宜。臊子面在关中地区有着非常重要的地位，在婚丧、逢年过节、孩子满月、老人过寿、迎接亲朋等重要场合都离不开。

（四）咸阳

咸阳的代表性美食有𰻝𰻝面、杨凌蘸水面、锅盔牙子、豆腐脑、旗花面、甑糕等。

𰻝𰻝面：𰻝𰻝面是陕西名小吃，也称“裤带面”，特用关中麦子磨成的面粉制作而成，通常为手工拉成长宽厚的面条，用酱油、醋、味精、花椒等作料调入面汤，捞入面条，淋上烧热的植物油即成，见图5-23。

图5-22　岐山臊子面

图5-23　𰻝𰻝面

杨凌蘸水面：杨凌蘸水面是咸阳的一种地方小吃。杨凌蘸水面的面和汤是分开的，吃的时候从大面盆里夹出宽厚且长的面条放入碗里的汤中，然后夹着面条一口一口地咬着吃。杨凌蘸水面讲究“一青二白”，青可以是菠菜、苜蓿、灰灰菜以及其他野菜，总之要具有水草一般的青绿。面是扯拉出来的，宽至3—5厘米，长1.5—3米，厚2—3毫米，盘绕于青绿之中。每人面前各有一只大碗，碗中有汤，微酸略辣。面条端上来，

Note

热气腾腾,菜青面白。从盆中夹出面条,蘸在汤中,然后就可以美美地咥(吃的一种方式)一顿,见图5-24。杨陵蘸水面以“面白薄筋光,油汪蒜辣香,汤面分盆装,越嚼口越香”而享誉三秦。2018年4月,杨凌蘸水面制作技艺被列入陕西省第六批非物质文化遗产项目名录。

图5-24 杨凌蘸水面

(五)渭南

渭南的代表性美食有水盆羊肉、时辰包子、潼关肉夹馍等。

水盆羊肉:水盆羊肉又叫“大碗汤”,是陕西地区汉族的传统小吃。以陕西渭南大荔、蒲城、澄城三地的水盆羊肉最为有名,其中尤以澄城的水盆羊肉最为地道、悠久。水盆羊肉于2016年入选陕西省第五批非物质文化遗产项目名录。一碗水盆羊肉值得细细品味,其入口软烂,仔细嚼又能感受到羊肉的肌理,咸香在舌尖变幻出羊肉独有的鲜,见图5-25。水盆羊肉配上几个平实的馍,没有丝毫花哨的地方,带着热气的麦香扑面而来,吃一口肉,咬一口馍,就一瓣蒜,喝一口汤,出一身汗,从头暖到脚,这便是专属于老陕西人的记忆。

图5-25 水盆羊肉

(六)汉中

汉中的代表性美食有汉中米皮、菜豆腐、宁强麻辣鸡等。

汉中米皮:汉中米皮也被称“热米皮”,是陕西汉中的美食之一。汉中米皮是用小石磨加水,将米磨制成米粉浆,所以也被称为“水磨凉皮”,见图5-26。在陕西的四种面

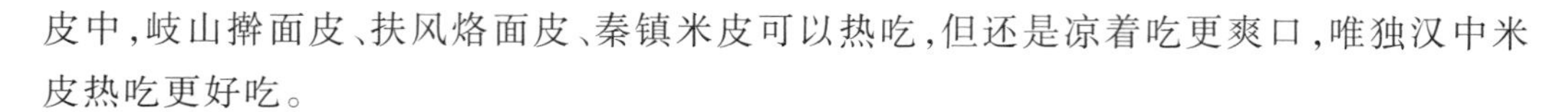

皮中，岐山擀面皮、扶风烙面皮、秦镇米皮可以热吃，但还是凉着吃更爽口，唯独汉中米皮热吃更好吃。

（七）安康

安康的代表性美食有紫阳蒸盆子、蒸面、鲶鱼炖豆腐等。

紫阳蒸盆子：紫阳蒸盆子最早发源于安康市紫阳县汉王镇，先是汉江艄公歇脚欢聚时的烩菜，后来发展为除夕团圆饭上的压轴菜。紫阳蒸盆子用料之糜费，时间之冗长，程序之烦琐，做工之讲究，稍有差池则口味大变，非一般地域所能为，它当之无愧地成为最具特色的紫阳传统大菜。

紫阳蒸盆子制作颇为讲究，原料要有全鸡(土鸡)、猪蹄、莲菜、红白萝卜、黄花、木耳、香菇、鸡蛋饺子、水发墨鱼及其他干菜，调料有大茴、草果、桂皮、花椒、干辣椒、食盐等，用盆具盛之，用大锅隔火慢蒸，原料和调料分步入盆，烹饪时间不能少于4个小时。紫阳蒸盆子这道菜原汁原味，汤醇肉香，色、香、味俱佳，见图5-27。

图5-26　汉中米皮

图5-27　紫阳蒸盆子

（八）商洛

商洛的代表性美食有商州大烩菜、商芝肉、柞水腊肉等。

商州大烩菜：“商州地方美的太，名吃第一是烩菜。”烩菜可以说是商州人舌尖上的记忆，商州大烩菜历史悠久，香味诱人，主要是用猪肉和胡萝卜炖成。红白相间的红烧肉，在绿色蒜苗、葱花的点缀下，油光发亮，让长长的粉条在胡萝卜和油炸豆腐之间舞动，粉条惊动了骨汤，溢香醉人，见图5-28。

（九）延安

延安的代表性美食有洋芋擦擦、子长煎饼、羊杂碎等。

洋芋擦擦：洋芋擦擦是延安的传统名小吃。用不起眼的土豆做成的洋芋擦擦，色泽金黄、香味扑鼻，吃上一口，既有薯条的口感和嚼头，又有肉末红椒的鲜香，这是用土豆裹面粉蒸熟后的美味，遵循了西北菜少油不少盐的风格。洋芋擦擦的制作原料和程序都很简单，它是将土豆擦成稍粗的丝，再拌以干面粉，使每一根土豆丝上都均匀地裹上一层面衣，然后上锅蒸熟。食用时，盛入大碗，调入蒜泥、酱、醋、油泼辣子、葱油或香油，再拌上自制的西红柿酱，见图5-29。

图5-28 商州大烩菜

图5-29 洋芋擦擦

本章思政总结

"百川之首""四渎之宗"的黄河是中华民族的重要发祥地之一。黄河是中华民族的摇篮，它既是一条波澜壮阔的自然之河、生命之河，也是一条源远流长的文化之河、心灵之河，千百年来，它滋养着中华民族，孕育了中华文明。

长期以来，黄河流域一直是我国政治、经济、文化中心。我国历史上第一个国家"夏"就在黄河流域建立国都，郑州、西安、洛阳、开封、安阳历史文化古都均在黄河流域，三秦文化、中原文化、齐鲁文化皆孕育于此。在这里，勤劳勇敢、坚韧、智慧的先人创造了绚丽灿烂的中华文化，《易经》《道德经》《尚书》《论语》等一部部国学经典在此诞生，从《诗经》到汉赋、唐诗、宋词、元曲及明清小说等文学艺术经典，如黄河之水源远流长。

黄河流域也是科学、技术、文化以及中华民族精神的发源地。从造纸术、印刷术、指南针、火药四大发明到天文历法、数学、医学、农学、地理学、水力学等，古代的一些重大科学技术成果都诞生在这片流域。同时，接纳百川、汇聚千流的黄河培植了中华民族兼容并包的气度，百折不挠的九曲黄河塑造了中华民族自强不息的民族品格，激发了中华儿女的伟大创造精神、团结精神、拼搏精神、梦想精神，这些品格和精神是中华民族的根与魂，是中华儿女永远的精神家园。

黄河流域的生态文明建设不仅有助于黄河文化的保护，使之更好地发挥培根铸魂作用，还有助于黄河文化的传承和弘扬，使之生生不息、日益昌盛，成为实现中华民族伟大复兴中国梦的不竭力量与源泉。

扫码看彩图

本章美食图

课后阅读

潼关肉夹馍——老陕西的民间烟火气

课后作业

一、简答题

1. 黄河中游地区饮食与区域文化的关系是什么？

Note

2. 黄河中游地区饮食文化的特点是什么?

二、实训题

如何评价黄河中游地区饮食文化对旅游者的吸引力?如何提升其影响力?

第六章
京津冀地区饮食文化

学习目标

知识目标

了解京津冀地区饮食文化发展的概况，理解京津冀地区饮食文化的特征，知道京津冀地区代表性时期、城市代表性饮食及其反映的历史与文化。

能力目标

能够举一反三，思考和总结京津冀地区饮食文化的保护、传承和传播的规律。

思政元素

1. 使学生深刻认识到京津冀地区饮食文化的历史渊源，以及此地饮食文化与其他文化的交叉融合概况，增强学生的文化自豪感。

2. 引导学生深化对我国京津冀地区文化的认识，尤其是饮食文化在文化保护、传承和传播方面发挥的作用，深化对文化历史与现状的思考，提出增强我国京津冀地区饮食文化影响力的对策。

章前引例

匠心传承京菜经典 创新融合中西风味——访晟永兴烤鸭创始人王河

第一节　京津冀地区饮食文化概况

京津冀地处中国三大地理单元——东北大平原、华北大平原和蒙古高原的交接点上，属温带大陆性季风气候，一年四季分明，春秋季较短，夏冬季稍长，土地肥沃，物产丰富。优越的自然条件和地理环境为京津冀地区饮食文化的辉煌奠定了基础。

考古发现，四五十万年以前，在今北京房山区周口店龙骨山上就生活着远古人类，我们称其为“北京人”。之后，又在周口店龙骨山北京猿人洞穴上方的山顶洞内发现了距今约1.8万年的“山顶洞人”，他们的身体特征与现代人已没有明显区别。大约又过了1万年，随着畜牧业和农业的兴起，北京远古居民告别了祖居的山间崖洞，迁徙到平原上生活，出现了原始农业部落。此后又过了几千年，北京人终于从原始状态跨进了文明时代的门槛。

史学界认为,北京的建城历史是以周武王克商,分封燕、蓟为标志,始于公元前1046年,至今已有3000多年。北京开始只是方国之都,后来成为州郡,属于地方性的行政中心。辽代北京成为陪都,称“南京”“燕京”。金初仍为陪都,自金海陵王贞元元年(1153年)迁都燕京,改名“中都”以后,北京开始成为一国之首都。这是北京历史地位的重大转变,自此,它从地方的行政中心上升为一国的政治中心。元朝忽必烈在北京定都叫“大都”,洪武元年(1368年)改大都为“北平府”。元大都的修建,既为北京创造了城市生存和发展的基本条件,也为京师的形制和空间结构奠定了基础。

明代,“北平府”成为朝廷的封地。永乐元年(1403年),明成祖朱棣将其封地“北平府”改为“顺天府”,相对明代都城南京而称,这里时称“北京”。永乐十九年(1421年),明朝将都城从南京迁往北京,巩固了明朝的统治。“有天下者,非都中原不能控制”,这是根据历史经验得出的结论,说明了北京在促进中华统一的多民族国家的建立和发展中不可动摇的地位。

清灭明后,建都于盛京(今沈阳)。顺治元年(1644年),清军入关后顺治帝将首都从盛京迁至北京。

民国初年和中华人民共和国成立后,北京都是国家的首都。考古发现证明,北京地区是中原仰韶文化与北方红山文化的结合地带。有史以来,北京一直处于北方游牧文化和中原麦作乃至南方稻作文化的交会点上,万里长城可以抵御游牧民族的入侵,却挡不住胡汉两种不同文化体系的融合。古代汉族、契丹族、女真族、蒙古族、满族等多个民族都曾在这里生活。

京津冀地区从先秦时期就存在民族差异,出现民族之间相互吸收、交融的现象。建立在不同物质生活和生产方式基础上的农耕文化与游牧文化已经在幽州(今北京)、蓟州(今天津辖区)地区交融,先秦时期已产生了融合状态的文化现象,使京津冀地区的历史文化被清晰地打上了多民族共同创造的印记。这一文化融合现象反映在饮食方面,同样纷杂多样。各方人士的口味不同,形成了品种繁多的各类饮食,构成了多元因素组合、交融的京津冀地区饮食风味。京津冀地区以其开阔的胸襟接纳全国各地,包括饮食在内的文化传统,使得该地区的饮食文化具有博大精深的文化气魄和魅力。

第二节　京津冀地区饮食文化特征

京津冀地区饮食特色鲜明,其中北京最具代表性。所以,本节主要以北京饮食风味为例介绍京津冀地区饮食文化特征。

一、北京饮食风味的组成

北京饮食有着悠久的历史,到了明清时期逐渐演化定型,成为由少数民族风味、山东风味、宫廷风味、官府风味、市井风味等多种风味组合而成的综合性菜系。其定型的

时间并不久远,但在全国乃至世界各地均有广泛的影响力,并享有盛誉。

(一)少数民族风味

北京菜的一个重要组成部分是少数民族风味。门头沟区东胡林人遗址、房山区镇江营遗址、上宅文化遗址出土的新石器时代早期文物,不但体现出中原文化特征,也体现出北方少数民族文化特征。此后,北京一直是古代汉族、匈奴、鲜卑、高车、契丹、女真、畏吾儿等中华各族民众杂居相处的地方,使北京饮食文化具有鲜明的民族特色。至清代,来自东北的满族成为最高统治者,满族的饮食文化曾占据了北京饮食文化的重要位置。这诸多的民族风味成为北京风味的一个重要组成部分。

(二)山东风味

山东风味对北京菜影响极大。清代初叶,山东风味的菜馆在京都占据了主导地位。不仅大饭店,就连一般菜馆,甚至是街头的小饭铺,也是以山东人经营的鲁菜居多。有人说,有清二百数十年间,山东人在北京经营肉铺已成了根深蒂固之势。老北京人脑子里似乎将"老山东"和肉铺融为一体,形成了一个概念。直到中华人民共和国成立初期,在北京,各大有名的"堂、楼、居、春",从掌柜的到伙计等,十之七八是山东人;厨房里的大师傅,更是有着浓郁的胶东口音。另外,追溯到两三百年前,自清代初叶到中叶的100多年间,朝廷高官中有许多山东人,著名的宰相刘罗锅就是其中的典型代表。

(三)宫廷风味

宫廷风味是北京风味的重要组成部分,对民间饮食文化影响很大,体现了饮食文化的辐射性。元、明、清三代,北京作为全国政治、经济、文化的中心,历时600多年,充分吸收了国内外饮食文化的营养。同时,为了满足历代统治阶级奢侈的饮食欲望,北京集中了全国烹饪技术的精华和全国珍稀的原料,代表了那个历史时代烹饪技艺的最高水平。其时,"京师为首善之区,五方杂处,百货云集",菜源丰富。在这样的历史背景下,北京饮食文化高度发达,烹饪技艺源远流长。

历代帝王在饮食上都十分讲究,也有条件追求美味和释放饮食方面的创造力、想象力。天南地北的山珍海味,水产如鲍鱼、干贝、海参、蛤蚧,陆产如猴头菇、银耳、竹荪等,以及时鲜果品,源源不断上贡皇宫。各地身怀绝技的名厨云集北京,四方菜肴精品招之即来,形成了具有独特格局和风味的宫廷菜。上层饮食文化的辉煌对北京乃至整个京津冀地区的饮食文化都起到积极的带动作用,从而使北京饮食文化在诸多方面处于全国领先地位,体现了上层饮食文化强大的辐射性。

辛亥革命后,随着封建王朝的土崩瓦解,宫中的饮食风味也流向北京的饮食市场,宫廷风味特色大大提升了北京饮食文化的档次和品位,突显了北京饮食文化的精品意识,与相对平民化的饮食风味形成鲜明对照。

(四)官府风味

京城的官多,自然官府就多。官宦人家极其讲究吃喝,一是家人享用,二是应酬、送往迎来的同僚与上司。官宦人家身居豪门各家都有用重金请来的家厨,个个身手不

凡。官府宴席用料珍贵,南北齐备,所做菜品豪华气派、精致典雅,就餐环境排场华贵,餐具考究,更有不断研发创新的能力,官府间家厨竞相比试,久而久之,便形成了独树一帜的官府菜。

清代京都著名的官府菜以“谭家菜”为代表,来自清末官僚谭宗浚家。谭宗浚一生酷爱美食,亦好交友酬酢,入京为官后将家乡的广东菜与北京菜和谐交融,精华荟萃。谭家菜极其注重用料及火候,厨艺极致,炉火纯青,后来便蜚声京城,引得各家争相效仿。

中华人民共和国成立后,“谭家菜”被完整地保留下来,为后人留下一份清代官府菜的完整资料。

(五)市井的“京味儿”

京城的市井“京味儿”内涵丰厚,味道十足,是北京风味的根基所在。市井风味主要体现在大街小巷的各类糕点、小吃之中。

(六)北京风味的烹饪技法

北京菜的烹饪技艺擅长烤、爆、熘、烧,大致可以概括为20个字:爆、炒、烧、燎、煮,炸、熘、烩、烤、涮,蒸、扒、熬、爆、焖,煎、糟、卤、拌、汆。这20个字是传统的、普遍的基本方法。在操作上,各个字均有其自己的微妙之处,且每一字都不是只代表一种操作烹调方式。如“爆”,就有油爆、盐爆、酱爆、汤爆、水爆、锅爆等。以猪肉为原料的菜品,采用白煮、烧、燎的烹调方法更是独创一格,口味以脆、酥、香、鲜为特点,一般要求浓厚烂熟,这是带有传统性的。就风味而言,满菜多烧煮,汉菜多羹汤,两者结合,取长补短,水乳交融,形成京菜的极致风味。

二、北京饮食文化的特点

饮食文化不是孤立存在的,其必然受到一个地域政治和经济发展的影响。有学者总结出北京历史文化的四个特点。

(一)北京是全国的政治中心

在辽、金、元、明、清五代的千余年间,北京是几十位封建皇帝生活起居和处理国家军政要务的地方,是这五个朝代的朝廷所在地。

(二)北京为多民族聚居区

古代汉族、契丹族、女真族、蒙古族、满族等多个民族是北京历史文化的创造者。由于历史和地理的原因,北京是汉族和北方渔猎、游牧民族交往融合的中心地之一。

(三)北京得到全国的物资供给

因为北京是中国封建社会后期的首都,所以北京与全国各地的关系是双向的。在中央集权制的封建社会里,“普天之下,莫非王土”,一套完整的、严密的贡奉制度使京都得到最好的物资供应。

（四）京杭大运河和漕运是北京的生命线

京杭大运河和漕运为北京历史文化发展创造了一个极为重要的条件。

政治中心地位使得北京饮食文化能够具有兼容四面八方而融会贯通的发展优势；多民族聚居促使北京饮食文化呈现出多元风味特色；中央集权为北京饮食文化的繁荣提供了得天独厚的条件，极大地丰富了北京饮食资源；北京饮食文化属于北方饮食文化圈，保持了北方饮食的基本特色，而运河则将南方的饮食文化源源不断输入北京，使得北京饮食文化兼具南北之风。北京作为首善之区，为其饮食文化的发展提供了其他都市无可比拟的优越性，在充分吸纳各种风味的基础上，北京饮食形成了自己风格独特、品位高端、气象万千的显著特色。

纵观北京饮食文化，可以感受到它具有鲜明的人文特征，有学者做了这样的概括：老北京人，由于过了几百年“皇城子民”的特殊日子，养成了有别于其他地方人士的特殊品性。在北京人身上，既可以感受到北方民族的粗犷，又能体会出宫廷文化的细腻，既蕴含了宅门里的闲散，又渗透着官府式的规矩，而这些无不生动地体现在每天都离不开的“吃”上。北京饮食文化具有草原文化的粗犷豪放、宫廷文化的典雅华贵、官府文化的规矩细腻、市井文化的质朴大气等品质，这些也直接影响到北京人的多重性格。

第三节　京津冀地区各地市饮食文化

一、北京部分

北京古称“燕京”“北平”，是我国的首都，也是国家特大中心城市。北京三面环山，东南是面向渤海倾斜的平原，夏季高温多雨，冬季寒冷干燥。北京有3000多年的历史，外来人口众多，饮食文化多样，美食小吃数不胜数。北京作为六朝古都，吸收了满汉饮食文化精粹，皇家与市井味在此共存，不仅有名目繁多的京味传统小吃，更有独具京城特色的官府菜、地方菜、清真菜、私家菜等。

北京小吃历史悠久，分为汉民风味、回民风味和宫廷风味三种。在烹制方式上，有蒸、炸、煎、烙、爆、烤、涮、冲、煎、煨、熬等各种做法，共计有百余种。京味小吃的代表有豆汁、酸梅汤、小窝头、茯苓夹饼、果脯蜜饯、冰糖葫芦、艾窝窝、豌豆黄、驴打滚、灌肠、爆肚、炒肝等。

北京菜菜肴原料来自天南地北，山珍海味、时令蔬菜应有尽有，选料讲究，刀工精湛，调味多变，火候严谨，讲究时令，注重佐膳。北京烤鸭、涮羊肉、酱爆鸡丁、油爆肚仁、糟熘三白、黄焖鱼翅、贵妃鸡、三不粘、炸佛手卷都是耳熟能详的名菜。北京对于美食同样表现出了首都的宽容大度，既能承载宫廷菜肴的精美，也能包容卤煮、豆汁的家常，广博天下美味，尽揽九州风情，无论是传说中的满汉全席，或是全国各地的特色美味，或是精致典雅的异国西餐，在北京总会占据自己的一席之地。融合和包容，成就了一段流芳百世的美味传说。

北京烤鸭:北京烤鸭吃法多样,非常适合卷在荷叶饼里或夹在空心芝麻烧饼里吃。吃烤鸭时,可以根据个人的喜好加上适当的佐料,如葱段、甜面酱、蒜泥等。喜食甜味的,可加白糖吃,还可根据季节的不同,配以黄瓜条和青萝卜条吃,以清口解腻,见图6-1。片过的鸭骨架加白菜或冬瓜熬汤,别具风味。烤后的凉鸭,连骨剁成0.5—0.8厘米宽、4—5厘米长的鸭块,再浇全味汁,亦可作凉菜上席。据说,烤鸭之美,是源于名贵品种的北京鸭,它是当今世界非常优质的一种肉食鸭。这一特种纯北京鸭的饲养,起于千年前,是因辽、金、元之历代帝王游猎,偶获此纯白野鸭种,后为游猎而养,一直延续下来,才得此优良纯种,并培育成今之名贵的肉食鸭种。北京鸭是用填喂方法育肥的一种白鸭,故名"填鸭"。不仅如此,北京鸭曾在百年以前传至欧美。作为优质品种的北京鸭,成为世界名贵鸭种由来已久。

图6-1 北京烤鸭

老北京炸酱面:老北京炸酱面是中国传统特色面食,初起源于北京,传遍大江南北之后便被誉为"中国十大面条"之一,入选"中国地域十大名小吃"北京榜。老北京炸酱面是北京富有特色的食物,由菜码、炸酱拌面条而成。做法是:先是将黄瓜、香椿、豆芽、青豆、黄豆切好或煮好,做成菜码备用;然后将肉丁及葱、姜等放在油里炒,再加入黄豆制作的黄酱或甜面酱炸炒,即成炸酱;面条煮熟后,捞出,烧上炸酱,拌以菜码,即成炸酱面,见图6-2。在老北京炸酱面、海碗居、一碗居等饭店都有比较正宗的炸酱面。

图6-2 老北京炸酱面

驴打滚:驴打滚是老北京传统小吃之一,因其最后制作工序中撒上的黄豆面,犹如老北京郊外野驴撒欢打滚时扬起的阵阵黄土,因此得名。驴打滚成品黄、白、红三色分明,香、甜、粘,有浓郁的黄豆粉香味,让人百吃不厌,见图6-3。

北京人食驴打滚(即豆面糕)的历史由来已久。张江裁《燕京民间食货史料杆》记载:“驴打滚,乃用黄米粘面蒸熟,裹以红糖水为馅,滚于炒豆面中,使成球形。燕市各大庙会集市时,多有售此者。兼亦有沿街叫卖,近年则少见矣。”从记述中可知,此品为庙会、集市中必售的食品。驴打滚要用黄米面(也有用江米面代替的),多加一点水使之软润,然后上笼蒸熟;黄豆炒熟后轧成面,将蒸熟的粘米蘸上黄豆面擀成片,抹上糖水豆馅卷起,切成小块即成。驴打滚口味香浓,有特有的豆香味。

卤煮:卤煮是北京一道著名的地方传统小吃,它是将火烧和炖好的猪肠、猪肺放在一起煮制而成的,既有主食,又有副食和热汤。卤煮起源于北京城南的南横街。据说清光绪年间,因为用五花肉煮制的苏造肉(一道清宫名菜)价格昂贵,所以人们就用猪头肉和猪下水代替,后来经过民间烹饪高手的传播,久而久之,造就了今天的卤煮,见图6-4。

图6-3　驴打滚

图6-4　卤煮

卤煮火烧:卤煮火烧在北京的年轻人当中很受欢迎,其吃法很是讲究。即将火烧切井字刀,豆腐切三角,小肠、肺头剁小块,从锅里舀一勺老汤往碗里一浇,再来一点蒜泥、辣椒油、豆腐乳、韭菜花。热腾腾的一碗端上来,火烧、豆腐、肺头吸足了汤汁,火烧透而不黏,肉烂而不糟,其中味道最厚重的还是小肠。肠酥软,味厚而不腻,没有任何异味。偶尔吃到一片白肉更是满口醇香。因为卤煮火烧多使用老汤,口味较重,口味较清淡的人如果觉得咸,可以向店家要些白开水兑入汤中。

老北京铜锅涮羊肉:老北京铜锅涮羊肉已有上百年的历史,清水锅底、木炭加热、紫铜锅具是传统北方火锅的三大特征。与川渝口味的麻辣红油火锅不同,也与东北的乱炖火锅相异,正宗的北方口味火锅是以老北京的清水涮锅为代表的紫铜火锅,铜锅里涮出的不仅是美味的鲜羊肉,还有那浓浓的老北京文化。老北京的火锅汤底就是白水,里面加一点葱、姜、虾米等,不添加任何油脂,这样的汤底几乎没有热量,见图6-5。

以前大家涮肉基本上就在自家的四合院里,支上桌子,摆上铜锅,张家买肉、李家买菜、王家买烧饼和酒,锅底下放上炭,这就开吃了。以前也有专门的铜锅涮肉店,店内的铜锅涮肉有特别的味道,店家待客实诚,光顾的几乎都是街坊。每到冬天,火锅店生意就非常火爆。

老北京爆肚:说到北京名吃,少不了老北京爆肚。论起北京较悠久、较兴旺的小吃,爆肚绝对是其中的佼佼者。爆肚外形粗糙,焯水、蘸酱的吃法也很“原始”,但肚却精细地区分牛肚、羊肚,还有百叶、散丹、肚仁、肚领、蘑菇等不同部位,蘸料甚至也划分

为南料、北料,体现着京城小吃看着平凡而吃着讲究的特点,见图6-6。

图6-5 老北京铜锅涮羊肉

图6-6 老北京爆肚

北京豆汁:北京豆汁是老北京独具特色的传统小吃,根据文字记载已有300年的历史。豆汁具有养胃、解毒、清火的功效。豆汁历史悠久,据说早在辽宋时期就已在北京盛行,而豆汁成为宫廷饮品是清乾隆年间的事情。

豆汁是北京独有的吃食,是用水磨绿豆制作粉丝或团粉时,把淀粉取出后,剩下来淡绿泛青色的汤水,经过发酵后熬制成的。老北京有句话"不喝豆汁儿,算不上地道的北京人"。因为豆汁的气味及味道独特,若非长期接触,很难习惯。喝豆汁是有讲究的,首先得烫,偶尔咕嘟着几个泡的热度最好。再者必须得配上切得极细的芥菜疙瘩丝、淋上辣油,同时还得搭上两个焦圈,吃起来主味酸、回味甜、芥菜咸、红油辣,五味中占了四味,再加上焦圈的脆和香,让人回味无穷,见图6-7。

焦圈:焦圈是一种老北京传统特色小吃,是老北京小吃"十三绝"之一。其色泽深黄,形如手镯,焦香酥脆,风味独特,见图6-8。在老北京,男女老少都爱吃焦圈。北京人吃烧饼爱夹焦圈,喝豆汁的时候也爱就着焦圈。焦圈是一种古老的食品。宋代苏东坡曾写过一首诗,相传是"中国第一首产品广告诗":"纤手搓来玉数寻,碧油轻蘸嫩黄深。夜来春睡浓于酒,压褊佳人缠臂金。"明代李时珍的《本草纲目·谷部》也有记载:"入少盐,牵索扭捻成环钏之形,油煎食之。"焦圈可贮存十天半月,质不变,脆如初,是千百年来人们喜爱的食品。

图6-7 北京豆汁

图6-8 焦圈

北京炒肝:北京炒肝是一道著名的传统小吃,由猪大肠、猪肝等制作而成。根据记载,炒肝作为北京传统早点的重要组成部分,已经问世百余年了。炒肝是由开业于清同治元年(1862年)的"会仙居"发明的,是在原来售卖的"白汤杂碎"基础上,去掉猪心和猪肺,并且勾了芡而形成的,见图6-9。1930年,另外一家炒肝老店"天兴居"在会仙居对面开业，因为选料更精，采用味精、酱油等当时的新式调料代替原来的口蘑汤等，生意逐渐盖过了会仙居，1956年两店合并，就只剩下天兴居的招牌了。

豌豆黄：豌豆黄是北京传统小吃，也是北京春季的一种应时佳品，常见于春季庙会上。制作过程包括将豌豆磨碎、去皮、洗净、煮烂、糖炒、凝结、切块等。成品豌豆黄外观呈浅黄色，味道香甜，清凉爽口，见图6-10。清宫的豌豆黄，用上等白豌豆为原料，因慈禧喜食而出名。

图6-9 北京炒肝

图6-10 豌豆黄

糖耳朵：糖耳朵是北京小吃中常见的名品，又称"蜜麻花"，因为它成形后形状似人的耳朵而得名。1997年，糖耳朵被评为"北京名小吃"和"中华名小吃"。蜜麻花棕黄油亮，质地绵润松软，甜蜜可口，见图6-11。北京南来顺饭庄的蜜麻花质量稳定，主要是放碱合适，没有酸味，炸得透，吃蜜均匀，达到了理想效果。

京酱肉丝：京酱肉丝属于地道正宗的北京菜，肉丝一般都是选用上好的猪瘦肉，用甜面酱、葱、姜等"酱爆"而成，成型的酱汁咸甜可口，酱香浓郁，配以干豆腐（千张）卷起食用，加些黄瓜丝、葱丝，口味更加清香，见图6-12。当然，现在很多地方会将干豆腐换成薄薄的面皮，也算是一种创新。

图6-11 糖耳朵

图6-12 京酱肉丝

宫廷菜：宫廷菜又称"满汉全席"，是兴起于清代的一种大型宴席，其特点是礼仪隆重、用料精贵、菜点繁多、烹饪技艺精湛等。宫廷菜是满菜与汉菜相结合而形成的精华美食。满汉全席，分为六宴，均以清宫著名大宴命名：第一宴——蒙古亲藩宴；第二宴——廷臣宴；第三宴——万寿宴；第四宴——千叟宴；第五宴——九白宴；第六宴——节令宴。这些名宴汇集满汉众多名馔，全席共计有冷、荤、热肴196品，点心茶食124品，计肴馔320品。

官府菜:官府菜始创于清末民国初,起源于昔日大宅中的名厨佳肴,当年的高官巨贾们"家聘美厨,竞比成风",因此形成了官府菜。其特点是下料狠、火候足,讲究原汁原味,菜肴软烂易于消化。在京城,流传最广的官府菜是清末翰林谭宗浚家所创的"谭家菜",特色菜品有烤鸭、葱烧海参、鱼翅捞饭、油焖大虾、佛跳墙等。

二、天津部分

天津是我国的四大直辖市之一,地处九河下梢,东临渤海,西扼九河,北界燕山,南凭港淀,有着咸淡两大水系资源的天然优势,因此鱼、虾、蟹、贝等水产品十分丰富。比如,在世界久负盛名的"天津对虾"以及"西施乳""江瑶柱""女儿蛏"(也称"津门海味三奇")等,无不透露出天津水产资源的丰富,加上当地厨师的精湛厨艺,从而造就了独具特色的天津菜系。

天津菜肴的品种十分丰富,既有河海两鲜,又有飞禽走兽,这与天津人早在明末清初就已形成的"喜尝鲜、好美食""俗尚奢华"等民风食俗有着不可分割的联系。比如,闻名遐迩的"天津八大碗""天津四大扒""天津冬令四珍"就是对天津民风食俗的最好诠释。而天津菜的总体特点就是精于调味、技法独特、讲究时令、擅烹两鲜、适应面广。

锅巴菜:锅巴菜是天津特色早餐之一,外地人最容易照着字面的意思发音,可天津人却叫这道菜为"嘎巴菜"。锅巴菜,它既不是锅巴,也不是菜,而是用绿豆和小米等杂粮磨成浆,摊成煎饼,再将煎饼切成条状,浇上由各类小料制作的秘制卤汁。卤汁黏稠滚烫,香气四溢,再加入腐乳、芝麻酱和香菜提味。锅巴菜口感饱满香浓,一碗下去既顶饱又暖身,是很值得尝试的天津早餐,见图6-13。

糖果子:天津人日常的早餐,除了煎饼果子和油条,喜欢吃的还有糖果子。炸至焦黄的糖果子,外皮酥脆可口,内里香香软软,见图6-14。虽然名叫糖果子,但它微甜不齁,甜度合适。

图6-13 锅巴菜

图6-14 糖果子

锅塌里脊:锅塌里脊是津门传统菜之一,它不仅是一道美食,还是我国的历史文化遗产。"塌"是一种烹调方法,这种方法几乎北方菜都会用得到,主要是用鸡蛋液包裹住要烹饪的主料,然后下锅用油煎制,待到蛋液凝固之后,再用调好的汤汁下锅烧制入味。整个过程从摊鸡蛋到调汤汁都是有技巧的,特别考验厨艺。锅塌里脊是以里脊肉为原料,搭配鸡蛋和浓郁的汤汁烹饪而成,猪肉嫩滑,鸡蛋鲜香,入口软弹多汁,味道爽嫩,是下饭的不二之选,见图6-15。

肘子酥:有人称,天津人喜欢大饼卷一切,就连肘子也可以被天津人用大饼卷起来吃。刚炸好的肘子酥酥脆脆，在表面上撒满花生碎和杏仁片等坚果，切成像牛轧糖一样的小方块，味道咸香，肉质肥美而不腻，见图6-16。肘子酥刚咬下去的时候感觉是酥脆的，但咀嚼的时候又是弹牙有嚼劲的，用有韧性的春饼卷着一块肘子肉，就像吃烤鸭一般，再放上葱丝、黄瓜丝，蘸上特制的酱料，口齿之间，满是肘子的肉香夹杂着蔬菜的清甜。

图6-15 锅塌里脊

图6-16 肘子酥

煎饼果子：天津的煎饼果子可谓是家喻户晓了，正宗的煎饼果子是用绿豆面制作的，里面加上鸡蛋、油条、薄脆以及葱花，再刷上一层酱料，美味十足。煎饼果子的灵魂是里面的薄脆，外皮筋道有嚼劲，内里酥脆，见图6-17。

八珍豆腐：在天津，几乎每家小餐馆的菜单上都有八珍豆腐这道菜，这是来天津品尝美食必点的特色菜之一。所谓“八珍”，就是这道菜里面有八种鲜美的食材，其中的豆腐外壳虽炸得酥脆，可是内里还是绵柔嫩滑的，味道偏甜口，让人看了就有食欲，见图6-18。

图6-17 煎饼果子

图6-18 八珍豆腐

面茶：小小的一碗面茶，流传着上百年的手艺。在天津，一碗面茶不到8元，装在塑料碗里，香润的小米面糊上面，淋着麻酱、黑白芝麻、椒盐，喝的时候转着碗圈喝，可以体验不同的口感。一口热腾腾的清香面糊夹杂着浓郁的酱香，令人回味无穷，见图6-19。

天津炸酱面：天津炸酱面又称“天津捞面”，与北京炸酱面不同之处是在于酱料。北京炸酱面用的是黄酱加上面酱，而天津炸酱面用的是甜面酱和黄酒加上冰糖，再放入花椒、姜蒜末、肉末熬制而成，其偏甜咸口，小菜配菜也很多，见图6-20。天津捞面的历史久远，大大小小的节日里，天津人少不了做捞面，这是天津人传承的历史习俗。

图6-19 面茶

图6-20 天津炸酱面

狗不理包子:中国的小吃千千万,论名气来排的话,狗不理包子绝对是前三甲的存在。狗不理包子用料考究,制作精美,在选料、配方、混合、揉面等方面都有一些独特的技巧。狗不理包子在做工上也有明确的规格和标准,尤其是包子褶要对称,每个包子有18个褶。刚出屉的包子,大小摆放得整整齐齐,色白面柔,看上去如秋日清晨泛着白雾水珠的菊花一样,令人无比垂涎。轻轻咬上一口,油汪汪的,满口喷香且不腻,广受人们欢迎,见图6-21。

老爆三:老爆三是天津的一道传统特色菜,是天津人非常喜欢的一道名菜。老爆三的食材是猪肉、猪肝、猪腰。先将猪肉和猪肝、猪腰切片,然后裹上淀粉,在油锅中将其炸熟后捞出来,然后放入葱、姜、酱油、醋、盐、料酒等爆炒,最后将勾好的芡倒入后即可出锅。老爆三口感咸香软嫩,酸味浓郁,好吃开胃,见图6-22。

图6-21 狗不理包子

图6-22 老爆三

天津坛子肉:坛子肉是天津的一道传统特色菜。做坛子肉,一般要选用上好的五花肉,将其洗净切块以后焯水,然后放入坛子里,加入一些调味料后经过炖煮而成。天津坛子肉口感软烂浓郁,入口而化,咸香好吃,见图6-23。

熘鱼片:熘鱼片是天津的一道传统特色名菜,是一道适合全家人一起吃的名菜。熘鱼片的制作食材是草鱼,先将草鱼切片,然后加上调料一起烧制而成。因这道菜中"鱼"和"余"同音,所以也经常出现在宴席上。熘鱼片吃起来酸甜咸香、鲜嫩可口,非常受大家的喜欢,见图6-24。

图6-23 天津坛子肉

图6-24 熘鱼片

虾酱炖豆腐:虾酱炖豆腐是天津的一道特色菜。先将虾酱和鸡蛋搅拌均匀,然后放入葱花、豆腐煮几分钟后切块,起锅烧油将豆腐煎成微黄,再将搅拌好的虾酱鸡蛋液倒入,定型后倒入酱油,加清水慢炖即可。虾酱炖豆腐口感鲜香滑嫩,风味独特,是一道很受老人和孩子喜欢的菜品,见图6-25。

虾仁独面筋:虾仁独面筋是一道非常传统的特色菜,这道菜在天津当地非常受欢迎。独面筋和平时的面筋做法不一样。其做法讲究,面筋不能炸成空壳或双层皮,内部要炸成孔洞蜂窝才能吸饱汤汁,再搭配鲜美的虾仁和黄瓜、木耳,让人吃了欲罢不能。虾仁独面筋口感软烂,鲜美甜香,酱香可口,是一道非常美味的下饭菜,见图6-26。

图6-25 虾酱炖豆腐

图6-26 虾仁独面筋

四大扒、八大碗:"四大扒"是统而言之的泛称,实际上可做成八扒、十六扒等。例如,扒整鸡、扒肉条、扒肘子、扒海参、扒鱼块、扒面筋、扒鸭子、扒羊肉条、扒牛肉条、扒全菜、扒全素、扒鱼翅、扒蟹黄白菜、扒鸡油冬瓜等。食客可从林林总总的扒菜系列中,任选其四,即为"四大扒"。民间"四大扒"多以鸡、鸭、鱼、猪肉为主。"四大扒"的主料为熟料,码放整齐,将兑好的卤汁,放入勺内,倒入锅中,小火焙透入味至酥烂,然后挂芡——用津菜独特技法"大翻勺",将菜品翻过来,不散不乱,保持齐整之状,见图6-27。

在传统天津菜系中,"八大碗"既不指一道菜,也不仅仅是八碗菜的组合,而是天津民间传统宴席的菜品组合形式,见图6-28。"八大碗"由满汉全席演化而来,将铺张、奢华和固定的宫廷菜系改造成丰俭自选的大众菜品系列。"八大碗"其实并不是固定的八道菜,食材选料上也有着许多讲究。"八大碗"有粗细、长形、四季之说。

图6-27　四大扒

图6-28　八大碗

老天津卫有一句口头禅："烧肉、丸子、鸡、滑鱼、火笃面筋，要有眼力见儿就吃熘鱼片，要有精气神再吃炒虾仁。"这些都是指"粗八大碗"。"粗八大碗"有熘鱼片、烩虾仁、全家福、桂花鱼骨、烩滑鱼、独面筋、氽大丸子、烧肉、松肉等，或是黄焖鸡块、南煎丸子、扣肉、素什锦、侉炖鱼、烩什锦丁、烩三丝、赛螃蟹，配芽菜汤。外加四冷荤，分别是酱肘花、五香鱼、拌三丝黄瓜、共和豆腐。

"细八大碗"则用高档原料制作，过去各大酒楼饭庄卖整桌八大碗。主要菜品有炒青虾仁、烩鸡丝、烧三丝、全炖、蛋羹蟹黄、海参丸子、元宝肉、清汤鸡、拆烩鸡、家常烧鲤鱼等，或是红烧鱼、全家福戴帽、烩虾仁、荤素扣肉、鱼脯丸子、黄焖整鸡、罗汉斋等，配三鲜汤。外加四冷荤，分别是酱鸡、酥鱼、叉烧肉、拌三丝。

"高八大碗"由鱼翅四丝、一品官燕、全家福鱼翅盖帽、桂花鱼骨、虾仁蛋羹、熘油盖、烧干贝、干贝四丝、寿字肉、喜字肉等组合而成。

"素八大碗"包括独面筋、炸汤圆、素杂烩、炸饹馇、烩素帽、烩鲜蘑、炸素鹅脖、素烧茄子等。

"清真八大碗"多以素食为主。肉类中，牛、羊、鸡、鸭、鱼、虾等都入八大碗之列。

八大碗酒席具有浓厚的天津地方特色。每桌坐8人，有8个或12个干鲜冷荤，清一色用大海碗。八大碗还可拆开单吃，按食客口味自由组合，丰俭由己。

三、河北部分

河北是中华民族的发源地之一，一直保持传统的农耕文化。在这片富饶的土地上，除了各大值得观赏的旅游景点，特色美食也不容忽视。河北饮食文化历史悠久，在农忙的季节，人们喜欢一天只吃两餐，主食大多是面食或者其他杂粮，菜品大多以各种肉类为主，口味偏重，喜欢多油、多盐。河北的饮食风格很有特色，在继承传统特色美食的基础上不断地发展创新，不管是菜品还是小吃，在全国范围内都很闻名。

(一)石家庄

牛肉罩火烧：牛肉罩火烧是老石门(石家庄)特有的清真风味食品，当年曾名播三千里京汉线，堪称省城一绝。庄里人(石家庄人的自称)对牛肉罩火烧的钟爱程度，如同北京人对卤煮火烧一样。牛肉罩火烧是只有庄里人才懂得欣赏的美食，老石家庄人还会时不时地坐在餐馆里来上一碗肉香扑鼻的罩火烧，见图6-29。

（二）承德

拨御面：拨御面是一道色、香、味俱全的汉族小吃。承德吃荞麦的方法很多，最享盛誉的当属隆化县张三营镇的拨御面。拨御面的原料有白荞面、老鸡汤、猪肉丝、榛蘑丁、木耳等。将煮好的面盛在碗里，浇上精心制作的卤即可食用，见图6-30。拨御面色洁白如雪，风味独特，有开胃健脾、降血压的功能。

图6-29　牛肉罩火烧

图6-30　拨御面

（三）保定

驴肉火烧：驴肉火烧是河北保定的地方特色小吃之一，和"保定三宝"（保定铁球、保定面酱、保定春不老）并驾齐驱。驴肉火烧，即把熟驴肉夹到火烧里食用，火烧口感酥脆，驴肉肥而不腻，回味醇厚，见图6-31。

（四）沧州

火锅鸡：火锅鸡起源于河北沧州，在沧州走几步就有一家火锅鸡店，火爆程度非其他火锅可以媲美。沧州普通家庭几乎都会制作火锅鸡，它是亲朋聚会时不可或缺的一道菜肴，见图6-32。火锅鸡以沧州麻辣火锅鸡为主要代表，现又传至京津冀地区乃至全国各地。食用时，配以陈醋、蒜泥、麻酱等辅料，香味浓郁，回味无穷。

图6-31　驴肉火烧

图6-32　火锅鸡

（五）衡水

鞋底儿烧饼：鞋底儿烧饼口感外酥里嫩，唇齿留香，别有一番滋味。其最早由衡水枣强县人宋善庄发明。民国初年，宋善庄在县城老十字街南头路东的宋家胡同口支炉烤烧饼。当时，他做的烧饼有三种：第一种是死面圆形烧饼，外面扣着芝麻，受热鼓起

来形似油炸糕;第二种是发面圆形烧饼,不带芝麻;最后一种是鞋底儿烧饼,见图6-33。

枣强熏肉:枣强熏肉皮烂肉嫩,光彩艳丽,滋味醇香喷鼻,肥不腻口,瘦不塞齿,见图6-34。《衡水县志》记载:"枣强熏肉特佳,名驰省外,以之分赠亲朋,无不交口奖饰。"听说八国联军侵入北京,慈禧和光绪外逃,路经衡水进膳,对于枣强熏肉颇为赞赏。此后即被慈禧列为贡品。

图6-33　鞋底儿烧饼

图6-34　枣强熏肉

武强酥鱼:武强酥鱼又称"邵氏酥鱼",色泽黄亮、色香味美、骨酥肉嫩、溢香爽口、久吃不腻,见图6-35。"绍氏酥鱼"源于乾隆皇帝到绍兴上虞白马湖吃酥鱼而得以成名。

金丝杂面:金丝杂面是衡水饶阳一种著名的汉族面食小吃,属于绿豆面。做法是:先用绿豆、小麦、芝麻磨成细粉;然后用香油、白糖、蛋清和适量的水和成面团,饧置;再将饧好的面团擀成薄纸一样的大面片,略凉至不干不湿,即折不断、卷不沾时,叠起切细丝。做好的金丝杂面色泽金黄、透明,形如金丝,存放期长,耐煮不烂,清香爽口,见图6-36。

图6-35　武强酥鱼

图6-36　金丝杂面

(六)唐山

棋子烧饼:棋子烧饼是唐山的特色美食,因状如小鼓、个似棋子而得名。使用猪大油和香油制作,内包肉、糖、什锦、腊肠、火腿等多种馅心。其色泽金黄,里外烤制酥透,肉馅鲜香,酥脆适口不腻,便于保存,见图6-37。

图6-37 棋子烧饼

（七）秦皇岛

长城饽椤饼：长城饽椤饼是秦皇岛市山海关区汉族传统面食之一，非常具有地方特色，山海关人很喜欢吃。长城饽椤饼是一道非常健康的绿色食品，饼皮透明，主要由饽椤叶和虾仁等食材制作而成，见图6-38。明朝时期，镇守山海关的官兵们条件艰苦，于是就有人创造出了这道美食。长城饽椤饼不但能够给士兵们提供能量和营养，还具有生津止渴的作用。

（八）廊坊

香河肉饼：香河肉饼是廊坊香河的特产。其特点是皮薄、肉厚，吃起来面质软和、肉鲜细嫩，符合北方人的饮食习惯。香河肉饼咬起来实实在在，细品韵味悠长，既可当菜，也可做主食，见图6-39。

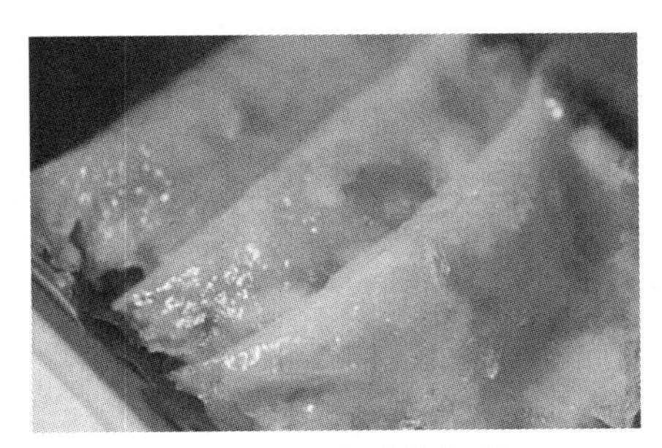

图6-38 长城饽椤饼

图6-39 香河肉饼

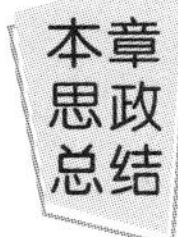

扫码
看彩图

本章
美食图

党中央、国务院高度重视京津冀地区文化建设和历史文化遗产保护工作。党的十八大以来，习近平总书记多次视察北京，发表重要讲话，为新时代北京历史文化名城保护指明方向。2014年2月，习近平总书记在北京市考察工作时指出，京津冀同属京畿重地，地缘相接、人缘相亲，地域一体、文化一脉，历史渊源深厚、交往半径相宜，完全能够相互融合、协同发展。

历史上,北京的城市地位经历了四个主要阶段——从地区中心城市,到北部锁钥,再到北方民族政权核心,进而发展为国家首都。在不同时期,城市的职能定位对周边地区提出不同要求。北京建都后,京津冀区域空间联系更加紧密,在政治、军事、文化、经济、对外交往、交通上,从相互依存、各有分工的城镇群,逐步发展为以北京为核心的都市圈,奠定了今天京津冀地区历史文化保护传承的空间基础。在这样的发展历程中,北京作为首都的价值得到进一步凸显,即北京历史文化是朴素的山水自然观与传统文化理念的伟大实证,是传统营城理念和建造手法的集大成者,是中华传统及当代优秀文化的精华所在。

作为传统文化的重要组成部分,京津冀地区饮食的文化保护、传承与传播对于国家文化自信的建立具有重要意义。在保护利用方面,应倡导更多的公众参与,增强文化遗产与居民、村民日常生产生活的联系,加强当地民风民俗、特色文化的传播以及非物质文化遗产的继承和发扬,通过保护带动地区民生改善和经济发展,使名城保护能够真正造福于当地人民。而饮食文化恰巧可以发挥这一作用,它能够以微妙的形式在人们之间传播,润物细无声,故为广大民众所乐于接受。因此,通过推动京津冀地区饮食文化的梳理和不断完善,可以推进地区传统文化振兴,坚定文化自信。

课后作业

课后阅读

北京烤鸭制作工艺

一、简答题

1. 京津冀地区饮食与区域文化的关系是什么?
2. 京津冀地区饮食文化的特点是什么?

二、实训题

如何评价京津冀地区饮食文化对旅游者的吸引力?如何提升其影响力?

第七章
黄河下游地区饮食文化

学习目标

知识目标

了解黄河下游地区饮食文化发展的概况，理解黄河下游地区饮食文化的特征，知道黄河下游地区代表性时期、城市的代表性饮食及其反映的历史与文化。

能力目标

能够举一反三，思考和总结黄河下游地区饮食文化的保护、传承和传播的规律。

思政元素

1. 使学生深刻认识到黄河下游地区饮食文化的历史渊源，以及此地饮食文化与其他文化的交叉融合概况，增强学生的文化自豪感。

2. 引导学生深化对我国黄河下游地区文化的认识，尤其是饮食文化在文化保护、传承和传播方面发挥的作用，深化对文化历史与现状的思考，提出增强我国黄河下游地区饮食文化影响力的对策。

章前引例

山东鲁菜的历史文化发展与改革创新

第一节　黄河下游地区饮食文化概况

中国饮食文化视野下的黄河下游地区，大致包括今山东地区以及晋、冀、豫、皖、苏的部分地区，主要依托山东省为圆心的地域范围。从地理环境上看，本地区主要为黄河下游冲积平原，中部和东部地区分布着山地、丘陵、盆地以及部分岛屿，属东亚暖带季风气候区，夏热多雨，冬冷干燥，季节变化明显，动植物资源和盐业、矿产资源丰富，拥有众多食物原料。主要作物有小麦、粟、黍、玉米、大麦、大豆、高粱、水稻、棉花、芝麻、花生、番薯(地瓜)等；主要蔬菜有大白菜、萝卜、土豆、油菜、茼蒿、圆葱、香椿、冬瓜、黄瓜、南瓜、丝瓜、葫芦、姜、葱、蒜等；主要水果有苹果、桑葚、西瓜、杏子、栗子、李子、山楂、梨子、葡萄、核桃、甜瓜、脆瓜、香瓜等；主要食用菌类有伞盖蘑、木耳、平菇、香菇、猴头菇、鸡腿菇、金针菇、口蘑等；主要家畜家禽有猪、牛、羊、鸡、鸭、鹅等；主要淡水产品有鱼、虾、蟹、蛤等;主要海产品有海参及各类海鱼等。食物原料品种十分齐全,风味不一,特色各异。

根据考古研究,黄河下游地区早在40万年前就有人类活动,现已发现诸如仰韶文化、大汶口文化、龙山文化等具有代表性的人类文化遗存,出土了许多陶、石、骨制农具、工具和食具,黄河下游地区饮食文化由此开端。先秦时期,该地区饮食文化逐渐脱离了原始风貌,具有了阶级性、层次性、地域性的特征。特别是春秋战国时期,在齐鲁大地上,孔孟食道与中国饮食礼俗的初创对本地区的影响十分重大,奠定了黄河下游地区饮食文化的初步构架,后世鲁菜的形成也与此息息相关。

古以太行山以东地区为山东,春秋时代这里曾为齐国、鲁国所在地,故又称"齐鲁",而鲁菜则是黄河下游饮食文化圈的代表菜系。黄河下游地区有自身的地理文化特征,与其南邻的江浙、中南地区和北邻的京津冀,以及西邻的陕西都有显著差异。主要表现在北方地域的文化特征,这一区域人口密集,既是一个统一的经济区,也是一个独立的社会文化单元。

在地理上,山东位于黄河流域下游的平原地带,历史上属于中华文明的发祥地,区域内具有较为相似的风俗、文化、生活习惯。黄河下游地区在地理上有四季分明、气候温和的典型特征,加上大河、大湖、丘陵、平原、大海等多样性的地貌,造就了食材选料品种异常丰富与均衡,以及烹饪技法的丰富多样。

在文化上,山东是"孔孟之乡",是儒学的发源地,儒家思想几乎支配了整个封建社会,对中国的传统文化影响深远。而河南(史称豫州)是中华民族的故乡,在4000多年前,河南是九州中心,历史上多次定都,一直都是国家经济、政治、文化中心之一,代表了历史上主流文化,影响深远。江苏和安徽偏北区域因地理位置接近、气候一致,也深受这一地区的文化影响,呈现出相类似的饮食文化特征。

黄河下游地区饮食文化流传久远,尤其是河南作为较早定都的地区,见证了中国自新石器时代饮食不断发展的历程。根据历史考证,早在5000多年前,我们的祖先就居住在这里,捕猎、采摘,用最原始的方法制作食物。河南出土的许多陶器和青铜器,都可以证明仰韶文化进步的历程,这也是中国饮食文化发展的历程。夏商古都郑州和"七朝古都"安阳、开封都是见证了历史的古都。自从有了"国家"的概念,虽然国都不断迁址,但依旧是在河南境内游走。这一地区的饮食文化继承了传统作为儒家文化核心的"中庸之道",吸收了黄河流域纯正古朴、厚重大气、粗犷坦荡的中原文化,孕育了这一地区饮食文化的雏形。同时,儒家学派"食不厌精、脍不厌细"的饮食思想,成为影响历代饮食思想与饮食观念的重要理论依据,更是直接影响了区域饮食文化的变迁。

总之,黄河下游地区饮食文化是中国饮食文化的重要构成,是中华传统饮食文化与饮食行为的重要载体,而发端于本地区的孔孟食道是支撑中华民族饮食文化的核心理念。现阶段,我们要汲取其优点,大力弘扬正确的饮食观念,树立良好的饮食习惯,为进一步发展中华饮食文化做出应有的贡献。

第二节 黄河下游地区饮食文化特征

一、饮食风味的特征

黄河下游地区的饮食风味特征可归纳为以下五个方面(见图7-1)。

图7-1 黄河下游地区饮食风味特征

(一)咸鲜为主,突出本味

受政治文化影响,黄河下游地区的饮食风味特征可谓中国所有菜系的中和点。酸、甜、辣、咸四味俱全,不偏不倚,就像中国一直传承着的中庸文化一样,在融合中求平淡。与南方地区偏甜、西北地区偏辣相比,黄河下游地区的饮食风味可定位为以咸鲜为主。从烹饪始祖伊尹将调味料结合在一起使用开始到现在,已经过了几千年,在几千年的发展中,人们开始运用时令蔬菜和饲养家禽来做美食烹饪的材料。原料讲究质地优良,以盐提鲜,以汤壮鲜,调味讲求咸鲜纯正,突出本味。菜肴多用葱、姜、蒜等来增香提味。

(二)火候精湛,以"爆"见长

鲁菜的突出烹调方法为爆、扒、拔丝,尤其是爆、拔丝为世人所称道。"烹饪之道,如火中取宝,火候第一。不及则生,稍过则老,争之于俄顷,失之于须臾。"爆的技法充分体现了鲁菜在用火上的功夫。因此,有"食在中国,火在山东"的说法。

(三)精于制汤,注重用汤

鲁菜以汤为百鲜之源,讲究"清汤""奶汤"的调制,清浊分明,取其清鲜。清汤的制法,早在《齐民要术》中已有记载。

(四)善烹海鲜,功力独到

鲁菜对海珍品和小海味的烹制堪称一绝。山东的海产品,不论参、翅、燕、贝,还是鳞、蚧、虾、蟹,经当地厨师的妙手烹制,都可成为精鲜味美之佳肴。

(五)注重礼仪,风格大气

山东民风朴实,鲁菜待客豪爽,在饮食上大盘大碗丰盛实惠,注重质量,受孔子礼食思想的影响,讲究排场和饮食礼仪,体现出鲁菜典雅大气的一面。

二、饮食风俗的新趋向

(一)年夜饭的新方式

随着人们生活水平的提高,年夜饭习俗悄然发生着变化。这种变化在城市最为明显,人们为了摆脱劳累,有的家庭开始采集半成品来做,这样不但节省时间,也不失下厨的乐趣;也有一些家庭则是请厨师上门,调剂一下口味,保证饭菜的专业和精美;还有一部分家庭则将年夜饭预订在饭店,既省时省力,也可以品尝到美食,还能享受周到的服务。近些年,在饭店吃年夜饭越来越成为城市年夜饭的时尚。从年夜饭的变化中,我们能看到改革开放以后黄河下游地区人们饮食水平的提高和进步。不过,黄河下游地区农村的年夜饭习俗基本还保留原有方式,大部分会在家里吃。宴席间无数的问候、声声祝福和觥筹交错寄予的温情依旧,但因受到城镇化的影响,也开始逐步改变。

(二)国外饮食的时兴

黄河下游地区的人们,特别是居住在城市里的年轻消费群体越来越多地开始接受国外的饮食,比如遍地开花的麦当劳、肯德基、德克士、必胜客等连锁快餐店,以及日本、韩国料理,加之星级酒店中的自助餐等。特别是双休日以及特定的节假日,这些地方都座无虚席。许多年轻人将这样的一种饮食习惯和饮食行为当成日常的一种生活方式。加之麦当劳、肯德基、德克士、必胜客外送业务的拓展,以及诸多白领开始在家办公却又不想下厨的行为增加,使国外饮食的快捷、方便成为一种饮食优势不断扩张,冲击着黄河下游地区传统的饮食习惯。

(三)粗粮成为美食

随着人民生活水平的提高,日常主食逐步细粮化。大米、白面成为百姓餐桌上的基本主食。但伴随而来的“都市文明病”、心血管病、糖尿病、肥胖症等疾病也日益增加,因而人们需要多吃粗、杂粮平衡营养。随着人们保健意识的增强,粗粮又逐渐回到了人们的饮食生活中,甚至成为新的美食。这种现象在黄河下游地区也比较突出。黄河下游地区是玉米、地瓜等粗粮的主要产区。因为粗粮生长时极少使用农药、化肥,是一种天然绿色食品。此外,粗粮中含有大量的纤维素,纤维素本身会对大肠产生机械性刺激,可以促进肠蠕动。这些作用,对于预防肠癌和由于血脂过高而导致的心脑血管疾病都有好处。比如,用粗细粮混合制作花卷、玉米面条、玉米煎饼、荞麦馒头、小米面馒头等。人们开始注意干稀搭配,如油条配豆浆,馒头、花卷配玉米粥,小米粥配窝头等,荤素搭配,口味清淡,营养均衡。多吃青菜等素菜成为一种健康饮食的时尚。总之,粗粮、蔬菜的回归,反映了黄河下游地区人们对健康饮食的追求,同时也是黄河下游地区人们饮食生活跨越性发展的标志。

Note

（四）注重饮食营养

中国自古以来就讲究“医食同源”。随着改革开放，人们生活水平的不断提高，饮食也由“温饱型”向“保健养生型”转变，人们追求食品的个性化和健身功能，从而为保健食品带来了生机。目前，我国保健食品的主要功能集中在调整生理功能、预防慢性疾病和增强机体对外界有害因素抵抗力三个方面。黄河下游地区的保健食品种类主要包括海参、蜂蜜、人参、鹿茸、枸杞、灵芝等；另外，保健酒很受欢迎，如人参酒、枸杞酒等；还有饮品，如人参蜂王浆等；此外，以中药材为原料的药膳在黄河下游地区许多饭店也十分红火。实际上，保健食品的出现，反映了改革开放以后黄河下游地区人们在饮食上追求健康和营养观念的变化。

同时，我们也应当看到，在饮食文化繁荣发展的过程中，也出现了奢侈之风、铺张浪费之风、斗富之风等。而中央八项规定的出台，使这些不正之风得到了有效的遏制，对我国饮食文化发展起到了积极而深远的影响，它引导人们追求正常、合理的餐桌文化，提倡健康的餐饮消费形式，促进了社会的和谐发展。

三、黄河下游地区各地市的风格特色

鲁菜的主要流派大致有齐鲁、胶辽、孔府三种。

（一）齐鲁风味

齐鲁风味，包括的德州、泰安在内的济南派，在山东北部、天津、河北盛行。齐鲁菜素有“一菜一味，百菜不重”的美称。齐鲁菜尤重制汤，清汤、奶汤的使用及熬制都有严格规定，菜品以浑厚味纯、清鲜脆嫩著称。用高汤调制是济南菜的一大特色。济南菜取料广泛，上至山珍海味，下至瓜、果、菜、蔬，无所不包。

（二）胶辽风味

胶辽风味，亦称“胶东风味”，包括青岛在内，以福山帮为代表的胶东派，流行于胶东、辽东等地。胶辽菜起源于烟台、青岛，在食材选料上多为明虾、海螺、鲍鱼、蛎黄、海带等海鲜。擅长爆、炸、扒、熘、蒸烹饪技法，口味以鲜嫩为主，偏重清淡，讲究花色。

（三）孔府风味

孔府风味，以曲阜菜为代表，流行于山东西南部和河南地区，和江苏菜系的徐州风味较近。孔府菜有“食不厌精，脍不厌细”的特色，堪称“阳春白雪”，典雅华贵。其用料之精广、筵席之丰盛堪与过去皇朝宫廷御膳相比。孔府菜讲究菜品与儒家精神文化的融合，无论是在菜品的名称、造型上，还是在烹饪的分类上，都带有浓厚的儒家文化色彩，讲究严格的等级划分。

综上所述，黄河下游地区的饮食文化具有悠久的历史，丰富的文化底蕴，依托儒家文化，其饮食文化的价值深刻地影响着中国饮食文化，体现了黄河下游地区人们温和、善良、豪爽的性格，以“和”为贵，遵守着传统的饮食礼俗和饮食道德规范，可谓中华饮食文化中的闪亮明珠。

Note

第三节　黄河下游地区各地市特色饮食文化

黄河下游地区是多省市融合交叉的区域,在历史文化和地理上渊源深厚,但是不同区域间仍存在差异,涉及河南、河北、安徽、江苏和山东各省的部分或全部城市。接下来本节将展开介绍这一区域各地市特色饮食文化。

一、河南部分

位于黄河下游的河南省区域有豫北和豫东,涉及城市有焦作、郑州、开封、商丘、周口、鹤壁、新乡、濮阳、安阳等。

(一) 焦作

河南焦作古称“山阳”“怀州”,地处中国华中地区、河南西北部、北依太行山。焦作市位于温带季风气候区,日照充足,四季分明,且是华北地区的富水区,有充足的地表水资源。

怀府闹汤驴肉:怀府闹汤驴肉是焦作市沁阳市的特产之一,其色泽红褐,肉质鲜嫩松软,口感细腻咸香,营养丰富,见图7-2。怀府闹汤驴肉有300多年的历史,最早起源于沁阳城内一条小巷,相传在明清时期就已出名,至清末达到鼎盛。传说,小巷内一董姓人家将自家种完地后闲下来的一头驴杀掉,精心制成小车驴肉上街出售,没想到立时兜售一空,从此董姓人家就干起了卖驴肉的营生。久而久之,董姓人家的驴肉越做越香,卖驴肉的店也越来越多,相继出现了胡、靳、王、徐等各家。因沁阳古为怀庆府治,商业发达,商贾云集,每天都有各州县的客商云集这里批肉贩往各地。从此,怀府驴肉远近闻名,这条小巷也因此得名“杀驴胡同”,一直流传至今,名声越传越广。相传清康熙皇帝南巡路过怀庆,品尝怀庆驴肉后连声叫绝。于是,怀庆老董家驴肉成为朝廷贡品。

铁棍山药:铁棍山药是焦作非常有名气的特产之一,在当地种植山药已有千年之久,铁棍山药质坚实,粉质足,色白,久煮不散,俗称“鸡骨山药”,见图7-3。

图7-2　怀府闹汤驴肉

图7-3　铁棍山药

海蟾宫松花蛋:海蟾宫松花蛋是焦作市修武县五里源乡的传统特产之一,相传起源于宋朝,已有800多年的历史。海蟾宫松花蛋也是明清两朝的贡品。它长存不坏,柔

软适中，香气袭人，营养丰富，见图7-4。

马记烧鸡：马记烧鸡是焦作市博爱县许良镇的特产。相传马记烧鸡起源于清末，距今已有100多年，并荣获河南省风味小吃一等奖。烧鸡色鲜味美，手抖离骨，非常好吃，见图7-5。

图7-4 海蟾宫松花蛋

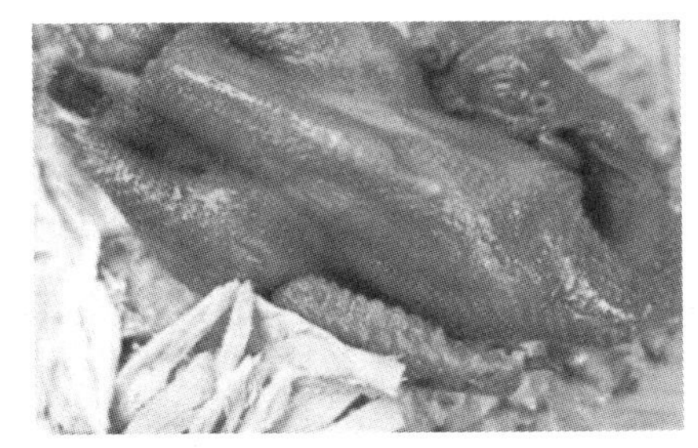

图7-5 马记烧鸡

孟州炒面：孟州炒面是焦作市孟州市的特色小吃之一。炒面干干爽爽，呈焦黄色，油而不腻，口感筋道，满嘴生香，见图7-6。

许良扯面：许良扯面是焦作市的特色小吃之一，油而不腻，回味无穷，见图7-7。

图7-6 孟州炒面

图7-7 许良扯面

西沃卤肉：西沃卤肉产于焦作市孟州市西虢镇西沃村。相传西沃卤肉起源于明末，距今已有300多年。西沃卤肉吃起来色鲜味美，醇香酥烂，肥而不腻，入口滑润，香气宜人，营养丰富，见图7-8。

武陟油茶：武陟油茶是一道色香味俱全的传统名点，属于豫菜系。因产自焦作市武陟县而得名，见图7-9。武陟油茶秦时称“甘缪膏汤”，汉时称“膏汤积壳茶”，是我国历史悠久的传统特产，土贡食品。

图7-8 西沃卤肉

图7-9 武陟油茶

（二）郑州

郑州是河南省的省会，古称商都，是国家重要的综合交通枢纽、中华文明的重要发祥地、国家历史文化名城、中国八大古都之一。

郑州烩面：郑州烩面是河南面食的代表作之一，口感筋道，兴起于20世纪80年代。烩面在汉魏时期亦称“汤饼”，唐以后名称渐变，宋代汴京食店便有“插肉面”“大奥面”的供应，后多称“羊肉烩面”，其筋软光滑、汤醇性温，见图7-10。

方中山胡辣汤：方中山胡辣汤是胡辣汤的一种，为郑州风味小吃之一。胡辣汤又名糊辣汤，是中原知名小吃，汤味浓郁、汤色靓丽、汤汁黏稠，香辣可口，见图7-11。

图7-10　郑州烩面

图7-11　方中山胡辣汤

葛记焖饼：葛记焖饼是“京都老号”葛记坛子肉焖饼馆独家经营的一种传统特色小吃。其肉香醇厚，肥而不腻，其饼柔软适口，老少皆宜，见图7-12。

据《郑州饮食行业志》记载，葛记焖饼馆的创业人葛明惠先生，是清朝满族镶黄旗人，生于1882年，他10岁进北京珂王府做事，曾给王爷赶车，颇得王爷的欣赏。他勤快好学，闲时常到王府膳食房帮厨，熟谙烹调技艺。当时，王府中有一种主食千层饼，还有一种菜肴名叫坛子肉。有一天，王爷回到府中，感到腹中饥饿，葛明惠便“越俎代庖”，用坛子肉为王爷焖了一盘饼，又用榨菜、香菜沏了一碗汤，饼软肉香，清汤爽口，王爷大加赞赏。民国初年，战乱纷纷，葛明惠携两子来河南谋生，危难中想起被王爷大加赞赏的坛子肉焖饼，于是，经朋友帮忙在郑州火车站附近开了“坛子肉焖饼馆”，葛明惠亲自掌灶，两个儿子打下手。1949年后，葛明惠和他的次子先后去世，长子葛去祥继续经营，他继承发扬父亲的烹调技术，使烹制的坛子肉一开坛便香气四溢，经其多年苦心经营，遂使葛记焖饼成为闻名遐迩的风味小吃。

郑州樱桃沟樱桃：郑州樱桃沟樱桃盛产于郑州市郊候寨乡的樱桃沟。这里的樱桃不仅成熟早、产量高，而且味道鲜美、色泽光洁，见图7-13。郑州樱桃沟樱桃的营养价值很高，含有蛋白质、脂肪、糖及钙、磷、铁和多种维生素，其中含铁量最高，每100克果肉含铁5.9毫克，比同量的苹果、梨多20倍，维生素A含量比葡萄高5倍。

图7-12 葛记焖饼

图7-13 郑州樱桃沟樱桃

登封烩羊肉：登封烩羊肉是郑州登封风味小吃之一，也是河南的特色名吃，现在已经在河南地区广泛流传，乃河南名吃羊肉系列的一大特色。登封烩羊肉肉味鲜美，不腻不膻，见图7-14。此风味小吃和唐太宗李世民有关。据说，唐太宗李世民传旨让嵩山高厨星夜兼程，速到长安让他大快朵颐烩羊肉。从此以后，登封烩羊肉誉满中原，流传千年之久。

老君烧鸡：老君烧鸡被誉为"中原名吃"，是郑州巩义特色风味小吃。其选料考究、做工精细、汤老味全、造型美观、色泽鲜艳、咸淡适口、离骨熟烂，见图7-15。

图7-14 登封烩羊肉

图7-15 老君烧鸡

少林寺素饼：少林寺素饼是郑州嵩山特产，口感香酥浓郁，见图7-16。据说是公元629年，唐太宗李世民因念及当年十三棍僧救驾之恩，亲率魏徵等人拜访少林寺，昊宗和尚以60多款素食摆设蟠龙宴招待唐太宗，少林寺素饼就在其中。

登封烧饼：登封烧饼又称"焦盖烧饼"，是河南登封传统名点。它吃起来焦中透香，还有白芝麻的味道，见图7-17。

图7-16 少林寺素饼

图7-17 登封烧饼

(三)开封

开封饮食文化极其丰富,美味佳肴不胜枚举,在长期发展中形成了以豫菜、风味小吃、土特产品为代表的特色饮食资源。开封作为“八朝古都”“中原首邑”,其饮食在长期发展中形成了官、商、寺、民肴馔的完整体系。开封菜集宫廷菜、官府菜、市肆菜和民间菜之长处,以独特的汴京风味成为豫菜的代表之一,并且秉持五味调和、质味适中的“中和理念”,适口而不刺激,以和相融,以中为度,不偏不倚,男女老少适口,四面八方皆宜。

《东京梦华录》记载,北宋东京的小吃达280多种,包括蒸烤类、煎炸类、煮食类和汤食类等。经过悠久的传承和发展,现代小吃种类更是琳琅满目,诸如灌汤包、黄焖鱼、红薯泥、花生糕等,各种小吃汇集于夜市之间,引得海内外游客慕名前来。

开封地处中原,气候优越,物产丰富,是全国重要的小麦、棉花、花生生产出口基地,土特产品数量众多,门类齐全。其中,汴京西瓜肉多籽少,瓤沙汁甜,有“开封西瓜甜到皮”的美誉;花生糕系古代宫廷膳食,食之香甜利口,入口即化,令人回味无穷;杞县酱红萝卜色泽鲜红,质地细润,鲜香可口等。

“满席山珍味,全在一碗汤。”开封菜的用汤,划分较细,有头汤(原汁汤)、清汤、奶汤(白汤)、毛汤之分,根据不同菜肴对口味、色泽的要求而分别使用。白扒、白煨、白炖以奶汤烹制,清则见底,浓则乳白,味道醇正,清香适口;红扒、红烧以头汤提鲜,清炖、清汆以清汤佐之,爆、炒一类则以毛汤烹制。开封菜技法全面,烹调细致,刀工精湛,煎、炸、熘、炖、烧等皆有所长,并且特别讲究火候的运用。火力可大可小,火势可猛可缓,火度可高可低,火时可长可短,变化颇多,不一而足。

开封菜坚持“五味调和,制汤提鲜,技法讲究,刀工精湛,选料精细,取料广泛”的特色,强调色、香、味、形、器、营养六要素有机地结合。“五味调和,质味适中”源于中州(河南的旧称),是开封菜独有的特点。所以,开封菜适应性强,男女老少皆适,四面八方皆宜。另外,开封菜取料广泛,选料严谨。长期以来,厨师把平时的选料经验总结成民谚,如“鸡吃谷头、鱼吃四(月)十(月)”“鲤(鱼)吃一尺、鲫(鱼)吃八寸”“鞭杆鳝鱼、马蹄鳖,每年吃在三四月”,即根据时令变化,更替不同的原料。任何时令鲜料,仅选用精、鲜之时,过时者不用。

开封出名的小吃比较多,有水煎包子、桶子鸡、套四宝、第一楼小笼包子、鲤鱼焙面等。

水煎包子:出锅的水煎包子,一般来说,没有破的,没有黏的,焦黄酥脆,见图7-18。

桶子鸡:桶子鸡色泽鲜黄、咸香嫩脆、肥而不腻,味道独特而久负盛誉,历经100多年而久销不衰,见图7-19。

图7-18 水煎包子

图7-19 桶子鸡

套四宝：套四宝堪称“豫菜一绝”，集鸡、鸭、鸽、鹌鹑之浓、香、鲜于一体，一道菜肴多种滋味，回味绵长，见图7-20。套四宝，始创于清朝末年，由开封名厨陈永祥根据多年的烹饪经验创制。

第一楼小笼包子：第一楼小笼包子用料考究，制作独到，薄皮大馅，灌汤流油，软嫩鲜香，肥而不腻，被誉为“中州膳食一绝”，见图7-21。

图7-20 套四宝

图7-21 第一楼小笼包子

鲤鱼焙面：鲤鱼焙面是知名度非常高的一道传统豫菜，而开封是豫菜的发源地，鲤鱼焙面来自开封，为开封名吃。红烧大鲤鱼，要先炸后烧，炸制金黄的黄河大鲤鱼，浇上黏稠的糖醋汁，最上面铺一层细如发丝、炸过的龙须面，见图7-22。这道菜的口味集酸、甜、鲜于一体。

图7-22 鲤鱼焙面

（四）商丘

商丘出名的小吃有焦咯炸、麻辣羊蹄、虞城羊肉汤、卤肘子、糁汤等。

焦咯炸：商丘是孔子祖籍地，庄子故里。焦咯炸是河南商丘的独特菜肴，味鲜可口，清香酥脆，嚼后无渣，清热解毒，色泽金黄透亮，见图7-23。

麻辣羊蹄：在商丘虞城，制作好的麻辣羊蹄，其色泽油亮，香味浓郁，肉质鲜美，毫无羊膻味，触及脱骨，入口即化且回味无穷，见图7-24。

图7-23 焦咯炸

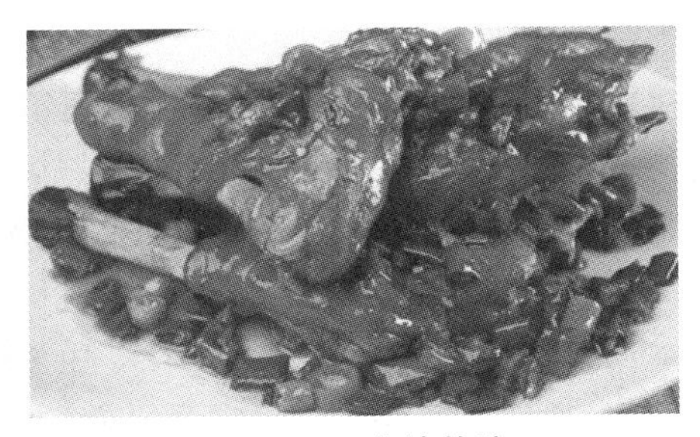

图7-24 麻辣羊蹄

虞城羊肉汤:虞城羊肉汤有其特殊的风味。其整体清澈透明,口味清香可口,味道鲜美,无羊肉带有的膻味,见图 7-25。

图 7-25　虞城羊肉汤

卤肘子:卤味在商丘有着很重要的地位,尤其是卤肘子。相传宋真宗赵恒登基不久就御驾东巡,无意间发现了一家姓李的卤菜店,肘子色泽诱人,气味鲜香,一问竟然是祖传多年的手艺,在此地已有不小的名气,赵恒尝过之后赞不绝口。卤肘子以新鲜猪脚配以 20 多种名贵药材卤制而成,软烂鲜嫩,肉质鲜美的同时又带有药材的香气,见图 7-26。

糁汤:糁汤是豫东独有的一种风味饮食,已有 200 多年历史。汤以肥羊、母鸡为主要原料,配以砂米(大麦麦仁)、大料、葱、姜、辣椒、胡椒、味精、食盐熬制而成。汤炖好后,在碗里打上鸡蛋,搅拌均匀,用沸腾的肉汤浇沏,制成黄澄澄的肉汤蛋花茶,汤内还会放上一些麦仁,见图 7-27。2009 年 6 月,糁汤被列为第二批河南省非物质文化遗产。有趣的是,这一美食不仅是商丘的代表名吃,在山东临沂等地也有着极其相似的吃法。

图 7-26　卤肘子

图 7-27　糁汤

(五)周口

胡辣汤:周口有名的美食包括逍遥镇的胡辣汤,以及邓城的猪蹄、灰培豆腐、高集的烧饼、太康马头牛肉等。胡辣汤是中华风味名吃之一,河南的胡辣汤又以逍遥镇和北舞渡的最为有名。胡辣汤源于河南省周口市西华县逍遥镇,其历史可以追溯到北宋时期。逍遥胡辣汤不仅仅味道一流,用料也非常考究,各种香辛料加胡椒粉造就了一碗胡辣汤,有羊肉的、牛肉的,加入木耳、黄花菜、手工面筋等。胡辣汤因用料足、味道好、辣而不刺激、味道浓郁等,深受人们的喜爱,见图 7-28。

（六）鹤壁

鹤壁市位于河南省北部太行山东麓和华北平原的过渡地带，属暖温带半湿润季风气候，四季分明，光照充足，温差较大。春季多风少雨，夏季炎热湿润，秋季秋高气爽，冬季寒冷多雾。

黎阳贡面：黎阳贡面起源于明代，产于浚县屯子镇席营村，以家庭作坊为主。明朝时，因被明代礼部尚书王越进贡给皇帝，而列为宫廷佳品，并得名“贡面”。黎阳贡面的特点是耐火不糟、回锅不烂，煮熟后挑入碗中，吃起来不仅口感爽滑，而且格外筋道，见图7-29。

图7-28　胡辣汤

图7-29　黎阳贡面

浚县子馍：浚县子馍也叫“石子馍”，是河南省鹤壁市浚县的特色小吃之一，因其在鹅卵石上烘焙制成而得名，距今已有1000多年。浚县子馍吃起来外焦里嫩，口口留香，见图7-30。

合罗面：对于鹤壁人来说，最割舍不下的面食当数让人回味无穷的合罗面了。一碗汤鲜味浓、面身筋道的传统合罗面不知承载了鹤壁几代人的记忆，见图7-31。鹤壁合罗面吃起来有清真羊肉的味道，还有微微的膻味，除此之外，还有韭菜的韭香味，有辣椒的香味，能够满足大多数人的口味，或许这也是合罗面在鹤壁经久不衰的原因之一。

图7-30　浚县子馍

图7-31　合罗面

（七）新乡

红焖羊肉：红焖羊肉就是把闷罐羊肉和南方的火锅巧妙地结合在一起，让人既能大块吃肉，又能喝汤涮菜，堪称“新乡一绝”。其创始人之争，始终未有结果。红焖羊肉以肉嫩、味鲜、汤醇、价廉，以及上口筋、筋而酥、酥而烂为特点，见图7-32。

(八)濮阳

濮阳裹凉皮:濮阳裹凉皮又叫"卷凉皮",是河南濮阳的特色小吃之一。其制作方法是将黄瓜丝、熟花生碎、面筋、香菜等用芝麻酱和其他调料拌匀后放入一大张凉皮里面。一个裹好的凉皮卷要面皮剔透,能隐约看见所裹之物,咬下去咸淡一致,非常好吃,见图7-33。

图7-32 红焖羊肉

图7-33 濮阳裹凉皮

(九)安阳

道口烧鸡:安阳地处于河南省的最北部,一直以来都有着"七朝古都"的称号。滑县道口古镇"义兴张烧鸡"俗称"道口烧鸡",久负盛名,已有300多年的历史。其造型美观,香烂可口,一抖即散,芳香四溢,久放不腐。道口烧鸡被誉为"中华第一鸡",和北京的烤鸭、金华火腿齐名。道口烧鸡有"四绝":形似元宝,色泽鲜艳,肉质软烂脱骨,滋味香而不腻。新鲜出锅的烧鸡形如元宝,色泽金黄尤为喜人,见图7-34。

安阳三熏:安阳三熏已经有上百年历史了,这里的"三熏"分别指的是熏鸡、熏鸡蛋、熏猪下水。安阳三熏肉质口感有嚼劲,味道浓,好存放,见图7-35。

图7-34 道口烧鸡

图7-35 安阳三熏

扣碗酥肉:扣碗酥肉是安阳的一道代表菜,做出来的酥肉嫩滑、香酥、爽口、咸鲜,见图7-36。

内黄灌肠:内黄灌肠是安阳非常有特色的一道非遗小吃,创制于清咸丰年间,流传至今已有170多年了。内黄灌肠里红外白,入口光滑,香辣软韧,鲜香可口,见图7-37。

图 7-36　扣碗酥肉

图 7-37　内黄灌肠

八宝布袋鱼:八宝布袋鱼属安阳的一道名菜。其做出来的鱼不仅看起来美观大方,肉质吃着也是特别鲜嫩,汁鲜美,见图 7-38。

老庙牛肉:老庙牛肉是安阳市滑县老爷庙乡的一道特色名菜,起源于明朝,流传至今已有 300 多年了,有着"中华一绝""豫北之花"的美誉。这种牛肉色泽淡红,肉质紧实,熟烂,耐嚼,鲜香醇厚,见图 7-39。

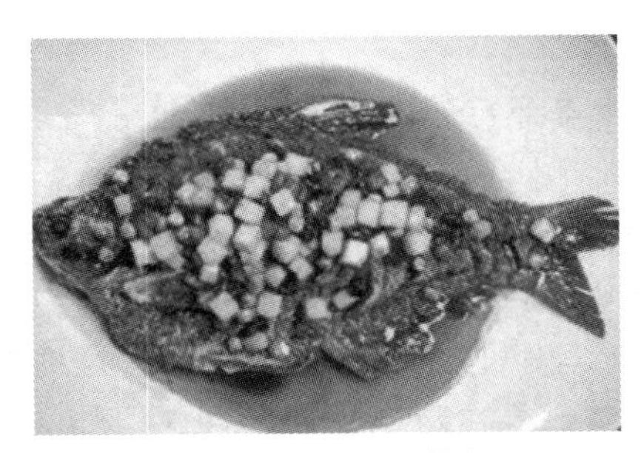

图 7-38　八宝布袋鱼

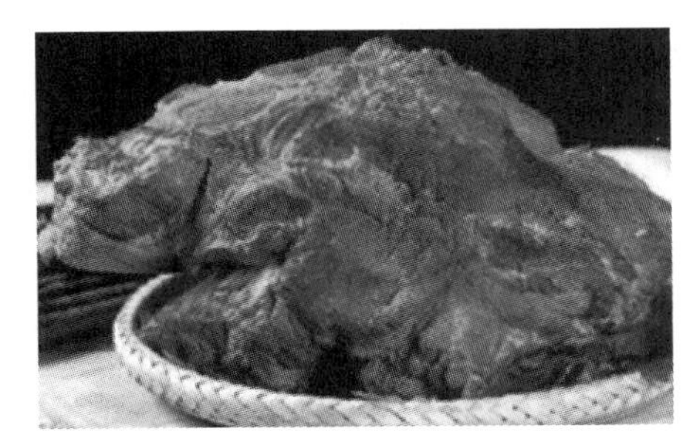

图 7-39　老庙牛肉

二、安徽部分

位于黄河下游的安徽省区域,涉及宿州、阜阳、亳州等城市。

(一) 宿州

宿州,安徽省辖地级市,简称"蕲",别称"宿城""蕲城",位于安徽省东北部,东北与宿迁和徐州接壤,南临蚌埠,西至西北与淮北、商丘和菏泽相邻。宿州是楚汉文化、淮河文化的重要发源地。北宋文学家苏轼在《南乡子·宿州上元》中称宿州为"此去淮南第一州"。

萧县羊肉汤:萧县羊肉汤流传至今已有 300 多年,是我国的一道传统名汤。萧县羊肉汤用的是当地优质的白山羊熬煮出来的奶白色羊汤,汤汁浓郁鲜美,见图 7-40。古时萧县民间就有食羊肉的传统,民间有"无羊不成席"之说。

清朝同治年间,萧县圣泉袁楼村的彭玉山掌握了一套烹调绝技,后经人引见,进入皇宫御膳房,以一道汁浓味厚的羊肉汤而受到皇帝的青睐。1926 年,萧县城南丁里镇老兵回乡养伤,在丁里开设羊肉馆,因烧得一手好羊汤而备受乡邻称赞。年事渐高时,他把技艺传给许氏后人打理。1928 年,汪氏从由汪振德奠基开业,以独特的传统配方、独特的烹饪技艺和独特的风味名震一时。此后传至其长子汪继坤,再传至长孙汪汉

荣,现已传至其第四代重孙汪海洋。2000年夏季,安徽省萧县城南羊肉馆策划了伏羊节活动,第一次打出中国萧县民间"伏羊文化节"的招牌。

皇藏峪蘑菇鸡:皇藏峪蘑菇鸡是安徽宿州的一道经典特色菜,麻辣鲜香,软烂可口,肉壮、肉丝精细、鲜美可口、香味浓郁,见图7-41。

图7-40 萧县羊肉汤

图7-41 皇藏峪蘑菇鸡

鱼咬羊:鱼咬羊是安徽萧县的一道传统特色名菜,又称"鲜炖鲜",鱼鲜羊嫩,不腥不膻,味道奇香,汤味鲜美,见图7-42。

传说清代安徽徽州府有一个农民带着4只羊乘船过练江,由于舱小拥挤,一不小心就把一只成年公羊挤进了河里,羊不会游泳,在河水中挣扎了一会便沉入深水中。由于羊的沉水,引来了许多的鱼,当羊沉入水底时,鱼儿便蜂拥而至,你争我抢地争食羊肉。因为它们吃得过多,一个个晕头转向。恰巧,附近有一个渔民正驾小渔船从此处经过,见如此多的鱼在水中乱窜,心中惊喜万分,忍不住撒了一网。让他奇怪的是,鱼儿并没有像往常那样活蹦乱跳,而是一个个乖巧地待在网里,当渔夫把网收上岸拿到家后,觉得今天的鱼特别重,就用刀剖开一条鱼的肚子,见里面装满了羊肉。渔民感觉很新奇,就将鱼洗净,然后封好刀口,连同腹内的羊肉一道烧煮。结果烧出来的鱼,鱼酥肉烂,不腥不膻,汤味鲜美,风味特殊。消息传出后,当地一些喜欢美食的人家也试着烧成这样一道菜,果然风味不凡,从那以后,当地人就将这样烧成的菜取名为"鱼咬羊"。久而久之,鱼咬羊便成了徽菜中的一道名菜了。

符离集烧鸡:符离集烧鸡是安徽省宿州市埇桥区的特色传统名菜,因原产于符离镇而得名。符离集烧鸡色佳味美,香气扑鼻,肉白嫩,肥而不腻,肉烂脱骨,嚼骨而有余香,见图7-43。

图7-42 鱼咬羊

图7-43 符离集烧鸡

泗县草沟烧饼：泗县草沟烧饼正面呈金黄色且布满芝麻、葱花，背面布满了酥孔，因其香、酥、脆而闻名。草沟烧饼形状多为椭圆形，常人手掌大小，有内外多层，吃起来外脆内酥，油而不腻，香润可口，见图7-44。据传清咸丰、同治年间，一位名叫陈成宇的山东烧饼师傅，由于家乡遭受饥荒流落到泗县草沟。他看到这里集市繁华，民风淳朴，便定居下来，以烧制烧饼为生。陈成宇制作的烧饼风味独特、品种繁多，不久名声就传遍四方。

砀山酥梨：砀山酥梨栽培历史悠久，是中国传统三大名梨之首，以果大核小、黄亮形美、皮薄多汁、酥脆甘甜而驰名中外，见图7-45。砀山酥梨已有千年历史，古时候作为贡梨上奉给朝廷。砀山酥梨不仅酥脆爽口、入口即化，营养价值与养生价值也极高，被形象地称为“果中甘露子，药中圣醍醐”。

图7-44 泗县草沟烧饼

图7-45 砀山酥梨

（二）阜阳

太和板面：太和板面也称为“安徽板面”“太和羊肉板面”，是安徽省阜阳市太和县的一种特色小吃，该菜品因在案板上摔打而得名，见图7-46。该菜品通常用面粉加食盐、水搅拌，和成面团并揉搓，制成小面棒，涂上香油码好。制作时，边摔边拉。煮好的板面清白润滑、晶莹透亮，再放上青菜，浇上汤料，白的面条、绿的菜叶、红的汤料，使人食欲大增。2015年5月，太和羊肉板面制作技艺被列入太和县第四批县级非物质文化遗产名录。2018年11月，安徽十大地标美食公布，太和板面评选为安徽十大美食之一。太和板面之所以能够风味独特，一是面好，二是汤料好。其汤料，一般以牛羊肉为原料，配以辣椒、茴香、胡椒、花椒、八角、桂皮等20多种调料炒制而成。

格拉条：阜阳格拉条是安徽省阜阳市的特色小吃。格拉条是一种面条，按当地方言翻译出来的当地通用写法为“格拉条”。格拉条起源于20世纪80年代的阜阳，相传与苏东坡有关，是阜阳特有的一种食物，颇受当地人的喜爱，在大街小巷都能吃到。它的名字来源大概有以下原因：在阜阳，“搅拌”的方言是“搁拉”，而这种类似面条的食物需要将各种作料均匀搅拌，所以就被称为“格拉条”；因其颜色金黄、面形粗壮，也叫“金条面”。

格拉条的特色就是拌酱，芝麻酱(又称芝麻糊)必须是地地道道的，里面还要有辣椒油。格拉条面条看起来比较粗，吃起来很筋道，并且软硬适中，又香又辣，绝对是美味，见图7-47。

图7-46 太和板面

图7-47 格拉条

（三）亳州

牛肉馍：牛肉馍是亳州的一种特色小吃，皮薄馅多，外脆内嫩，酥脆可口，见图7-48。

锅盔：锅盔是亳州面食的经典代表，它看起来像古代的盔甲，又圆又硬，所以被称为锅盔。亳州锅盔咸味宜人，回味无穷，见图7-49。

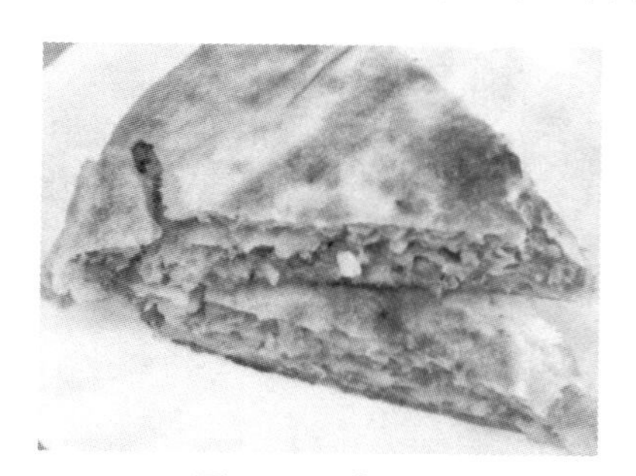

图7-48 牛肉馍

图7-49 锅盔

展沟烧饼：展沟烧饼是亳州著名的特色小吃，看起来有点像鞋底，所以很多人也叫它“鞋底儿烧饼”，鞋底儿烧饼味道酥脆可口，见图7-50。

三、江苏部分

位于黄河下游的江苏省区域，涉及连云港、徐州等城市。

（一）连云港

板浦凉粉：板浦凉粉俗称“凉粉”，有淡淡的清香，吃起来较为爽口，见图7-51。

图7-50 展沟烧饼

图7-51 板浦凉粉

灌云大糕：灌云大糕又名“玉带糕”，民间常称“桂片糕”，是连云港市灌云地区汉族糕类名点，历史悠久，见图7-52。清康熙年间，河道大总督、左殿张丞相，在康熙六十年(1721年)治理河道时，曾住大伊山古佛寺，他感到寺内素餐单调乏味，便问主持僧人，大伊山有何名贵食品，僧人即捧出本地特产的灌云大糕。灌云大糕形状似本朝一品官饰玉腰带，洁白如雪。清香四溢、蝉翼般的薄片放进口中，无须细品，穷滋甘甜，已入人五脏六腑。张丞相不禁拍手叫绝，顿觉与这种奇膳玉食初识恨晚，于是提笔在粉墙上题五言绝句："玉带飘天下，千家万户迎。奇膳炙人口，果不负虚名。"回京时，他将灌云大糕改名为玉带糕，并进贡圣祖皇帝玄烨品尝，引得龙颜大喜，灌云大糕便成了贡品。

爆乌花：爆乌花是连云港著名的地方名菜，以乌贼鱼炒制而成，口味鲜嫩，见图7-53。

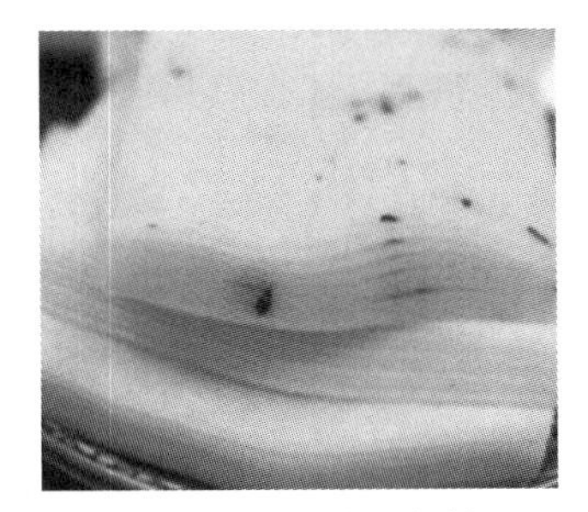

图7-52 灌云大糕

图7-53 爆乌花

（二）徐州

大禹治水九分天下后，徐州成为九州之一，文化底蕴深厚。"自古彭城列九州，龙争虎斗几千秋。"徐州较为典型的有战争文化、养生文化、宗教文化，此三类文化又相应地体现在饮食方面，形成了具有典型地域意义的饮食文化。

1. 战争文化

徐州因其独特的地理区位优势，历来就是"兵家必争之地"。最具代表性的战役有刘邦和项羽彭城九里山一战决雌雄、西汉吴楚七国之乱、孙中山北伐光复徐州、抗日徐州会战、淮海战役……徐州历经500多场大型战争，塑造了徐州人霸气、豪爽的性格特征。战争文化衍生了徐州别具特色的美食，包括烙馍、馓子、壮馍、沛县狗肉等。

2. 养生文化

彭祖也称彭铿，因为调制美味的雉羹进献给帝尧而被封于彭城(今徐州)，故被后世称为彭祖。彭祖精于养生，据说活了800岁。雉羹为徐州现在的馆汤，有"天下第一羹"的美誉。他所擅长的食疗很好地将饮食和养生结合起来，也丰富了徐州饮食文化，即以雉羹为代表的养生饮食。

3. 宗教文化

徐州丰县是道教创始人张道陵的故乡，他在四川创立道教，后返回徐州。关羽被列入道教神的系统，传说在治理洪水、抵抗元兵入侵等活动中多次"显灵"，因此徐州关

帝庙甚多,邳州土山关帝庙是全国第二大关帝庙。徐州佛教文化也很昌盛,楚王刘英封地彭城,在徐州组建了第一个佛教团体。因此,徐州产生了一系列体现宗教文化的地域饮食。此外,徐州还有很多体现地方历史人文的饮食,如地锅鸡、龙门鱼、东坡肉、蜜三刀等。

徐州美食烹调特色鲜明。徐州是苏、鲁、豫、皖的交界地,历史上曾归山东管辖,因此徐州风味菜兼有江苏和山东风味特色。

地锅鸡:地锅鸡起源于苏北和鲁南交界处的微山湖地区。以前,在微山湖一带作息的渔民,因船上条件所限,往往取一小泥炉,炉上置一口铁锅,下面支几块干柴生火,然后按家常的做法煮上一锅菜,锅边还要贴满面饼,于是便产生了这种饭菜合一的烹调方法。地锅鸡的汤汁较少,口味鲜醇,饼借菜味,菜借饼香,具有软滑与干香并存的特点,见图7-54。

四、河北部分

(一)邢台

内丘挂汁肉:内丘挂汁肉是河北省邢台市的一道特色名菜,由邢台市内丘县永盛魁饭庄在清朝时期所创制,距今已有100多年。内丘挂汁肉的特点是鲜、嫩、香、滑,略有咸味和淡淡的酸味,吃起来爽滑可口,香而不腻,唇齿留香,入胃入心,见图7-55。它的香醇可口,代表着内丘人民一向勤劳质朴、憨厚朴实的道德品质;它那浓郁的汤汁,更代表了内丘人民那浓浓的乡情。

图7-54 地锅鸡

图7-55 内丘挂汁肉

(二)邯郸

邯郸是国家历史文化名城,有3100多年的建城史,8000年前孕育了新石器早期的磁山文化。

魏县大锅菜:魏县大锅菜熬炖中各种菜相互沾光借味,杂而不乱,多却不琐碎,见图7-56。

磁县焖子:磁县焖子是邯郸磁县的一种特色美食,既香滑爽口,又刺激味觉,令人回味无穷,见图7-57。

图7-56 魏县大锅菜

图7-57 磁县焖子

峰峰三下锅：峰峰三下锅又叫“彭城三下锅”，是邯郸民间具有独特风味的名菜。它选料考究，做工精细，色香味俱全，见图7-58。

郭八火烧：郭八火烧由店主郭致忠（乳名郭八）创制，曾经被周总理夸赞过。郭八火烧风味独特，一层一层香酥可口，做好的火烧外表呈金黄色，吃到嘴里焦香可口，香味诱人，见图7-59。

图7-58 峰峰三下锅

图7-59 郭八火烧

五、山东部分

山东位于黄河下游，地处胶东半岛，延伸于渤海与黄海之间。全省气候适宜，物产丰富，沿海一带盛产海产品，内陆的家畜、家禽以及菜、果、淡水鱼等品种繁多，分布很广。

（一）济南

济南的饮食史可以追溯到春秋战国时期，其特点是以汤著称，擅长爆、炒、烧、炸，成为济南烹饪文化的核心。济南饮食文化受齐鲁饮食文化，特别是儒家文化的影响深远，且辐射影响力巨大，如北京“全聚德烤鸭”就源于山东济南。

济南的山美、泉美、湖美，美食也不计其数。“冬至饺子夏至面，端午粽子腊八粥，正月元宵二月豆。”这首歌谣从侧面反映了济南人的传统食俗和饮食习惯。济南又称“泉城”，其湖光山色赛江南，不但风景秀丽，而且物产丰富，更是八大菜系首位，鲁菜的发源地之一。济南的名吃更是让人拍手叫绝，赞声不断。济南菜，以清香、鲜嫩著称，俗称“一菜一味，百菜不重”，尤其在选料和烹制上，巧妙地用高汤进行调制，形成济南菜的一大特色。

济南名菜有九转大肠、坛子肉、把子肉、奶汤蒲菜、莱芜雪野鱼头、油爆双脆、糖醋

鲤鱼、宫保鸡丁等。济南著名小吃有油旋、炸荷花、盘丝饼、锅贴、灌汤包等。

九转大肠:九转大肠是济南的传统名菜。把猪大肠洗刷后,加香料用开水煮至硬酥,取出切段,加酱油、糖、香料等调味,先入油锅中炸,再加调料和香料烹制而成。因此菜味道独特,别有滋味,并赞厨师制作此菜像道家"九炼金丹"一样精工细作,便被称为"九转大肠",见图7-60。现代人又根据相关工艺制作出了纯粹由素食制作的九转大肠,也就是素九转大肠。

油旋:油旋在济南已有百年的历史。济南比较早经营油旋的店是清道光年间的凤集楼饭店。到了清光绪二十年(1894年)开业的文升园饭庄,以经营众多的地方名吃而闻名泉城。此油旋用大葱和面,熟后葱香味浓郁,层次分明,外酥内嫩,久为食者称道,后为饮食同业人广为仿制,见图7-61。老济南人吃油旋是颇为讲究的,大多是趁热吃,或配米粉,或配馄饨,另有一番滋味。

图7-60 九转大肠

图7-61 油旋

炸荷花:炸荷花是济南的著名特色小吃,以荷桂芳香,味甜鲜香,清暑降浊,养心安神独步天下。荷花瓣洗净,用白布沾干水分,切去荷花梗部,切成两片;豆沙馅分成24份,每片荷花上放一份馅心,对叠包好;面粉放碗内,放入鸡蛋清加水搅拌成糊;炒锅烧热,将包叠好的荷花片放入面粉糊内挂满糊,再放入油锅中炸至浮起捞出,撒上糖桂花即成,见图7-62。

坛子肉:坛子肉是济南名菜,始于清代。据传首先创制该菜的是济南凤集楼饭店。100多年前,该店厨师用猪肋条肉加调料和香料,放入瓷坛中慢火煨煮而成。其特点是色泽棕红,汤浓味香,鲜香可口,肉烂不腻,该菜由此著名。因肉用瓷坛炖成,故名"坛子肉",见图7-63。坛子肉是以五花肉为主要食材的私家菜。

图7-62 炸荷花

图7-63 坛子肉

把子肉:把子肉是经典的鲁菜之一,尤以济南把子肉最为著名。把子肉虽有肥肉,但肥而不腻，由浓油赤酱熬制却并不咸，刚好用来下饭，见图7-64。而一口饭一口肉的搭配就恰好把米香、肉香统统带出来。济南的把子肉强调酱油的重要作用，不放盐，选取有肥有瘦的猪肉，切成长条，用麻绳捆成一把，煮好，再放在酱油中炖。把子肉的精华之处便是有肥肉的存在，这样才能产生肥而不腻的上佳口感。

盘丝饼：盘丝饼始创于清末民间，饼丝细如发丝，外观金黄，口感酥脆，故得名，见图7-65。盘丝饼曾是一些大饭庄的看家绝活，但因其制作流程过于烦琐，对应的利润却很低，导致街边摊点和规模稍大的酒店都不愿意制作这种传统小吃，其境遇可想而知。

图7-64　把子肉

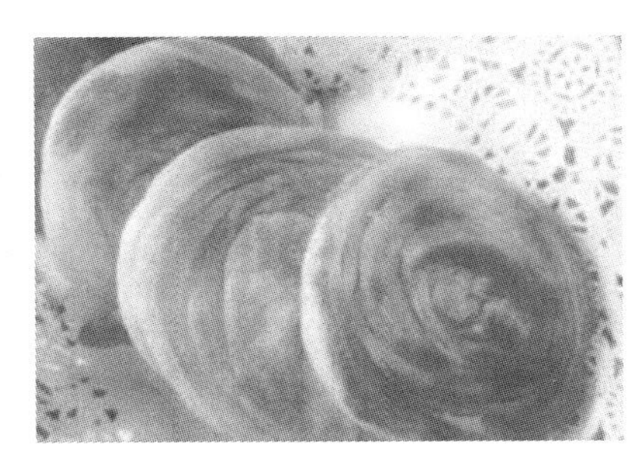

图7-65　盘丝饼

奶汤蒲菜：奶汤蒲菜以济南大明湖出产的一种质地鲜嫩、色泽洁白、味道清鲜的蒲菜为主料，配以苔菜花、冬菇，加奶汤烹制而成。奶汤味道醇厚、洁白，蒲菜脆嫩，因此味道寡淡但带着河水的香甜，口味独特，被很多人称奇，见图7-66。

莱芜雪野鱼头：莱芜雪野鱼头是用雪野湖花鲢鱼大鱼头，配以独特的作料，以木炭火慢炖而成。炖出的鱼头汤鱼肉滑嫩，鱼汤如奶，色鲜味醇，入口绵香，既饱口福，又具滋补功效，食者皆赞曰“雪野湖一绝”，见图7-67。

图7-66　奶汤蒲菜

图7-67　莱芜雪野鱼头

（二）泰安

泰安市位于山东省中部，北依山东省省会济南，南临儒家文化创始人孔子故里曲阜，东连临沂，西濒黄河。泰安美食既有鲁菜的特色，又有其独特的地域风味。

泰安煎饼：泰安煎饼是闻名全国的传统美食，也是北方民间的特色传统美食。泰安煎饼历代为宫廷供品，历史悠久，创制年代已无从考证，明代已成家常便饭。蒲松龄特地作《煎饼赋》，可见对煎饼感情之深。泰安煎饼是选用小米、玉米、大豆、花生、高粱、黑芝麻等五谷杂粮制作而成，见图7-68。

泰山凉面:传说泰山凉面最早起源于唐代。武则天入宫之前,有一次她吃面时烫伤了舌头,后便研究出了凉面的新吃法。唐贞观十一年(637年),14岁的武则天入宫,难忘凉面。后来,她随唐高宗赴泰山封禅朝拜,命御厨在泰山行宫烹制出一碗凉面。用泰山食料做出的凉面,口味独特、色香俱全,被武则天亲封为"泰山凉面",见图7-69。

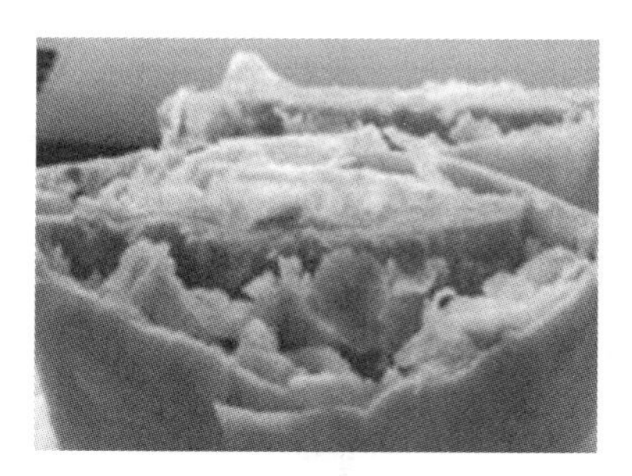
图7-68 泰安煎饼

图7-69 泰山凉面

范镇火烧:范镇火烧又称"泰山火烧",是泰安名吃,其以精面粉、盐、驴油、花椒、苏打粉、茴香粉、芝麻等为主要原料,运用祖传发酵工艺,采用独特老面兑碱制法,完全由手工制作,经过十八道工序,见图7-70。范镇火烧吃起来美味可口,深受食客的喜爱。

豆腐面:豆腐面作为尼姑庵招待宾客的一道食物受到了大家的一致好评。豆腐面里面还会加上竹笋等一些就地取材的蔬菜,营养价值极高。豆腐面主要是由面条、豆腐、鸡蛋、苔菜、木耳、笋片、茭白、盐、绍酒、酱油、味精、湿淀粉、花椒油、花生油等做成的,成品色泽黄、绿、白相映,吃起来清鲜爽口,见图7-71。

图7-70 范镇火烧

图7-71 豆腐面

东平粥:东平粥源于清康熙十九年(1680年),至今已有300多年的历史,久负盛名,其浓如浆,喝似水,滑润爽口,清香甘美,浸入心脾,有独特的糊香味,百吃不厌,令人回味无穷,见图7-72。

泰安炒鸡:在泰安吃炒鸡,以乡野小店为佳。这种小店一般选用的是放养在山野中的、纯自然的大公鸡。以野菜、小虫、玉米或者小麦为主食喂养出来的鸡,鸡肉有韧度,越嚼越香,满嘴回味的都是自然的味道。对于从小生活在城里的人来说,泰安炒鸡绝对是绿色的、自然的,见图7-73。

图7-72 东平粥

图7-73 泰安炒鸡

泰山赤鳞鱼:泰山赤鳞鱼以其肉质细嫩、香而不腻、鲜而不腥、营养丰富而驰名中外。干炸赤鳞鱼是一道风味独特的汉族名菜,属于鲁菜。以赤鳞鱼做成菜肴,鱼体呈弓形,颜色淡黄,外焦酥、里鲜嫩,蘸以花椒盐佐食,风味尤佳,见图7-74。

泰安豆腐宴:泰安豆腐宴是特色传统名宴,属于鲁菜。泰安豆腐宴始于古代帝王来泰山封禅祭祀时,"食素斋,整洁身心"。以豆腐为主料烹制的名菜有一品豆腐、八仙瑶池聚会、佛手豆腐、人参豆腐、芙蓉豆腐、荷花豆腐等,色香味形,美轮美奂,见图7-75。

图7-74 泰山赤鳞鱼

图7-75 泰安豆腐宴

(三)临沂

临沂糁:临沂糁又称"沂水",实际上就是一种用肉汤熬制的米粥,见图7-76。早晨喝糁是临沂的传统食俗,配上油条或是烧饼,味道更佳,糁也因此而成为闻名山东省的地方小吃。喝糁有四大讲究,即热、辣、香、肥。最早形成影响的是鸡肉糁,现在已经发展到可以根据个人的口味制作猪肉糁、牛肉糁、羊肉糁等。糁汤大致分为两种:第一种为临沂地区的"黑糁",在熬制的时候放入大量的黑胡椒,并添加进粉碎的大骨头进行熬制,所以汤色偏黑、偏浓;第二种用白胡椒制成,即枣庄、济宁地区的"白糁"。

临沂与枣庄的"糁汤",经营场所差不多,但各有不同的风味和特点。关于糁,传说有很多。

相传,乾隆皇帝下江南时,经过如今的郯城县马头镇,想品尝当地的名吃,当地的官员就把这种味道独特的早餐献了上来,乾隆皇帝一尝,觉得从来没喝过如此可口的东西,就随口问了一句:"这是啥(糁)?"地方官员忙点头:"这是啥(糁),这是啥(糁)。"因此,天子的随口一问就成了它如今的名字——糁。于是,临沂糁就这样传开了。

"糁"从文字意义上讲,是用肉做成的汤羹。相传是古代回族的一种早餐食品。最初由元大都一对回族夫妇来临沂经营,当时叫"肉糊",后来仿制者越来越多,明朝时定

为“糁”。

《临沂县志》记载，糁是明朝末年临沂人创造的，几经演变逐步形成独具一格的沂州名吃。1949年前，临沂城有8家著名糁铺，今已发展至百家专营糁铺。相传东晋书法家王羲之在故土琅琊（今山东临沂）夜读时，夫人常作糁以进，所以又名为“临沂糁”。近百年来，临沂糁已成为独具特色的小吃品，流传于鲁西南各地。临沂糁因其香辣可口、肥而不腻、祛风除寒、开食健胃而深受众人喜爱。

沂蒙光棍鸡：沂蒙光棍鸡是蒙阴地方名吃，以其独特风味，风靡沂蒙山区。其使用蒙山土公鸡，整个炒制过程和配料独特，炒制出的光棍鸡让人百吃不厌。沂蒙光棍鸡的主要特点是色泽红亮、汁宽味浓、鲜香醇厚、药香浓郁，见图7-77。

图7-76　临沂糁

图7-77　沂蒙光棍鸡

（四）淄博

淄博历史发端于西周齐国之时。博山菜作为淄博菜的代表菜，既有着一般鲁菜鲜咸脆嫩的特点，又独具特色，自成一格。

周村烧饼：周村烧饼是淄博的一种传统小吃，因产于淄博周村区而得名，是山东省名优特产之一，见图7-78。周村烧饼是纯手工制品，拥有酥、香、薄、脆四大特点。周村烧饼有咸、甜两种味道，甜的香甜可口、久食不厌，回味悠久；咸的可开食欲，令人不忍释手。若细分，周村烧饼还有甜、五香、奶油、海鲜、麻辣、新鲜蔬菜等多个口味。

淄川菜煎饼：蒲松龄的《煎饼赋》曾提及烙煎饼或菜煎饼。淄川菜煎饼的做法主要是在小米煎饼里摊上由豆腐、粉条以及虾皮、葱末、韭菜等调味品拌和素馅，用慢火通烙而成。淄川菜煎饼专用东山小米制作，因为东山小米粒大、色浓、香甜，俗话叫“有油性”，见图7-79。

图7-78　周村烧饼

图7-79　淄川菜煎饼

淄博八宝饭：淄博八宝饭是淄博的传统特色美食小吃，淄博人俗称"甜饭"或"甜米"，也是博山菜中极具代表性的甜菜，因为含有8种食材而得名。一般是由糯米、大米、红枣、葡萄干、花生、红豆、莲子、薏米等混合后蒸熟，再淋上桂花蜜糖水即可，见图7-80。相传在武王伐纣的庆功宴会上，天下欢腾，将士雀跃，庖人应景而做八宝饭庆贺。淄博八宝饭原是过去宴席做大席和过年必吃的一道甜品，如今在平常也可以吃到了，其吃起来软糯香甜，口感饱满。由于八宝饭口味较甜，也受到餐桌上孩子们的喜爱。

博山豆腐箱：博山豆腐箱是一道闻名遐迩的地方代表菜，其传奇故事从清康熙年间至今历经了300多年的沉淀和演绎，也因各家口味不同，而形成了各类不同的豆腐箱。博山豆腐箱可以制作成三鲜豆腐箱、海鲜豆腐箱、三素豆腐箱等，外形美观，色泽金黄，见图7-81。

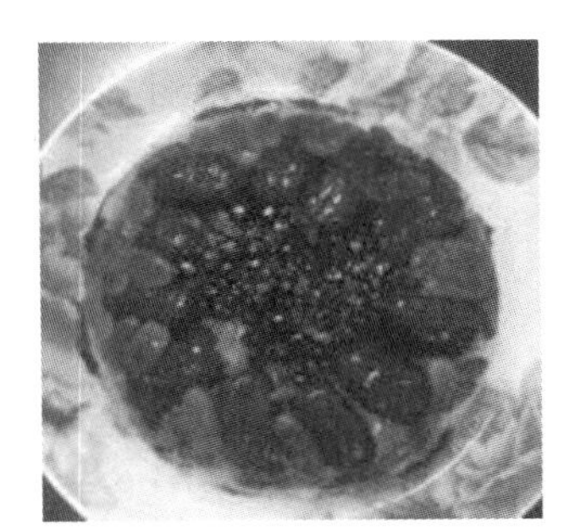

图7-80 淄博八宝饭

图7-81 博山豆腐箱

（五）青岛

流亭猪蹄：流亭猪蹄起源于清代的复盛饭庄，是岛城老字号的地方特色名吃，至今已有120余年历史。流亭猪蹄外表红润、肉汁香浓、口感酥嫩、骨肉分离，具有色正、味美、不黏手，软而不散、香而不腻等特点，见图7-82。流亭猪蹄给客人留下了"天下猪蹄，惟有复盛"的美誉。

青岛海鲜：青岛海鲜特产有十余种，每一种都能代表青岛这一沿海城市的特色，见图7-83。灵山岛海参体型肥满，肉质厚实、弹性强，肉刺挺直，形体完整无残缺。胶州湾蛤蜊是青岛水产品的代表，其中红岛蛤蜊知名度最高，色形俱佳，味道鲜美。胶州湾蛤蜊不仅肥满度好，而且肉质鲜嫩，鲜中带甜，汤汁浓鲜，口味独特而上乘。崂山鲍鱼肉质非常鲜嫩，而且营养也非常丰富，含丰富的蛋白质、维生素A及多种矿物质，其中尤以钙含量最高。

青岛啤酒：青岛啤酒采用了现代一罐法酿造工艺和独到的低温长时间后熟技术，历经30多天精心酿制而成，同时通过国内领先的啤酒保鲜技术保证啤酒口味的新鲜。青岛啤酒的原材料选用也是相当严格的，选用进口优质大麦，以国内领先的大米新鲜控制技术保证大米的优质新鲜，采用优质新鲜的青岛大花和特定的优质香花以及酿造用水和独特的啤酒酵母酿制而成，口味纯净协调，落口爽净，具有淡淡的酒花和麦芽香气，见图7-84。

图7-82　流亭猪蹄　　图7-83　青岛海鲜　　图7-84　青岛啤酒

（六）枣庄

枣庄辣子鸡：枣庄辣子鸡是枣庄当地名吃之一，是当地人酒席中必不可少的一道菜。在酒席中，一般最后一道菜上辣子鸡，所以来枣庄吃饭，看到枣庄辣子鸡上来了，就说明菜已经上齐了。枣庄辣子鸡色艳味重，嫩鸡肉加大量新鲜辣椒、酱油、米醋爆炒，具有香辣可口、色香味俱全的独特风味，见图7-85。

（七）烟台

福山拉面：福山拉面又称“福山大面”，是烟台市福山区的一道传统美食，属于鲁菜系。福山拉面已有二三百年的历史，被称为“中国四大面条”之一，见图7-86。福山拉面分实心面、空心面、龙须面三种。实心面又分圆形、扁形、三棱形三种，有20多个规格。面卤分大卤、温卤、炸酱、三鲜、清汤、烩勺等十几个品种，条形与面卤的配制有一定的讲究，一般浓汁配粗条、清汁配细条、炸酱配扁条。空心面是将面条运用特殊工艺手法，拉出中间空心，两头透气的面条。龙须面则是将一根面条用高超的拉面技术，拉成2048根细如发丝的面条，真可谓技艺精湛、巧夺天工。福山拉面由于工艺性强、口感好、品种多，不仅在国内负有盛名，在海外也享有盛誉，韩国、日本、美国等中餐馆仍挂着福山拉面的招牌。

图7-85　枣庄辣子鸡

图7-86　福山拉面

鲅鱼水饺：鲅鱼饺子是胶东的风味特产，煮出来的饺子，晶莹剔透的皮内饱含着白绿相间的肉蛋，像裹着一层薄皮的大鱼丸子。咬一口鲜嫩清新，香而不腻，仿佛有鲜汤香汁要从口角边流出，回味无穷，见图7-87。

烟台红富士：烟台苹果栽培历史悠久，是中国苹果栽培最早的地方，烟台也被称为中国现代苹果的发源地。烟台气候和环境条件非常适宜苹果生长，被确定为中国苹果优势产区。烟台苹果以果形端正、色泽艳丽、果肉甜脆、香气浓郁而享誉中外，见图7-88。《福山县志》记载，明朝万历年间就有"花红"之称。1871年，西洋苹果由美国传教士倪维思从美国、西欧等地引入，传教士引进以青香蕉、红香蕉两个品种为主，以后又发展了小国光、金帅，改革开放后引进了红富士、乔纳金等。烟台是中国最重要的苹果产地，烟台苹果的主产区是栖霞。栖霞素有"胶东屋脊"之称，主要地形为丘陵山地，有"六山一水三分田"的特点。这样的地理自然环境，非常适宜栽植苹果，栖霞人栽苹果的历史已有100多年。栖霞还被誉为"中国苹果之都"和"中国苹果第一市"。

图7-87 鲅鱼水饺

图7-88 烟台红富士

（八）潍坊

朝天锅：潍坊朝天锅是用鸡肉、驴肉煨汤，以煮全猪为主，有猪的头、肝、肺、心、肚、肠，再配以甜面酱、醋、酱油、疙瘩、咸菜条、胡椒粉、葱、姜、八角、桂皮、盐、香菜、香油、青萝卜条等十几种调料和冷菜。朝天锅肥而不腻，营养丰富，味美可口，汤清淡而不浑浊，加以薄饼配用，其味无穷，见图7-89。

图7-89 朝天锅（搭配薄饼）

（九）东营

黄河刀鱼：黄河刀鱼性甘平，有健脾、益胃、益气、养血之功效，是上佳补品，食用方法多种多样，可烹、可炸、可煎、可炒、可氽丸子。香煎黄河刀鱼采用鲁菜传统烹调技法，慢火煎制而成，味道鲜美无比，见图7-90。

利津水包：利津水包始于清代，扬名于民国，为发面煎包，分荤馅、素馅两种，包子下锅后经煮、蒸、煎三道工序而成。其特色在于兼得水煮、油煎之妙，色泽金黄，一面焦脆，三面嫩软，皮薄馅大，香而不腻，见图7-91。

图7-90 黄河刀鱼

图7-91 利津水包

(十)济宁

甏肉干饭:甏肉干饭是济宁民间的一道美食,在民间流传多年。主要口味和特点是:甏肉色泽红韵,质地柔嫩,肥而不腻,烂而不糜;汤浓味厚,咸香可口;选料必须是鲜嫩薄膘的五花肉,最佳标准为"肥三瘦七"。随着社会经济的发展,甏肉干饭不断改进和创新,又增加了卷煎、面筋和鸡蛋等一系列菜品。在今天,甏肉干饭仍然被许多济宁人所喜爱,甏肉干饭也在不断发展壮大,成为济宁特色小吃之一,见图7-92。

图7-92 甏肉干饭

(十一)威海

威海喜饼:喜饼俗名叫"媳妇饼",是胶东居民婚宴上馈赠亲友的高级食品,看上去颇像山东和东北常见的火烧。威海的喜饼由面粉、鸡蛋、糖、油等制作而成,外表看起来光滑、金黄,里面嫩滑,还带着浓浓的蛋香、奶香味,见图7-93。

(十二)日照

日照渔家饼饼乐:日照渔家饼饼乐是源于日照沿海地区的民间小吃,以咸鲜、微辣大众口味为主,体现海鲜原料的味美肉鲜,再配以自酿的玉米面糊和烙制的黄金饼,非常可口,见图7-94。

图7-93 威海喜饼

图7-94 日照渔家饼饼乐

（十三）德州

德州扒鸡：德州扒鸡盛誉全国，驰名天下。早在清乾隆年间，德州扒鸡就被列为山东贡品送入宫中供帝后及皇族们享用，见图7-95。20世纪50年代，国家副主席宋庆龄从上海返京途中，曾多次在德州停车选购德州扒鸡送给毛主席以示敬意，德州扒鸡因而闻名全国，凡品尝者无不拍手称绝，被誉为“天下第一鸡”。

图7-95　德州扒鸡

（十四）聊城

沙镇呱嗒：沙镇呱嗒是聊城一种煎烙的焰类小食品。其制作技术特巧，味道鲜美。所制馅料有肉馅、鸡蛋馅、肉蛋混合馅（又名“风搅雪”）等多种。沙镇呱嗒食之香酥，味道适口。加之有馅有面，备受人们欢迎。每逢城镇闹市、乡间集市，多有设摊者供应，见图7-96。

图7-96　沙镇呱嗒

（十五）滨州

乔庄水煎包：乔庄水煎包又称“崔家煎包”，起源于滨州市博兴县乔庄镇乔庄村。水煎包以馅好、面细、皮佳、火候巧、醇香宜口闻名乡里，吃起来酥香宜口，回味无穷，素有美食之称，被当地人誉为“煎包一绝”，一直传承至今，见图7-97。

（十六）菏泽

单县羊肉汤：单县羊肉汤创始于19世纪初清嘉庆年间，已有200多年的历史。单县羊肉汤独具特色，色白似奶，水乳交融，质地纯净，鲜洁爽口，见图7-98。单县羊肉汤吃在口中，鲜而不膻，烂而不糊，它不仅是一道适口的美食，而且有许多药膳功能。单县羊肉汤不仅在鲁西南一带久负盛名，还被收入“中华名食谱”，被国人称为“中华第一汤”。

图7-97　乔庄水煎包

图7-98　单县羊肉汤

扫码看彩图

本章美食图

本章思政总结

保护、传承、弘扬好黄河文化，是时代赋予我们的新命题，是实施培根铸魂工程、坚定文化自信、推进中国式现代化、实现中华民族伟大复兴的内在要求。黄河是中华民族的母亲河，根植于黄河流域的黄河文化是中华文明中极具代表性、极具影响力的主体文化。黄河文化是延续历史文脉、坚定文化自信、提高文化软实力的重要要求。千百年来，奔腾不息的黄河同长江一起，哺育着中华民族，孕育了中华文明。早在上古时期，炎黄二帝的传说就产生于此。在我国5000多年的文明史上，黄河流域有3000多年是全国经济、文化中心，孕育了河湟文化、河洛文化、关中文化、齐鲁文化等。

作为黄河文化的重要组成部分，黄河下游地区饮食的文化保护、传承与传播对于国家文化自信的建立具有重要意义。黄河下游地区旅游资源丰富，其饮食文化能够以微妙的形式在人们之间传播，润物细无声，故为广大民众所乐于接受。因此，通过推动黄河下游地区饮食文化的梳理和不断完善，可以推进黄河下游地区传统文化振兴，坚定文化自信。

课后作业

课后阅读

禽类地理产品网络零售现状及特征分析——以烧鸡为例

一、简答题

1. 黄河下游地区饮食与区域文化的关系是什么？
2. 黄河下游地区饮食文化的特点是什么？

二、实训题

如何评价黄河下游地区饮食文化对旅游者的吸引力？如何提升其影响力？

第八章
长江中游地区饮食文化

学习目标

知识目标

了解长江中游地区饮食文化发展的概况，理解长江中游地区饮食文化的特征，知道长江中游地区代表性时期、城市的代表性饮食及其反映的历史与文化。

能力目标

能够举一反三，思考和总结长江中游地区饮食文化的保护、传承和传播的规律。

思政元素

1. 使学生深刻认识到长江中游地区饮食文化的历史渊源，以及此地饮食文化与其他文化的交叉融合概况，增强学生的文化自豪感。

2. 引导学生深化对我国长江中游地区文化的认识，尤其是饮食文化在文化保护、传承和传播方面发挥的作用，深化对文化历史与现状的思考，提出增强我国长江中游地区饮食文化影响力的对策。

章前引例

绝味鸭脖营销分析

第一节　长江中游地区饮食文化概况

穿越雄伟壮丽的三峡后，长江由东急折向南，就到了“极目楚天舒”的中游——两湖平原(湖北江汉平原、湖南洞庭湖平原)，这便是饮食区域概念中的长江中游地区，包括湘、鄂、赣三省及其周边地区。长江中游两岸湖泊众多，江湖相通，构成了庞大的洞庭湖和鄱阳湖两大水系。

长江中游地区地形以丘陵低山、平原为主，境内河网交织、湖泊密布，是全国淡水湖泊较集中的地区之一。同时，其地处亚热带，有着雨热同季、光照协调的气候资源，四季分明、气候温暖湿润，雨量充沛，无霜期长，适宜于农、林、牧、副、渔各业的全面发展，是著名的“鱼米之乡”。该地粮食生产，特别是稻谷生产在全国居于重要地位，淡水产品也极为丰富。其主要经济鱼类有青鱼、草鱼、鲢鱼、鳙鱼、鲤鱼、鲫鱼、鳊鱼、鳜鱼、鳝鱼等，还盛产甲鱼、泥鳅、虾、蟹、蚶等，许多质优味美的鱼类，如团头鲂、鳜鱼等全国闻名。早在2000多年前的汉代，该地就有“饭稻羹鱼”之称。此外，还有猪、鸡、鸭、莲藕、板栗、紫菜薹、桂花、猴头菇、香菇、猕猴桃等品种丰富、数量众多的动植物。另外，其山区盛产竹笋、蕨等山珍。

长江中游地区空气潮湿，气候易导致人体有风寒、湿热内蕴、疏泄不畅等病症。因此，本地区的食品以辣见长。在古代，本地区的先民在食物中加入姜、蒜、胡椒等辛辣调味品，以达到退热、祛湿、祛风，增进食欲之功效。明末清初，辣椒传入并被食用后，更是满足了人们的需求。清代《龙山县志》记载，五味喜辛，不离辣子，盖丛岩邃谷，水泉冷洌，岚雾熏蒸，非辛不足以温胃脾。在潮湿闷热的环境下，酸味可以使人食欲大增，与辣味结合在一起，既可减轻辣味的直接刺激而更加适口，又有助于散发人们体内的风寒湿热。另外，此地区的人们还嗜苦味，在春秋战国时期就用豆豉来调制苦味，豆豉具有驱寒解表、健脾养心的功效。

长江中游地区空气湿度大，一般食物如果不及时加工处理，则容易发霉变质。在古代，人们为了保存宰杀的禽畜作为长期食物，较普遍的加工方法就是将其用盐或酒糟等进行腌制。腌制时间及方式不同所达效果也有所不同，如较长时间保留在腌制器皿中的肉、鱼等原料会逐渐发酵变酸而成为酸肉、酸鱼之类；稍微腌制后便取出让其自然风干的鸡、鱼等则成为风鸡、风鱼之类；再进一步经烟熏而成的就是腊制品。所以，腌腊风味成为本地区的食品特色。

第二节　长江中游地区饮食文化特征

长江中游地区饮食文化历史悠久，发源于石器时代，经楚人的开拓，后经秦汉至南北朝时期的积累，隋唐宋元时期的成长，至明清已基本成熟定型。20世纪以来，进入了繁荣转型期。

一、饮食文化的萌芽期

长江中游地区是中国古代人类的发祥地之一。考古发现，100万—50万年前，就有古人类在这里生活。那时的人类已能使用简单的石制工具进行狩猎或采集，过着“食草木之实，鸟兽之肉”的生活，并开始了由食生食向食熟食的过渡。10万年前，今湖北长阳钟家湾龙洞中有早期智人在这里生活，他们学会了人工取火和用火，并掌握了烤、炙、炮、石烘等制食方法。至新石器时代，这里出现了大溪文化、屈家岭文化、青龙泉文化等。人们学会了种植粮食、饲养畜禽，并能制作和使用陶器蒸、煨、煮制食物。

二、饮食文化的拓展期

夏商周时期，长江中游地区饮食文化迅速发展，随着楚国的强盛，楚文化凸显出夺目光彩。除了农业、商业、城市建设有突出成就，其青铜冶铸工艺、髹漆工艺及美术、乐

舞等均有较高造诣。这些文化艺术从不同角度滋养着楚国的饮食文化，形成了楚人追求美食、注重饮食质量、烹调意识强烈、烹饪技术高超等优势，有些烹调技术甚至上升了到理论高度。

（一）粮果畜禽原料丰富

随着楚国农业的快速发展，食源空前充足，其主要粮食作物有稻、稷、麦等。公元前611年，楚国大旱，位于楚国西方的几个国家乘机攻打楚国，楚国尚能从粮仓里拿出粮食以供军需，可见其储存之丰。

（二）青铜食器及烹调技术先进

楚国的青铜器大体可分为饪食器、酒器、水器、乐器四大类。饪食器有镬、盏、鬲、甗、敦、豆、俎、盏、匕等。其中，1978年湖北随县（今随州市）曾侯乙墓出土的一个青铜炉盘，高20多厘米，分上、下两层。出土时，上盘有角骨，经鉴定为鲫鱼，盘边有烟熏火烤痕迹。据考证，当为煎、炒食物的饮具。也就是说，楚国除沿用烧、烤、煮、蒸等直接用火制作以及水煮、汽蒸等烹调方法，还出现了煎、炒类油烹方法。由单纯用水及水蒸气为介质烹调发展到用油烹调，这是烹调史上的一次飞跃。

（三）漆制食器精美

楚国漆器种类丰富。按用途，可分为生活用具、娱乐用具、工艺品、丧葬用品和兵器等。饮食用器有几、案、盒、匣、壶、耳杯、盘等，造型精巧、纹饰优美，无论数量还是质量，都堪称列国之冠，并大量输往各诸侯国，被各诸侯及王公贵族等使用和收藏。

（四）菜品制作讲究

随着国家的强盛和经济的繁荣，楚国的物产不断丰富。家养自种的畜禽五谷以及渔猎捕捉的鱼类和山珍等均进入了人们的餐桌。由于烹饪器具的改进，人们可以采用锋利的刀将原料切割精细、均匀；咸、甜、酸、辛香等调料的广泛采用，可使菜肴风味增强；厨师可以用煎、炒、蒸、煮、焖、烧、烤等多种烹调方法，将肴馔做得丰富多彩。那时，人们的饮食已有主食、副食之分，有饭、菜、汤、点之别，筵席上也开始讲究口味与菜点的搭配，以及上菜顺序的衔接等。

（五）饮食风俗鲜明

楚人立于东西南北之中，在其开疆拓土的扩张过程中，既保持了浪漫的情调和淳朴的气息，又广泛吸收了周边各民族的文化精华，形成了多姿多彩的民情风俗。楚人的饮食场所及设施都有鲜明的风格，如房屋追求高广、室内摆设低矮等。楚人尚左、尚东、尚赤，至今鄂菜的菜品中红色的菜肴还占有相当比例。

在饮食嗜好方面，楚人喜欢芳香饮料，尤爱饮酒，爱食鱼和稻米饭、菰米饭等。那时等级森严，不同等级的人能否吃肉、能吃多少种肉、吃什么样的肉都有具体规定。而鱼则是上至君侯，下至百姓均可食用的肉类食物。另外，楚人的饮食讲究“五味调和”，酸、甜、苦、咸、辛俱全。

三、饮食文化的积累期

秦汉魏晋南北朝时期，长江中游地区的饮食文化经过约800年的积累，已彰显出浓厚的文化底蕴，主要呈现出以下几个特点。

（一）“饭稻羹鱼”饮食特色的形成

楚文化发源地在经历了几个世纪的积累、开发之后呈现出一片生机。自东汉末年开始，历经魏晋至南北朝，气候转入了近5000年来的第二个寒冷期。北方气候恶劣，战乱频繁，民不聊生，致使大量人口南迁，为长江流域的开发注入了新鲜血液。长江中游水田广布，稻谷成为人们的主食，又因河湖密布，鱼鲜产品得自天然，量多且便宜，所以鱼虾成为人们的重要副食。长期以来的鱼米丰足，促进了“饭稻羹鱼”饮食特色的形成。

（二）食物加工器具的改进

汉代以前，中国的粮食加工大体经历了巨石碾盘、臼杵两个历史阶段。汉代以后，旋转磨的广泛使用，使面粉、米粉制品和豆制品大量进入百姓的餐桌。炼铁技术的进步，以及铁制刀具的使用，给屠宰和烹调切割提供了锋利的工具。铁釜和铁镬能耐高温，为煮炖和爆炒食物提供了更有利的器具。多火眼灶的使用，既节省了能源和烹调时间，又可一灶多用，使用方便。烟囱的改进，提高了灶的火力和温度，为提高菜肴质量创造了条件。工具的改进，促进了烹饪技艺的进步，使煎、炸等油烹法得到普及，也使菜肴向精细美观、质感多样、味感丰富的方向发展。

（三）荆楚名肴的产生

从湖南长沙马王堆汉墓中发掘出了一大批食品实物和记载着食物名称的木牌，汇总起来相当于现在的食单或菜谱。此外，在湖北云梦睡虎地秦墓、荆州江陵凤凰山汉墓中也出土了大量记载食物名称的简牍和食品实物。

荆楚菜品在当时享有很高的声誉。《淮南子》有“煎熬焚炙，调齐和之适，以穷荆吴甘酸之变”的赞美。

（四）饮食风尚初步形成

南朝梁宗懔所著《荆楚岁时记》全面地反映了当时长江中游地区人们岁时节令的饮食风貌。其中，还提到了食疗、食养观念。

四、饮食文化的成长期

隋唐宋元时期，长江中游地区的饮食文化有了较大发展，并在诸多方面得以体现。

（一）饮茶之风与茶文化的形成

这一时期，长江中游地区饮茶之风盛行，种茶也成为不少人谋生的手段。复州竟陵（今湖北天门）人陆羽将儒、释、道三家文化精髓与饮茶融为一体，首创中国茶道精神，著就了堪称“茶学百科全书”的《茶经》，自此确立了中国茶文化的基本格调和文化精神。

（二）士人饮食文化的兴起

唐以前的菜肴多讲究肥厚，制作上也较粗糙，直至唐代，士大夫的饮食生活仍有古风。到了文化高度繁荣的宋代，有识之士越来越多，他们开始注重日常饮食与内心世界的协调。由于他们有一定的经济基础，有条件讲究吃喝且有较高的文化修养和敏锐的审美能力，对精神生活有较高的追求，这势必会提高饮食文化的艺术性与品位，令饮食格调清新雅致，具有浓厚的文化色彩。

隋唐宋元时期，本地区文化名流辈出，孟浩然、杜甫、陆羽、皮日休、王安石、欧阳修、文天祥、朱熹、曾巩、黄庭坚、周敦颐等均为本地籍人士，而张九龄、李白、杜牧、苏轼、柳宗元、范仲淹、陆九渊等众名名士或在此做过官，或客居于此。特别是江西学风很盛，既有博学多才的文坛大家，又有有志于学的普通文人，形成了人数可观的士大夫阶层。尤其是苏轼、黄庭坚、朱熹等人在饮食文化方面颇具影响，使士人饮食渐成独特风格。

（三）饮食市场的形成

这一时期，长江中游地区制糖业、酿酒业、制茶业等食品加工业发展较快。随着城市的兴起，餐饮市场也逐渐形成。

五、饮食文化的成熟期

明清时期，长江中游地区饮食文化进一步发展。

（一）粮食生产地位较高

明末至清中期，长江中游地区的粮食生产在全国所占的地位已经十分突出，“湖广熟，天下足”的谚语广为流传。

（二）食物结构变化明显

甘薯、玉米及马铃薯的推广，打破了长江中游地区居民的传统食物结构。从总体上讲，除水稻仍占主导地位，鄂北部分地区还以麦粮为主食，杂粮构成已发生了明显变化，即甘薯、玉米所占比重增大，传统杂粮比重下降。

（三）传统饮食风俗形成

长江中游地区传统饮食风俗在春秋战国时期就已萌生出了具有地方特色的食风，南北朝时期便已初具雏形，至清末基本定形。

（四）饮食风味基本定型

明末清初，辣椒的引入促使长江中游地区形成了以鲜、辣、酸为显著特点的饮食风貌。长江流域的江西、湖北和湖南等数省民众都以嗜吃辣椒著称。辣椒的引进和传播对长江中游地区饮食文化产生了深刻的影响。辣椒增强了赣菜、鄂菜、湘菜的表现力，特别是使湘菜更具个性，为湘菜赋予了灵魂。

六、饮食文化的繁荣期

清末至民国时期,由于战争及人口的频繁流动,包括南下的北人增多等诸多因素,使长江中游地区的饮食文化呈现大融合、大发展的局面。随着饮食业的兴盛,长江中游地区的饮食风味流派迅速发展,名菜、名点、名酒、名茶、名师、名店、名筵席等层出不穷,食俗文化发生转变。与此同时,本地区湘菜也开始走向全国。自此,长江中游地区的饮食文化进入了繁荣时期。

(一)饮食结构的丰富

长江中游地区传统菜肴的结构是:植物类以蔬菜为主,动物类以猪肉、禽肉、淡水鱼等为大宗,其他种类菜肴所占比例较少,传统主食结构米制品占比较高,面制品较少。本地区菜点结构在19世纪中叶以后发生了明显变化,主要原因是对本地区食物生产结构的调整,以及外来海产品、牛羊肉、果品和面粉等的大量涌入。

(二)餐饮业的迅速发展

人口的增加、商业的发达,使得长江中游地区的城镇数量不断增多、规模不断扩大,餐饮业随之发展和繁荣,出现了酒楼、饭馆、风味熟食小吃店、包席馆、西餐馆及茶馆等餐饮场所。

在经营特点上,民国初年的餐饮店已具备中西大菜、南北筵席的各色风味。这一时期,成就了一批饮食名店,如老通城、五芳斋、老会宾、冠生园、曲园、玉楼东、奇珍阁、裕湘阁、徐长兴、奇峰阁等。这些名店的菜品制作精细、重视火功、讲究烹饪技术且服务热情周到,讲究文化情趣与环境卫生。

这一时期,长江中游地区的饮食风味各流派迅速发展,出现不少名菜、名点,以鱼虾等水产为原料的名肴众多,成为该地区的一大特色。猪、牛、鸡、鸭等畜禽名菜多色重味厚、经济实惠,呈现出鲜明的乡土特色。以米制食品为代表的面点小吃种类丰富,一批名酒、名茶脱颖而出。

七、饮食文化的变革期

中华人民共和国成立以来,长江中下游地区的食品结构与饮食文化竞相发展,食品工业、餐饮业日新月异。人们的消费观念更是向着健康的方向发展,饮食文化处于不断更新的变革时期。

(一)少数民族饮食文化特色鲜明

长江中游赣、鄂、湘地区的少数民族,主要居住在多山且较为封闭的地区,饮食资源古朴而天然;饮食习俗各异,热情好客;崇祖重礼,尊老爱幼;同时,还十分注重饮食的养生作用。

(二)地域饮食各具特色

长江中游各地区饮食风味有同有异,相同之处是均继承了楚人注重调味的特点,以淡水鱼虾菜品为主要食材,擅长煨、蒸、烧、炒等烹调方法,喜食鲜味、辣味食品。不

同之处是，形成了风味各异的赣菜、鄂菜及湘菜三个地方菜系。赣菜鲜辣香醇、味和天下，鄂菜以鲜味为本、以质取胜，湘菜以酸辣为魂、以味为本。

（三）饮食理念转变

当今，中国餐饮文化的主旋律已经是营养与品位相结合的新基调。人们在满足温饱后，开始追求饮食享受，讲究科学膳食。饮食已朝着快乐化、营养化、便捷化方向发展。

人们的审美观念也在悄然变化，既欣赏古色古香，又追求新潮现代，特别是年轻人对洋味和流行食品充满兴趣。许多人已不再过度崇尚山珍海味，"正宗"观念也逐渐淡漠，更注重"食无定味，适口者珍"，迷宗菜、江湖菜、新潮菜等颇有市场。

中华人民共和国成立以来，长江中游地区居民饮食结构的发展经历了从粗茶淡饭，勉强吃饱到基本解决温饱，再到鸡、鸭、鱼、猪、牛、羊肉进入寻常百姓家的几个阶段。居民的饮食水平已有大幅度提高，开始向小康生活迈进。

（四）食品工业与餐饮业快速发展

食品工业在中华人民共和国成立后的前30年发展较为缓慢。改革开放后，食品工业快速发展，成为长江中游地区的重要支柱产业，产品质量明显提高，形成了一批优势品牌。食品工业结构调整成效显著，方便食品、绿色食品等快速发展。餐饮业在改革开放后得到较大的发展，从恢复"老字号"到"新字号"的崛起，再到餐饮业白热化的品牌竞争，一路迅跑。

第三节　长江中游地区各地市特色饮食文化

一、江西部分

江西简称"赣"，所以江西菜又称为"赣菜"。赣菜讲究原汁原味、油厚不腻、口味浓厚、咸鲜兼辣，有中国"第九大菜系"之称。赣菜的选材以地方特产原料为主，切配、选料严谨，制作精细。烹调时讲究火候，有烧、蒸、炒、炖、焖等多种烹调方法。追求食材本身的自然滋味，不过于注重各种汤汁酱料。口味上追求平和，不太咸也不太辣。江西省地域形态呈中间低、四周高的特点。从武夷山脉流出的赣江，自南向北纵贯全省，最终流入中国第一大淡水湖——鄱阳湖。江西省独特的地域形态成就了别样的美食地图。长江中游饮食文化涉及江西的区域有南昌、九江、景德镇、抚州、宜春、赣州、吉安、萍乡和新余等城市。

（一）南昌

南昌市是南昌起义的策源地，也是《滕王阁序》中"落霞与孤鹜齐飞，秋水共长天一色"所描绘的地方。中华人民共和国成立后，南昌制造了我国的第一架飞机、第一批海防导弹、第一辆军用摩托车，是中国重要的制造中心、航空工业的发源地。

瓦罐汤配南昌拌粉:瓦罐汤在很多地方都有,其发源于南昌。瓦罐汤以瓦罐为容器,瓦罐煨汤采用多种名贵药材,运用科学配方精配食物,加以天然矿泉水为原料,置于巨型大瓦罐内,再以优质木炭恒温制达六小时以上。食材的鲜味与药材的香味充分融于汤中,达到了食补的效果。瓦罐汤食材多样,可以是排骨、土鸡、乌鸡、老鸭、鸽子、甲鱼、猪肚、猪心、猪肺等,见图8-1。

图8-1 瓦罐汤配南昌拌粉

(二)九江

九江,别称"浔阳",是江西省下辖地级市。九江处于长江南岸、鄱阳湖西侧,以"湖汉九水(即赣江水、鄱水、余水、修水、淦水、盱水、蜀水、南水、彭水)入彭蠡泽也"得名九江。九江为赣、鄂、皖三省交界之地,是"三大茶市"和"四大米市"之一,是江南地区的"鱼米之乡",是一座有着2200多年历史的江南文化名城,有"三江之口""天下眉目之地"之称。九江美食自然少不了受到周边区域的影响。

黄豆皖鱼:黄豆皖鱼是九江名菜,在九江大大小小的餐馆都能吃到。皖鱼即草鱼,草鱼这个名字是根据其食性来命名的,而皖鱼的叫法则与地域有关。皖是安徽的简称,这种鱼在安徽分布较多,所以才有了皖鱼这个别称。黄豆皖鱼做法简单,选用皖鱼切段,裹上玉米淀粉,在油锅中炸至两面金黄,加入少许水后加作料烧开。之后再放入成品黄豆,搅拌煮开,收汁即可,口味独特,值得一尝,见图8-2。

桂花年糕:桂花年糕是九江十大特色小吃之一,它是典型的江南传统小吃,糯米蜕变成黏黏的、甜甜的糕点,桂花淡雅的幽香,穿透江南朦胧的烟雨,"一步一登高"的美好寓意,成为九江人宴请宾客的一道吉利甜食,见图8-3。

Note

图8-2 黄豆皖鱼

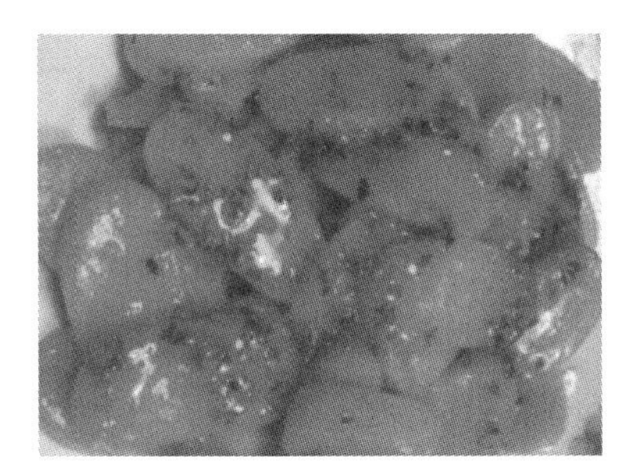
图8-3 桂花年糕

萝卜饼：萝卜饼是九江独有的特色美食，其色泽金黄、香气扑鼻，同时还具有辣味，吃起来有一种淡淡的萝卜清香，十分美味，图8-4。

花茶饼：花茶饼可作为餐前零食或饭后甜点食用，老少皆宜。花茶饼口感丰富，酥酥脆脆还伴有茶花的香气，香甜爽口，见图8-5。

图8-4 萝卜饼

图8-5 花茶饼

共青城板鸭：共青城板鸭肉嫩、肥而不腻、骨脆、味鲜、香浓，且咸淡适中、营养丰富，见图8-6。

石鱼爆蛋：石鱼爆蛋以庐山本地的食材——石鱼为主料，是一种家常美味。其因肉质细腻，味道香醇而闻名遐迩。此菜特点：色泽鲜黄，味鲜嫩，柔润爽口，见图8-7。

图8-6 共青城板鸭

图8-7 石鱼爆蛋

（三）景德镇

景德镇市位于长江下游地区，江西省的东北部，与安徽省黄山市接壤，是一个文化底蕴非常浓厚的地方，属于赣菜口味，除了辣，还偏爱咸口。

碱水粑:碱水粑是四大经典小吃之一,属于江西菜。碱水粑易保存,香味非常浓郁,柔韧性强,是下酒好菜,见图8-8。

油炸清汤:清汤也叫"馄饨",是当地四大经典小吃之一,此馄饨小于平常的馄饨且经过油炸后,其外皮金黄,软嫩多汁,做到了真正的外酥里嫩,见图8-9。

图8-8 碱水粑

图8-9 油炸清汤

饺子粑:饺子粑是本地人早餐和夜宵的首选,也是当地四大经典小吃之一。饺子粑的外皮薄如纸,甚至可以看到里面的馅料,鲜嫩无比,见图8-10。

油条包麻糍:油条包麻糍是当地人非常喜欢的小吃,是江西传统的汉族小吃。油条包麻糍具有分量大、外形诱人的特点,且其油条酥脆、软糯筋道,见图8-11。

图8-10 饺子粑

图8-11 油条包麻糍

辣椒粑:辣椒粑是景德镇的传统特色小吃,起源于民间。辣椒粑的外形通红诱人,吃起来辣味浓郁且带有蔬菜的清香,见图8-12。

桃酥:桃酥是景德镇乐平市的著名特产小吃,曾被海外的食品专家誉为中国的桃酥王。桃酥具有酥脆可口、香味浓郁且易于保存的特征,见图8-13。

图8-12 辣椒粑

图8-13 桃酥

清明粑:清明粑是清明节时各家各户将新鲜艾叶的青艾汁揉入糯米粉中做成的呈碧绿色的团子,馅甜咸均可。清明粑外皮清香,馅汁鲜香,见图8-14。

（四）抚州

抚州古称“临川”,历史悠久,曾出现了唐宋名家王安石、曾巩、晏殊等。同时,抚州还是昆曲《牡丹亭》作者汤显祖的故乡。

南丰鱼丝:南丰鱼丝是先民农闲时将鱼肉捣碎加入面粉蒸熟后放入盐水储存,待农忙时分而食之的产物。时过境迁,盐水储存已不常使用,南丰鱼丝的制作也转变为鲜食为主,不变的是仍然用鱼肉加面粉蒸熟后切丝制作。南丰鱼丝质地嫩滑,清鲜爽口,见图8-15。

图8-14　清明粑

图8-15　南丰鱼丝

（五）宜春

宜春市的气候正如其名,四季分明、雨水充沛,境内温泉遍布,生态宜居。

高安腐竹:高安是腐竹的发源地,以地为名,可见其分量。高安腐竹制作流程规范,分别有脱皮、浸泡、磨浆、滤浆、煮浆、揭皮、沥浆、晾晒、烘干、检验等多道工序,层层把关,铸就好品质。高安腐竹色泽油亮、营养丰富,蛋白质高达50%,脂肪达30%,见图8-16。

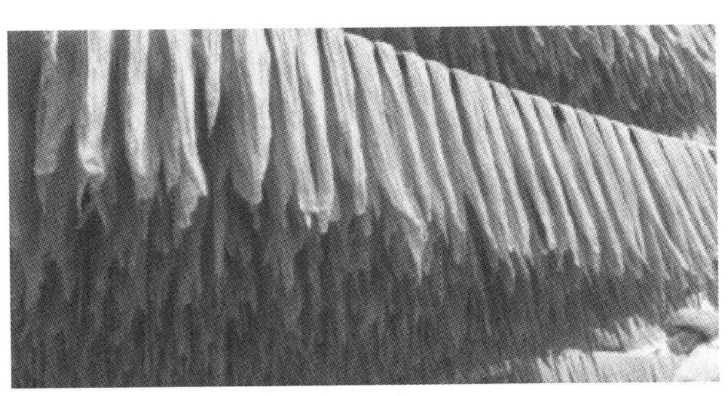

图8-16　高安腐竹

（六）赣州

赣州是江西南端地域面积较大的城市,有“共和国摇篮”之称的瑞金市就位于境内。同时,瑞金市还是中央苏区时期党中央驻地、中华苏维埃共和国临时中央政府诞

生地、中央红军二万五千里长征出发地、全国爱国主义和革命传统教育基地。

瑞金牛肉汤:瑞金牛肉汤类似于南方羊肉汤,刚出锅的牛肉汤是不放任何作料的,食客在喝汤前可自行加入葱花、芹菜末、姜块、辣椒、酱油等调料。瑞金牛肉汤口感嫩滑,营养价值高,适合大众品尝,见图8-17。

(七)吉安

吉安古称“庐陵”,后取“吉泰民安”之意改称吉安,是中国著名的革命老区井冈山的所在地。

永和豆腐:永和豆腐为江西省十大名菜之一,见图8-18。相传当年文天祥起兵抗元经过永和镇,粮草匮乏、士气低落,当地百姓以豆腐供其食之,后人为纪念这段历史,取名永和豆腐。

图8-17　瑞金牛肉汤

图8-18　永和豆腐

(八)萍乡

萍乡市位于江西省西部,与湖南省接壤,是江西省的西大门,素有“湘赣通衢”“吴楚咽喉”之称。萍乡四季分明,地貌丰富。

莲花血鸭:莲花血鸭以莲花县当地的小崽鸭为主料,将鸭子切成细丁块,以辣椒、生姜、大蒜为辅料,将鸭子放入红油中翻炒,待要出锅时倒入尚未凝固的鸭血,翻炒后装盘即可食用,见图8-19。莲花血鸭有色美味香、鲜嫩可口的特点,也是江西省十大名菜之一。

(九)新余

新余市位于江西省中部,因钢铁而出名。

粽香排骨:粽香排骨是以粽子、排骨等为主要食材。先烧排骨后取出备用,再将粽子在油中炸锅后与排骨一直煸炒,最后收汁装盘,见图8-20。

图8-19　莲花血鸭

图8-20　粽香排骨

二、湖北部分

（一）十堰

湖北省十堰市的美食更包罗万象，在这座小城中可以吃到全国各地的美食。

郧西花馍：郧西花馍是湖北省十堰市郧西县的特色美食。郧西花馍又名“面花”，花馍一般是花、鸟、鱼、虫等造型，栩栩如生，见图8-21。在鄂西北边关的郧西县湖北口回族乡，流传着与花馍相关的一首儿歌：“旦旦馍，打红点儿，媳妇来了坐烧炕儿，她婆高兴得蛮挤眼儿，掬来一掬核桃枣儿，吃核桃，生娃子（男孩），吃花生，生女子（丫头），吃枣儿早抱宝贝旦儿。”

脆皮素蹄筋：脆皮素蹄筋是湖北省十堰市的传统美食，做法简单，入口香酥而有嚼劲，菜品色泽金黄、外脆里嫩、香酥可口，见图8-22。

图8-21　郧西花馍

图8-22　脆皮素蹄筋

竹溪碗糕：竹溪碗糕是湖北省十堰市竹溪县当地著名的风味小吃，历史悠久。资料显示，竹溪碗糕已经有500多年的历史。竹溪碗糕色泽雪白，质地松软，味甜不腻，见图8-23。

郧阳酸浆面：郧阳酸浆面是湖北省十堰市的特色美食，源于郧阳。酸浆面是郧阳人喜爱的一种风味小吃，特别是夏秋季节，酸浆面不凉不烫、酸香扑鼻、味美爽口、老幼皆宜，见图8-24。

图8-23　竹溪碗糕

图8-24　郧阳酸浆面

神仙豆腐：神仙豆腐是湖北省十堰市竹溪县的特色传统小吃，其色泽翠绿、香味浓郁，是当地有名的绿色食品，具有清凉解毒的功效，见图8-25。

（二）荆州

公安锅盔:公安锅盔是湖北省荆州市公安县的一种地方美食,可细分为鲜肉锅盔、糖锅盔、牛肉锅盔、梅菜锅盔等种类。史书记载,三国时期刘备、关羽和张飞在荆州油江安营扎寨,认为此地比较安全,故取名公安县。当时,由于军队缺乏粮食,军队在行军打仗的时候方便携带和保存,在这种特殊条件下开始烤制烧饼,一直流传至今,后取名为锅盔,见图8-26。

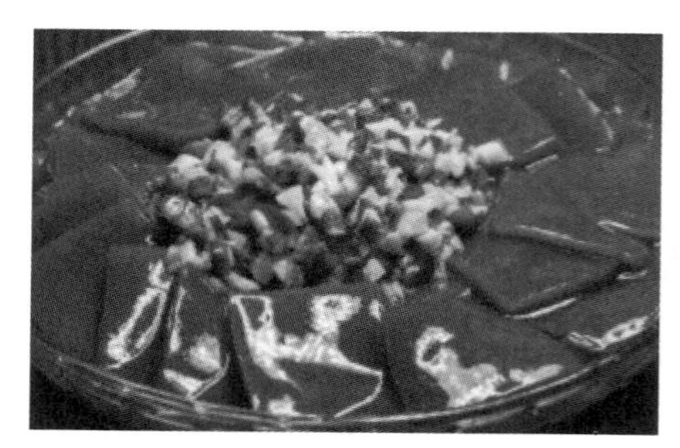

图8-25　神仙豆腐

图8-26　公安锅盔

蒸烩八宝饭:蒸烩八宝饭是荆州地区传统名菜,已有近百年的历史。据传,此菜是清代御厨马代流落荆州时所创。蒸烩八宝饭制法独特,成菜油润软糯,果仁蜜香,清甜透味,是荆沙一带筵席必不可少的甜菜,见图8-27。

米粑粑:米粑粑外壳金黄焦脆,里面洁白软润,吃起来糯糯甜甜,十分可口,见图8-28。

图8-27　蒸烩八宝饭

图8-28　米粑粑

荆州鱼糕:荆州鱼糕又名"湘妃糕",是荆州地区的传统佳肴。荆州鱼糕是宴席中不可或缺的菜品,一般宴请宾客上的第一道菜肯定是它,所以又叫"头菜""三鲜头菜""合家欢"。荆州鱼糕色泽艳丽、滋味各异、质软鲜嫩,见图8-29。南宋末年,鱼糕在荆州各县广为流传,权贵宴请宾客,都把鱼糕作为宴席主菜。清朝时,凡达官贵人婚丧嫁娶、喜庆宴会,都必须烹制鱼糕,以宴宾客。

米团子:米团子简称"团子",又称"粘米团子",是中国湖北仙桃、洪湖、监利等江汉平原南部地区的一种特色美食,人们取其团团圆圆之意,把它叫作团子,见图8-30。湖北沔阳(今仙桃市)民间有"年小月半大"之说,把农历正月十五的元宵节看作是比春节还要重要的节日。因为在当地人们看来,这是一年辛苦劳作即将开始的最后一次大团圆,所以格外珍视。这一天,当地不像其他许多地方那样吃元宵过佳节,而是吃团子这种风味小吃,这种风俗由来已久。

图8-29 荆楚鱼糕

图8-30 米团子

洪湖藕带:洪湖藕带是湖北省洪湖市的特产。藕带别名藕簪、藕苫、藕尖、藕苗或藕肠子等,为当地餐桌上的常见时令生蔬。采食藕带,自古有之。明代李时珍在《本草纲目》果部第三十三卷果之六《莲藕》篇记载,"藕密名藕丝菜,五六月嫩时,采为蔬茹,老则为藕稍,味不堪食"。其中的"藕密""藕丝菜"就是藕带。洪湖水质优良,微量元素丰富,优越的自然环境孕育了高品质的洪湖藕带,当地渔民将它形象地总结为五个字——白、粗、脆、香、甜,即色泽呈白色,形态较粗且肉质厚实,口感清脆伴有清香、清甜、无异味且营养丰富,富含维生素、矿物质等,详见图8-31。

（三）襄阳

宜城盘鳝:宜城盘鳝发源于襄阳市宜城市,是历史上楚国都城的所在地。相传,楚国大臣伍子胥逃亡时,躲避到一农户家中,农妇用小拇指粗细的鳝鱼加上一些常用的作料干煸而成,且将其盘成今天的盘状蚊香形状。伍子胥吃后觉得甚是美味,所以给其取名盘鳝,见图8-32。

图8-31 宜城盘鳝

图8-32 洪湖藕带

（四）武汉

热干面:热干面是武汉极具代表性的小吃之一,亦是汉味小吃的代表作。热干面是以碱水面为主料,煮熟后过冷、过油,再淋上用芝麻酱、香油、生抽、香醋、五香酱菜等多种作料调成的卤汁,拌匀面条,不仅色泽鲜亮、香辣味美而且经济实惠。热干面具有色泽黄而油润、味道鲜美等特征,由于热量高,常当作主食,补充机体能量。热干面是武汉过早(武汉人将吃早餐叫作过早)的首选小吃,见图8-33。

面窝:面窝因面窝四周厚而中间薄,甚至干脆成了一个小洞,呈凹状,人们不习惯称它为“面凹”,而称其“面窝”。面窝的外形看起来像甜甜圈,但又不完全一样,其小洞周围是一圈炸得焦脆的薄皮。无数老武汉人,爱的就是这口焦脆,见图8-34。

关于面窝,有人说它始于清光绪年间。当时汉口汉正街集家咀附近有个卖烧饼的,名叫昌智仁,他请铁匠打制一把窝形中凸的铁勺,内浇用大米、黄豆混合磨成的米浆,撒上黑芝麻,放到油锅里炸,很快就做出一个个边厚中空、色黄脆香的圆形米饼。人们觉得很别致,吃起来厚处松软、薄处酥脆,很有味道,昌智仁称其为面窝。

图8-33 热干面

图8-34 面窝

三鲜豆皮:三鲜豆皮是武汉的一道著名小吃,最初是武汉人逢年过节时特制的节日佳肴,后来成为寻常早点。正宗的三鲜豆皮是用绿豆、大米混合磨浆摊成皮,包上糯米、肉丁、香菇、笋等食材,油煎之后制作而成的。三鲜豆皮将鲜肉、鲜菇、鲜笋,三鲜汇集,松嫩爽口,油而不腻。在许多老武汉人的心中,三鲜豆皮比大名鼎鼎的热干面更贴近于城市的灵魂,见图8-35。

武汉鸭脖:武汉鸭脖是武汉著名的特色小吃,又叫“酱鸭脖”或“酱鸭脖子”。武汉人对鸭脖的热爱从20世纪60年代开始,可以说已达到痴迷的程度。正宗的鸭脖色、香、味俱全。其表面充满光泽、颜色均匀且带着鸭子固有的鸭腥香味,外表微润,轻压时富有弹性,入口时更是万千滋味,让人欲罢不能,见图8-36。

图8-35 三鲜豆皮

图8-36 武汉鸭脖

近年来,各种鸭脖品牌在武汉争奇斗艳,鸭脖吃法也变得多样化,油炸、炭烤、干烧应有尽有。根据2023年度中国品牌网数据,跻身鸭脖十大品牌排行榜的周黑鸭、可可哥鸭脖、小胡鸭等均源自湖北,可见鸭脖在湖北人饮食文化中的地位。

四季美汤包:四季美汤包是武汉的一道传统小吃,起源于明代,以皮薄、馅嫩、味鲜为特色。其主要馅料是猪腿肉,用酱油、醋、味精及葱姜末腌制数小时,再以鸡汤煮制而成。四季美汤包以其诱人的香气、鲜美的味道,成为武汉小吃中别具一格的名点,在武汉久负盛名,见图8-37。

糊汤粉:糊汤粉是著名的武汉传统小吃,是以圆米粉为主要食材,鱼糊汤、小虾米、葱花为辅料,与油条相配的小吃品种。鲜鱼糊汤粉泡油条,是经典的武汉名吃。糊汤粉从清代至今已有200多年,最初的糊汤粉其汤料多由杂鱼熬制,为了掩盖鱼的腥味,会在汤底中加入大量的胡椒粉。此小吃香鲜微辣、糊香浓郁、米白微黄、汤汁黏稠,具有清热解毒、开胃健脾之功效,是老少皆宜的早点美食,见图8-38。

图8-37 四季美汤包

图8-38 糊汤粉

武汉小龙虾:小龙虾是湖北的一道传统特色美食,在武汉极受欢迎。此菜选用体质健壮、无病无伤的优质小龙虾作为原料。小龙虾在中国淡水龙虾中个头较大,营养价值较高。其蛋白质含量高于普通虾、蟹、牛肉、羊肉等,属于高蛋白、低脂肪的食品。武汉小龙虾肉质细嫩紧密,口感鲜美有弹性,因色泽红亮,壳较薄且富有光泽,虾肉饱满而被人们誉为"虾中之王",见图8-39。

武汉重油烧卖:武汉重油烧卖也叫"烧梅",因其面皮是由走槌擀出梅花边,蒸出来宛如一朵朵绽开的梅花而得此名。重油烧卖,顾名思义,其特点是油重且胡椒味重,油润饱满,微辛香糯,一口下肚时不同于北方烧卖的口口是肉,也不同于江浙烧卖的清新雅致,而是更具武汉特色的自然可口,见图8-40。

图8-39 武汉小龙虾

图8-40 武汉重油烧卖

三、湖南部分

(一)怀化

湖南省怀化市,别称"鹤城",古称"鹤州""五溪",是武陵山经济协作区的中心城市和节点城市,自古以来就有"黔滇门户""全楚咽喉""湖南西大门"之称,是中国中东部

通向大西南的“桥头堡”。怀化市南接广西壮族自治区(桂林市、柳州市),西连贵州省(铜仁市、黔东南苗族侗族自治州),与湖南省(邵阳、娄底、益阳、常德、张家界等市和湘西土家族苗族自治州)接壤。因此,怀化的美食受到多地的影响。

冰糖橙:冰糖橙主要产于洪江市和麻阳苗族自治县。冰糖橙,当地人称为“冰糖泡”或“冰糖柑”,是一种稀有的、珍贵的、晚熟的甜橙品种。冰糖橙果形呈圆球状,果顶柱明显,油泡平,皮薄光滑,果实呈淡黄橙色,叶瓤细长,排列紧密,肉脆、汁多、少核或无核、味甜,见图8-41。

黔阳大红甜橙:黔阳大红甜橙于1956年发现于素有“桔乡”之称的黔阳县(今洪江市)安江镇,为普通甜橙的芽变良种。黔阳大红甜橙以怀化地区栽培最多,主产于洪江市。其成熟果外形美观,果呈圆形或椭圆形;果色大红,鲜艳光亮;果皮薄,顶部圆,蒂部微凹;果肉胞纤细,柔软多汁,细嫩渣少,甜酸适度,见图8-42。

图8-41 冰糖橙

图8-42 黔阳大红甜橙

沅陵腊肉:沅陵腊肉是湖南省怀化市沅陵县的特产。口味麻辣咸香,味美可口,深受消费者的青睐,见图8-43。

怀化米粉:怀化米粉以圆粉为主,有粗细之分,色泽诱人、口感筋道、嫩滑爽口,见图8-44。

图8-43 沅陵腊肉

图8-44 怀化米粉

招牌血鸭:招牌血鸭是地道的怀化菜,鸭肉较为大块、黑里透红、色泽油亮,入口紧实、有嚼劲,见图8-45。

酸辣红烧羊肉:酸辣红烧羊肉口味酸辣,成菜汤汁稠浓、肉质软烂、鲜香可口,见图8-46。

图8-45 招牌血鸭

图8-46 酸辣红烧羊肉

（二）长沙

长沙地区美食风味独特，不分男女老幼，人们多数好辣喜酸。由于地理位置、气候等方面的原因，绝大部分地区种植水稻，人们日常以米饭为主食。

臭豆腐：臭豆腐焦脆而不糊、细嫩而不腻，初闻虽有臭气，细嗅则浓香诱人。长沙人一般把臭豆腐称为“臭干子”，见图8-47。

相传清康熙八年（1669年），安徽黄山进京赶考的王致和金榜落第，闲居在会馆中，欲返归故里，无奈交通不便，盘缠皆无，欲在京攻读准备再次应试，又距下次科举考试日期甚远，无奈，只得在京暂谋生计。王致和的家庭原非富有，其父在家乡开设豆腐坊，王致和幼年时期曾学过做豆腐，于是便在安徽会馆附近租赁了几间房，购置了一些简单的用具，每天磨上几升豆子的豆腐，沿街叫卖。时值夏季有时卖剩下的豆腐很快发霉无法食用，但他不甘心将其废弃。于是苦思对策，就将这些豆腐切成小块，稍加晾晒，寻得一口小缸，用盐腌了起来。在此之后歇伏停业，一心攻读，渐渐地，他便把此事忘了。秋风飒爽，王致和又重操旧业，再做豆腐用来售卖。蓦然想起那口腌制豆腐的缸，赶忙打开缸盖，一股臭气扑鼻而来，取出一看，豆腐已呈青灰色，浅尝后觉得臭味之余却蕴藏着一股浓郁的香气，虽非美味佳肴，却也耐人寻味。后送给邻里品尝，都称赞不已。王致和屡试不中，只得弃学经商，便按过去试做的方法加工起臭豆腐来。此物价格低廉，可以佐餐下饭，适合收入较低的劳动者食用，所以渐渐打开销路，生意日渐兴隆。后经筹措，在延寿街中间路西购置了一所铺面房，自产自销，批零兼营。据其购置房屋契约所载，时为康熙十七年（1678年）冬。从王致和创造了臭豆腐以后，又经多次改进，逐渐摸索出一套臭豆腐的生产工艺，生产规模不断扩大，质量更好，名声更高，清朝末期传入宫廷。据说慈禧太后在秋末冬初也喜欢吃，还将其列为御膳小菜，但嫌其名称不雅，便按其青色方正的特点，取名为“青方”。

馓子：馓子是经油炸而成的面食，其丝条粗细均匀，质地焦脆酥嫩，口味有甜有咸，色美味鲜，见图8-48。馓子既是点心，又可作菜食，分为炸馓与煮馓两种，以20世纪40年代火宫殿内张桂生所制最为著名。

图8-47　臭豆腐

图8-48　馓子

口味虾:口味虾色泽红亮、辣香四溢,虾肉紧实、软滑、鲜嫩,见图8-49。

腊味合蒸:腊味合蒸是湖南传统名菜之一,是将腊肉、腊鸡、腊鱼三种腊味一同蒸熟而成。食用时,其腊香浓重、咸甜适口、柔韧不腻,见图8-50。

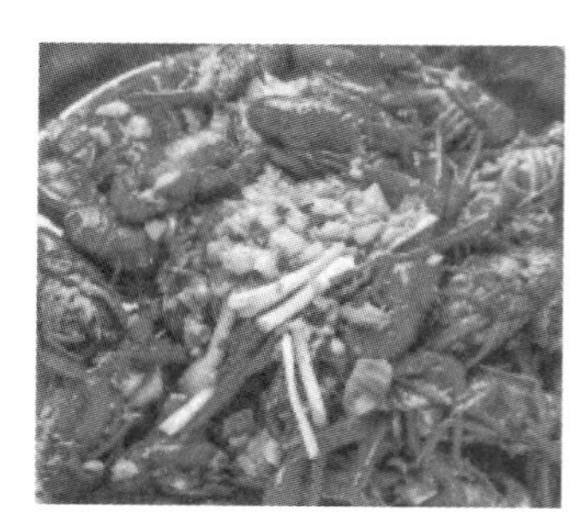

图8-49　口味虾

图8-50　腊味合蒸

酱板鸭:辣酱板鸭是湖南省的一大名菜,其成品色泽深红、皮肉酥香、酱香浓郁、滋味悠长,见图8-51。

据说,楚昭王时楚国郢都宫廷里有一位名为石纠的厨师手艺高超,经他烹制的菜肴,精美无比,深得楚王和内臣外宾等的喜爱。石纠家在宜城蛮河岸边,家中只有60多岁的母亲独自生活。一天,石母在洗衣时不慎滑入蛮河,多亏几个放鸭人将她救起。石母上岸后就病了,又多亏乡亲们细心照料,才得以好转。随后乡亲们捎信到宫中,将此事告诉了石纠。石纠是个孝子,他闻讯后急忙告假,连夜赶回家里看望母亲,并对救他母亲的放鸭人和照料母亲的乡亲们一一上门酬谢。为怕母亲再发生意外,石纠从此不敢离家。石纠一边照料母亲,一边想着为乡亲们做点什么。他见乡亲们养了不少鸭子,可是当时的鸭蛋和鸭肉都不值钱,便将自己在宫中酱制天鹅和禽蛋的手艺,用在加工酱板鸭和酱鸭蛋上,乡亲们品尝过后都说好吃。于是,他们便将酱板鸭和酱鸭蛋放到集市上去卖,很是畅销。自石纠回乡后,楚宫中的烹饪质量不如以前,楚王食欲下降。于是宫中派人寻访,找到了石纠邀他回宫。石纠为了尽孝和报答乡亲们,便请求来人帮他辞掉宫中差事,还请他带回一些自己制作的酱板鸭和酱鸭蛋给楚王。楚王品尝后大加赞赏,对石纠孝敬母亲报答乡亲们的情分更是赞不绝口。因此,他传令下去将酱板鸭和酱鸭蛋赐名为“贡品酱板鸭”和“贡品酱鸭蛋”,常年生产,供应楚宫。石纠带领乡亲们靠生产贡品致富,贡品酱板鸭和贡品酱鸭蛋的独特制作工艺也传承至今。

龙脂猪血:龙脂猪血是长沙地区特色传统小吃,也被称为“麻油猪血”。龙脂猪血得名于其加工后的猪血犹如龙肝凤脂一般美味。其味微辣而香脆，爽滑而鲜嫩，十分可口，见图8-52。

图8-51 酱板鸭

图8-52 龙脂猪血

红烧猪脚：长沙红烧猪脚是一道传统名菜，清代程兼善曾言“争似红楼富家户，猪蹄烂熟劝郎尝”，说的就是它。红烧猪脚成菜色泽红润，口感肥而不腻，见图8-53。

（三）株洲

攸县香干：攸县香干是湖南著名的特色传统豆制品，发源于湖南省攸县境内，后被引入湘菜菜谱，并迅速发展。现攸县香干随湘菜闻名全国，远销广东、福建、海南、北京、上海等地。攸县香干具有香浓、滑嫩、韧性足、口味纯等特点，是老少适宜的地方特色家常菜，见图8-54。

图8-53 红烧猪脚

图8-54 攸县香干

（四）湘潭

红军长征鸡：红军长征鸡是湘潭的十大名菜之一。长征路途艰难，很多时候吃不到饭，饿的时候也吃过野菜。有一天，当地老百姓送来一只烧制好的鸡，甚是美味，由此就有了红军长征鸡这一佳肴。红军长征鸡是用鸡和辣椒等食材烹饪而成的美味，营养丰富、肉质细腻、味道鲜美，见图8-55。

（五）衡阳

玉麟香腰：玉麟香腰是湖南省衡阳市的一道特色传统名菜，属于湘菜系，该菜品也是酒席中的定席头碗菜品。玉麟香腰是清代衡阳彭玉麟家中的厨师在鱼丸、黄雀丸、锅烧丸等地方风味小吃的基础上创制而成的菜品，故得此名。玉麟香腰又名“宝塔香腰”“管堆子香腰”，主料包括猪腰、芋艿、荸荠、猪瘦肉、猪肥膘肉、桂鱼肉，以及水发香

菇、水发玉兰片等,配以面粉、鸡蛋、干淀粉、湿淀粉、肉清汤、芝麻油、熟猪油等,然后加入调料,如葱段、姜片、绍酒、精盐、酱油、味精、八角粉、胡椒粉等制作而成。此菜集众多小吃品种于一碗,层层堆砌,形似宝塔,味道多样,见图8-56。

图8-55 红军长征鸡

图8-56 玉麟香腰

(六)邵阳

猪血丸子:猪血丸子又称"血粑豆腐""猪血粑",是邵阳地道的传统名菜。因为其外形像馒头,而外表颜色黑黝黝,因此当地人把它叫"黑色珍珠"。每年腊月,当地人都有制作猪血丸子的习俗,它是春节餐桌上必备的菜肴,见图8-57。

图8-57 猪血丸子

(七)岳阳

洞庭银鱼:洞庭银鱼又称"面条鱼",形状呈圆条状,长约6.6厘米,通体透明、洁白如银、无鳞无刺,一般将鲜银鱼煮熟后用猪油煎炒,或以瘦肉、鸡蛋烹汤,是味道鲜美的佳肴,见图8-58。此外,将鲜银鱼晒干后做汤或煎炒,味道也各有千秋。岳阳筵席上的银鱼三鲜,味道鲜美,相传清乾隆皇帝游江南时亦曾品尝过该美味。

图8-58 洞庭银鱼

（八）张家界

土家三下锅：土家三下锅是张家界的招牌名菜。多用肥肠、猪肚、牛肚、羊肚、猪蹄或猪头肉等选其中几样经本地厨师特殊加工而成。三下锅的吃法也分干锅与汤锅，干锅无汤，麻辣味重，见图8-59。

（九）益阳

益阳排糖：益阳排糖是湖南益阳的一道有名的特色小吃，虽然名为糖，但严格来说其并非全是糖。排糖色泽洁白、口感酥松脆嫩、醇厚香甜，是一种很受欢迎的特色小吃，见图8-60。

图8-59　土家三下锅

图8-60　益阳排糖

（十）常德

津市牛肉粉：津市牛肉粉是湖南常德有名的特色小吃，制作材料主要有米粉、山楂、栀子、灵香草等。津市牛肉粉为地方特产，味道鲜美、香滑不油，吃起来润滑可口、风味独特，见图8-61。

图8-61　牛肉粉

（十一）娄底

珠梅土鸡：珠梅土鸡是湖南娄底的一道特色菜，它以当地纯天然的小脚黑鸡为主要食材，搭配上本地的五花肉和朝天椒，用独有的方式烹饪而成。珠梅土鸡口感鲜香爽辣，鸡皮纯黄，肉质细腻，香味浓郁，见图8-62。

（十二）永州

永州血鸭：永州血鸭是湖南永州的特色名菜，这道菜基本上当地人家家户户都会做，也是餐桌上的主菜。永州血鸭油而不腻、软嫩弹牙，其香中透甜，甜中含辣，辣中带微酸，滑润爽口，开胃下饭，见图8-63。

图8-62 珠梅土鸡

图8-63 永州血鸭

(十三)怀化

洪江血粑鸭:洪江血粑鸭是湖南怀化的一道地方名菜。其菜颜色棕红,人们既能吃到血粑的清香软糯,又能吃到鸭肉的鲜美,咸鲜微辣,肉质香浓,见图8-64。

图8-64 洪江血粑鸭

(十四)郴州

栖凤渡鱼粉:在郴州民间有一句流传了千百年的古话,"走千里路、万里路,舍不得栖凤渡",这句话从侧面夸的就是湖南省级非遗名吃栖凤渡鱼粉。栖凤渡鱼粉中必不可缺的材料有鱼、茶油、姜、蒜、辣椒等。对于大多数郴州人来说,栖凤渡鱼粉是非常令人迷恋的味道。其碗上飘着红油,吃着辣而鲜,不燥烈,鱼块滑嫩可口,有着栖凤渡鱼粉的独特风味,见图8-65。

酒酿猪脚:酒酿猪脚是在过去传统宴席菜五元猪脚的基础上,将食补药膳的配方进行了微调,使得其营养更为全面,口感更为醇香的一道特色美食,见图8-66。

图8-65 栖凤渡鱼粉

图8-66 酒酿猪脚

郴州牛杂王:郴州牛杂王发祥于永兴县,永兴县自古以来就有逢节宰牛的习俗,自然牛杂的烹饪也是乡里聚餐必不可少的美味,见图8-67。

图8-67 郴州牛杂王

（十五）湘西土家族苗族自治州

湘西腊肉：湘西腊肉是湖南省湘西土家族苗族自治州的特色美食。湘西腊肉是以湘西土猪肉为原料，配以食盐、花椒、五香粉等腌制几天，然后挂起来用烟火熏制而成。食用时，配以佐料，吃起来美味可口，别具风味，见图8-68。

图8-68 湘西腊肉

四、河南部分

信阳市位于河南省最南端，紧邻湖北，从饮食上看，接近武汉，因此以下对信阳饮食进行简要介绍。

信阳有奔涌的淮河流经，有葱郁的茶山及金黄的稻田，信阳连续多年被评为“全国十大宜居城市”。信阳美食众多，截至2023年5月，信阳菜馆已遍布全国16个省份56个市，以信阳市和郑州市为主阵地，在北京、深圳、开封、洛阳等城市认定挂牌信阳养生菜品牌示范店240多家，培育信阳菜老字号品牌30多个。总体来看，信阳菜的口味偏辣、偏咸。信阳南湾一湖养百种鱼，吃法多样，如清炖南湾鱼头，是信阳菜炖菜的重要代表，烤乌鱼、干煸白鱼条、南湾鱼块、红烧鲫鱼、鱼头面饼等都是具有信阳特色的美食。信阳光山还有著名的青虾、菱角、鸡头米、螃蟹等特产。

信阳炖菜：炖是信阳饮食文化中的精髓，在信阳无炖菜不成席，炖菜在信阳菜品中占比很大，中国烹饪协会曾把“中国炖菜之乡”的称号授予信阳商城县，认为它是信阳炖菜的起源地。另外，信阳人还有腌制肉类的习惯且种类繁多，有腊猪肉、腊排、腊鱼、腊鸭、腊羊肉等。腊肉可焖、可炒、可炖。很多经典的信阳菜都属于炖菜，如闷罐肉、罗山大肠汤、固始鹅块等。

信阳闷罐肉：闷罐肉是信阳的特色菜之一，其多选用黑猪肉，将新鲜带皮的五花肉切成小段，经过煸炒后放入陶制的坛子里，并采用油封的方式保存，以保证肉质。吃的时候，焖至入味的猪肉与蔬菜，如老黄瓜、干豆角、山药、萝卜等搭配再次烹饪，味道香而不腻，见图8-69。

罗山大肠汤：罗山大肠汤是将猪大肠漂洗去腥后和各种中药材熬至八分熟，而后切成条状或块状，再加入豆腐、猪血一起炖煮，出锅时，撒上些荆芥，见图8-70。罗山大肠汤常搭配用山茶油浸渍的罗山腐乳一同食用，是当地人们常吃的开胃餐。除此之外，罗山还有铁铺豆腐、石山口鱼、猪油馍等美食。

图8-69　信阳闷罐肉

图8-70　罗山大肠汤

固始鹅块：鹅肉之于固始人，是一种可以上升到城市骄傲的美食。做固始鹅块，要选成年白鹅：先将白鹅洗净，整只炖汤，然后加入清水、盐、姜丝、干辣椒、葱、蒜等煮沸，最后将煮熟晾凉后的鹅剁成大块，再加入其他的配菜，倒入鲜汤煮制，见图8-71。

霸王别姬：霸王别姬作为信阳特色菜，是由潢川甲鱼和固始三黄鸡制作而成，味道十分鲜美。红焖甲鱼也是河南信阳的一道招牌水产美食。潢川和固始的甲鱼都是国家地理标志产品，见图8-72。

图8-71　固始鹅块

图8-72　霸王别姬

一鱼两吃：花鲢即鳙鱼，信阳人也称其为“胖头鱼”。一条花鲢可做成两道菜：一是清炖南湾鱼头，二是红烧鱼身，见图8-73。清炖南湾鱼头做法是：先将鱼头用少许盐腌制15分钟，裹上面粉，下锅煎，煎至微黄时盛起，洗锅后再加少许油，放入香葱、姜、八角等；然后添水、下鱼头，用大火煮；最后再加白胡椒粉、白水豆腐和鱼丸，炖出奶白色汤汁。而红烧鱼身，更是一道鲜香下饭的好菜。

图8-73 一鱼两吃(清炖南湾鱼头 红烧鱼身)

烤乌鱼:乌鱼也称“乌鳢”,南湾人也称其为“火头鱼”。乌鱼先烤后炖,鱼肉紧实脆弹,搭配水豆腐、千张、大白菜等,是烧烤夜市的标配,见图8-74。此外,还有烤鲫鱼的类似吃法等。

商城筒鲜鱼:商城筒鲜鱼是信阳特色,见图8-75。做法是:将鱼剁成鱼块抹上盐,同姜末、红辣椒,放入新鲜的毛竹筒中,也可以用坛子、罐子等,不喜欢太臭的放3—7天,喜欢臭味浓厚的可以多放些天,如10—15天,放至鱼肉发红就可以了。

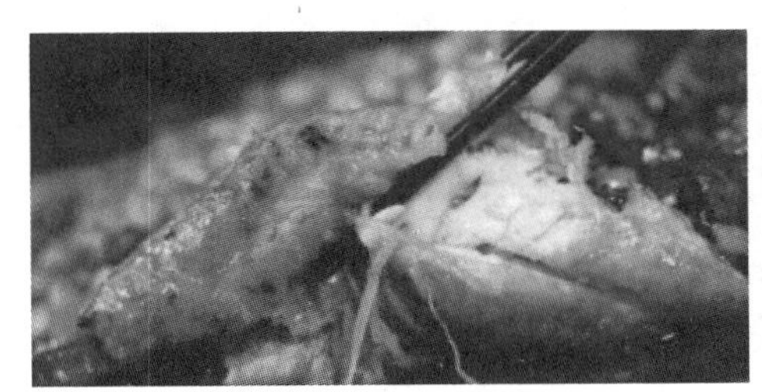

图8-74 烤乌鱼

图8-75 商城筒鲜鱼

信阳热干面:信阳人的早饭往往是一碗热干面。信阳热干面,用的是碱面,与武汉热干面加纯芝麻酱的吃法不同,信阳热干面的芝麻酱里还要加入香油、老抽、精盐搅拌均匀,面条里几乎尝不到芝麻酱的味道。相比之下,武汉的面偏干、芝麻酱多,信阳的面偏湿、调料更重。另外,信阳的热干面中还添加了千张、黄豆芽、红油、豆瓣酱、荆芥等十多种辅料,最后还要添加一勺骨头汤,这也是信阳热干面的精髓所在,见图8-76。

辣椒炒臭豆腐卷:信阳水好,做出的豆腐也好吃。信阳有一种特产臭豆腐,是经过发酵后长满白毛的臭豆腐卷,辣椒炒臭豆腐卷是信阳的特色美食。做法是:先将臭豆腐卷切片,用油煎至两面金黄;然后将辣椒与煎好的臭豆腐卷同炒,炒出来的臭豆腐卷酥脆可口,非常好吃,见图8-77。

图8-76 信阳热干面

图8-77 辣椒炒臭豆腐卷

信阳石凉粉:在信阳,处处可见的石花籽也叫"假酸浆种子",可用来做石凉粉。石凉粉的具体做法为:先用纱布包一兜石花籽,放在一盆清水中轻轻地揉搓直至盆中的清水呈白色,然后放置一段时间,等盆中的水与粉混合和融合后,就可以"点"了。此处的"点"可以用两种东西,一种是茄子,另一种是牙膏或石灰水。用前者点出来的粉呈紫色,后者则为无色。石凉粉无色无味,吃的时候舀上一勺白糖,再放上山楂、冰镇薄荷等,也可以根据个人口味加入橘子汁、菠萝汁、柠檬汁等,见图8-78。

信阳毛尖:茶是信阳人的必需品,信阳毛尖是一种绿茶。高山云雾出好茶,信阳的山水,为茶提供了绝佳的栖息之地。信阳毛尖亦称"豫毛峰",是中国十大名茶之一,为河南省著名特产。但信阳不光有信阳毛尖这一种茶,信阳几乎每个县都有自己的特产茶,如商城的高山茶以芽头大、汤色清、味道浓、耐冲泡著称,受到很多人的喜爱,见图8-79。

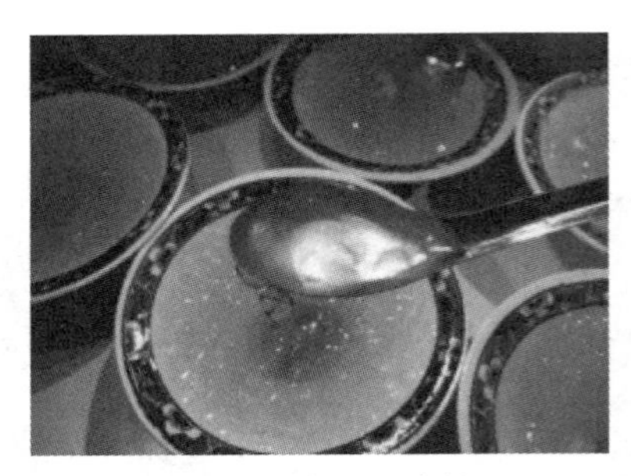

图8-78 信阳石凉粉

图8-79 信阳毛尖

信阳其他各个地区的土特产也特别丰富。如信阳李家寨镇的板栗,土鸡炖板栗是信阳的一大名菜。信阳光山县的光山麻鸭为国家地理标志产品。豫南黑猪属华北黄淮海黑猪类群。信阳商城县还有大量的野生茯苓,商城用茯苓制作的食品也不少,如茯苓酒、茯苓夹饼、八珍酥糖、茯苓挂面等。息半夏是信阳市息县独有的优良中药材品种。信阳市浉河区山林资源丰富,是全国著名的椴木黑木耳、椴木香菇、椴木银耳、袋料香菇菌种的生产基地。还有平桥区的石榴、息县的路口彭店西瓜、商城县的油茶、新县的芝麻、固始县的茶菱等,不胜枚举。

本章思政总结

扫码看彩图

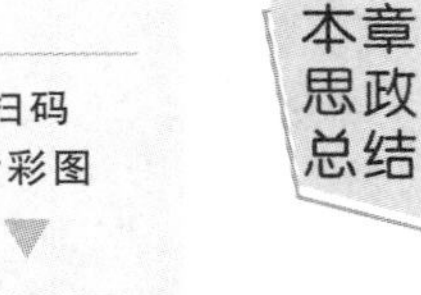

本章美食图

长江中游地区是中国的一个重要经济区域,发展前景非常广阔。首先,长江中游地区具有丰富的自然资源。该地区拥有广阔的耕地、丰富的水资源和多样化的气候条件,为农业生产提供了有力的保障。此外,该地区还拥有丰富的矿产资源,如煤炭、铁矿石等,为工业生产提供了必要的原材料。其次,长江中游地区具有雄厚的人文底蕴。该地区历史悠久,文化底蕴深厚,拥有众多历史遗迹和文化遗产,为旅游业的发展提供了丰富的资源。最后,长江中游地区具有得天独厚的地理位置优势,为经济发展提供了便利的交通条

Note

件。总的来说，长江中游地区的发展前景非常广阔，有望成为中国经济发展的重要引擎。

近年来，随着长江经济带战略的深入推进，形成了全社会共同推动长江经济带发展的良好氛围，为全世界大河流域的可持续发展做出了示范。要充分激活长江流域丰富的历史文化资源，深入挖掘长江文化的时代价值，这对延续历史文脉，坚定文化自信，向世界展现中国文化软实力和中华文化影响力具有重大而深远的意义。

作为长江流域传统文化的重要组成部分，长江中游地区饮食文化保护、传承与传播对于国家文化自信的建立具有重要意义。长江中游地区旅游资源丰富，其饮食文化能够以微妙的形式在人们之间传播，润物细无声，故为广大民众所接受。因此，通过推动长江中游地区饮食文化的梳理和完善，可以有效推动长江中游地区传统文化振兴，弘扬文化自信。

课后作业

一、简答题

1. 长江中游地区饮食与区域文化的关系是什么？
2. 长江中游地区饮食文化的特点是什么？

二、实训题

如何评价长江中游地区饮食文化对旅游者的吸引力？如何提升其影响力？

课后阅读

湘菜大师许菊云：举业德先弘扬中华美食

第九章
长江下游地区饮食文化

学习目标

知识目标

了解长江下游地区饮食文化发展的概况，理解长江下游地区饮食文化的特征，知道长江下游地区代表性时期、城市的代表性饮食及其反映的历史与文化。

能力目标

能够举一反三，思考和总结长江下游地区饮食文化的保护、传承和传播规律。

思政元素

1. 使学生深刻认识到长江下游地区饮食文化的历史渊源，以及此地饮食文化与其他文化的交叉融合概况，增强学生的文化自豪感。

2. 引导学生深化对我国长江下游地区文化的认识，尤其是饮食文化在文化保护、传承和传播方面发挥的作用，深化对文化历史与现状的思考，提出增强我国长江下游地区饮食文化影响力的对策。

章前引例

从历史的角度梳理中国茶文化——读《长江流域茶文化》

第一节　长江下游地区饮食文化概况

在中国饮食文化区域概念中，长江下游地区是指西起鄂、皖、赣三省交界处的湖口，东起上海浦江入海口，北起淮河，南至太湖流域和杭州湾的广大地区，它覆盖了苏、浙、皖、沪，以及江西省、福建省的部分地区。长江、钱塘江及淮河是这一地区的主要水系，太湖、洪泽湖、巢湖、鄱阳湖是这一地区的主要湖泊。我国五大淡水湖中的四个都与这一地区的生态有着密切关系，从而形成了这一地区的水乡特色。长江下游地区的地貌较为复杂，平原、山地、丘陵、湖泊和河流一应俱全。其中，皖、浙两省的山地丘陵面积较大，而苏、沪及浙北、皖中、皖北一带平原辽阔，河流纵横，湖泊集结其间，特别是长江三角洲，海拔多在10米以下，由长江及钱塘江的冲积平原构成，水网密布，是我国的“鱼米之乡”。

从气候来看，横贯鄂、豫、皖、苏的淮河是我国河流冰冻的最南界线。因此长江下游地区的气候，自北向南渐趋于温和，从温带、暖温带向亚热带过渡。苏南、皖南和浙江全省，除少数山地较温和凉爽外，大部分地区气温较高，从北向南，最热月的平均气温由26 ℃递增到28 ℃多，全年无霜期为8个月。年平均降水量由西北往东南，从800毫米递增到1200毫米，雨水量基本适中，为农业生产带来便利。

长江下游地区是我国人口密度较高的地区，民族组成以汉族为主，少数民族有苗族、土家族、彝族、侗族等。多民族共存共荣，丰富了本地区的饮食文化。

一般来说，长江下游地区的文化被称为吴越文化，源自春秋战国时的吴国和越国。吴越文化是因特殊的地形地貌、气候物产等自然条件与人文因素综合演变而形成的，这种区域文化特色同样蕴涵在其饮食文化之中。

第二节 长江下游地区饮食文化特征

自然地理条件和历史人文背景造就了长江下游地区鲜明的饮食文化特色。

一、“饭稻羹鱼”的膳食结构

“饭稻羹鱼”是长江下游地区饮食文化最基本的特征，也可以说是这一地区亘古不变的膳食结构。合理的膳食结构，使当地人民得以繁衍生息。饮食文化的形成，首先取决于这一地区的自然条件，长江下游地区位于我国地势三大阶梯中的最低一级，平均海拔400米左右。在南北丘陵山地之间，则有东西横贯的平原地带，海拔多在50米左右。其气候属亚热带季风气候，具有冬温夏热、四季分明、降水丰沛的特点，年平均气温在16—40 ℃，无霜期多在8个月以上。这种气候条件，极宜于稻作经济的生成与发展。加之这里襟江带湖，东临大海，又给渔业发展带来了极大的便利，构成该地区“饭稻羹鱼”的条件基础。早在石器时代，稻米就是这里先民的主食。河姆渡遗址的第四层，普遍发现稻谷遗存，有的地方稻谷、稻壳、茎叶等交互混杂，形成0.2—0.5米厚的堆积层，最厚处超过1米。此后的崧泽文化、良渚文化都有类似的考古发现。夏代，长江下游的稻作文化可能已向北扩散，甚至传入中原地区。商周及秦汉以后，稻作文化已大量见诸文字材料之中。研究发现，日本、朝鲜和东南亚地区的稻作文化很可能源自中国。

“饭稻羹鱼”中的“鱼”，泛指一切水生动物，从现有的考古发掘结果来看，长江下游地区有多处贝丘遗址，说明这里的先民曾食用过蚌、蛤、螺、贝类，并且以贝壳为原料制作工具和装饰品，继而进入捕捞鱼、虾、蟹的阶段。这种现象在河姆渡遗址甚至早于河姆渡遗址中多有发现。到了夏商周时期，长江下游地区已有相当完善的养鱼技术，越国名臣范蠡便是于史有据的养鱼专家，著有《养鱼经》。不仅如此，春秋时期的吴国和越国都已有海洋渔业的记录。

二、消闲雅逸的茶酒文化

长江下游地区自古以来就是中国茶叶生产和技术发展的著名地区之一,这里的名山、名水孕育出了极具地方特色的名茶、名胜,形成了内涵丰富的茶文化。

茶树原产地在西南的云贵高原及其边缘地区,但饮茶历史最长的地区在何地,目前尚有争论。而长江下游地区饮茶的可靠记录见于《三国志·吴书·韦曜传》,其中所说韦曜不胜酒量,因此在宴会上常以茶代酒。这说明了魏晋时期饮茶已具有相当规模。有人说饮茶之风与名士清谈有关,也有人说与佛教徒打禅有关,不过这两者都以长江下游地区为盛。北魏杨衒之所著《洛阳伽蓝记》曾视饮茶为“水厄”,可见饮茶之风确实起于长江下游。正因为如此,“茶圣”陆羽的成就主要得益于江南的饮茶之风。自唐以后,长江下游地区已经成为茶的重要产地,至今如是。

与茶并美者当为酒。关于酒的发明史籍说法很多,流行较广的一种说法为“酒之所兴,肇自上皇,成于仪狄”。《战国策》记载:“昔者帝女令仪狄作酒而美,进之禹;禹饮而甘之,遂疏仪狄,绝旨酒。曰:‘后世必有以酒亡其国者。’”这段史料是说自上古三皇五帝的时候,就有各种各样的造酒方法流行于民间,是仪狄将这些造酒的方法归纳总结出来使之流传于后世的。另一种说法是杜康作高粱酒。说是远古时期,储藏的粮食发了酵,掌管粮食的大臣杜康据此于无意中发明了酒。《说文解字·巾部》记载:“古者少康初作箕、帚、秫酒。少康,杜康也。”《说文解字·酉部》记载:“古者仪狄作酒醪,禹尝之而美,遂疏仪狄。杜康作秫酒。”杜康制作林酒,即仪狄制作汁滓酒,但都是传说。实际上,世界各地都有酿酒发明,因为粮食发酵成为酒,是必然规律。凡此种种,说明糖类物质天然发酵而成酒的传说各地都有,而且与科学原理并不相悖。但人工酿酒始于何时,颇难论断,因为陶器发明以后,各地先民都有可能造酒,长江下游地区也不例外。先秦古籍往往以黄河流域为中心,而河姆渡遗址中的大量酒器,说明长江下游地区的酿酒历史不比黄河流域晚。再者,从中国黄酒的历史和现状推断,长江下游地区的气温条件比北方更有利于酿酒。

饮酒作为一种文化现象乃至美学境界,主要得益于文人的渲染,而长江下游地区在魏晋之后,一直都是文人荟萃之地,所以这里的酒文化同样灿烂辉煌。

三、精细柔和的饮食风格

长江下游地区具有独特风格的饮食文化当形成于魏晋南北朝时期,当地“饭稻羹鱼”的饮食习俗融合了由中原南下的饮食精粹。例如,北方的粮食作物大量向江南引种,小麦可制的精米白面符合江南人的饮食习惯,因此得到普及。在此期间,文人的取向起了一定的作用。长江下游精细柔和的饮食风格经历了盛唐的经济繁荣,在宋室南迁后,长江下游地区的饮食文化达到了历史的新高度,并以追求精细为风尚。

长江下游地区的菜品美食,在形态上追求精巧;在刀功上讲究精细;在分量上注意小和少;在火候上重视控制温度,喜用炖、焖、煮等文火缓慢致熟的方法,追求滋味鲜美和便于咀嚼;在调味上讲究多种调味料搭配使用,追求柔和而不尚浓烈的口味特征。这些特色和风格一直流传至今。

四、异彩纷呈的食器食具

清代诗人袁枚就很推崇“美食不如美器”。长江下游地区的饮食器具带有浓郁的文人风格，有较强的观赏功能。

（一）陶器

陶器是人类进入新石器时代以后发明的，是所有古人类文明史上的共同用品。江西万年仙人洞遗址出土有我国最早的陶器，器型为整体近似“U”形的圜底罐。著名的河姆渡遗址出土了丰富的陶器，加上马家浜文化遗址、良渚文化遗址，已经形成了一个完整的古文化链条。在这些陶器中，大致反映了古代先民已知晓三点决定一个平面的几何原理，陶器的制造便是这一原理的具体运用，而鼎、鬲等又将古人类的饮食习惯记录在册。至吴、越建国以后，制陶业已是长江下游地区的重要产业。到了汉代，釉陶制作技术已广泛流传，浙江宁波、绍兴和温州，以及江苏宜兴等地的窑场遗址，多有炊具、餐具堆积。而江苏宜兴的紫砂陶至今仍然驰名海外。

（二）瓷器

根据考古发掘资料可知，早在商周之际，长江下游地区就已出现了原始瓷器，且出土量居全国之首，特别是浙江绍兴、杭州、诸暨、湖州等有多处遗址。其中，浙江德清窑是我国自成体系、历史悠久的陶瓷系统。入周以后，瓷器遗迹遍及长江下游各地，特别是在浙江上虞发现的东汉晚期的青瓷窑址，中国科学院上海硅酸盐研究所对出土瓷片进行分析，发现这些瓷片已达到了成熟瓷器的各种条件，说明由陶器到瓷器过渡完成于东汉。

从东汉至南朝，浙江的瓷器在数量和质量方面均为全国前列。浙江越窑烧制的青瓷全国闻名。与越窑齐名的还有寿州窑，位于今天安徽的淮南市。宋元以后，浙江的龙泉窑和江西昌南窑（今江西景德镇）都是全国著名的瓷窑。瓷器生产不仅满足人们日常饮食生活的需要，而且已成为艺术珍品。

（三）漆器

截至2021年，浙江省文物考古研究所与浙江大学文物保护材料实验室通过对井头山遗址出土的两件木器上的黑色涂层进行技术鉴定，发现了距今8000多年的漆器，并确定该涂层为人为加工后涂上的天然漆。河姆渡文化遗址出土的木胎红色漆碗揭开了中国漆器制造史上光辉的一页，在此之后的马家浜遗址、良渚文化遗址等均有漆器出现。《史记·夏本纪》中有豫州贡献漆器的记载，豫州包括今天的皖北；《史记·老子韩非列传》中记有庄子曾为“蒙漆园吏”，说明我国古代漆器生产的北界线当在今天的陇海路一线，而不只是今天的江西省和福建省。从出土文物和史籍记载来看，周代已经能对漆器着色，说明漆器加工工艺已有相当水平。这一时期，长江下游地区是漆器生产的重要区域。

这里的漆指生漆，又称“中国漆”，是漆树流出的液汁，其主要成分漆酚在空气中易于氧化聚合成膜。漆膜有良好的防水、防腐蚀性能，对竹、木、金属等材料都具有良好的黏着能力，涂于器物表面形成的漆膜不易脱落，而且有一定的机械强度和耐热性能，

并且无毒。这些都为漆器应用到餐具中提供了优越的条件,所以长江下游地区的漆器作为饮食器具受到古人的青睐。

从生漆加工成漆膜,需要掺入一定比例的熟桐油,而中国桐油这一世界驰名的防水膜材料出产于我国南方地区。漆膜形成时,需要较大的湿度,南方梅雨季节适宜加工漆器。这些条件都促成了长江下游地区成为中国漆器的主要产地。因此,在考古发掘中,南方出土的漆器较为普遍。

(四)其他材质的饮食器

古代饮食器中,青铜是一个时代的象征,既体现了贵族钟鸣鼎食的饮食生活,又彰显了青铜时代稳固庄严的礼仪秩序。长江下游地区也不例外,但不如中原地区典型。

长江下游地区的文化遗址中,多次发现骨质的饮食器,以及用竹木和蚌壳等制作的饮食器。河姆渡文化遗址中还发现7000年前的象牙制品,江苏高邮龙虬庄遗址还出土了骨箸,这些都是重要的发现。

长江下游地区特别重视菜肴和器皿的配合,可能与古代饮食器皿的材质多样性有关。材质多了,饮食器具的形式自然会多样化,愈发丰富多彩。

第三节　长江下游地区各地市特色饮食文化

长江下游地区是多省市融合交叉的区域,在历史文化和地理位置上渊源深厚,但不同区域之间仍存在差异,涉及江西、安徽、江苏、上海、浙江、福建等的部分或全部城市。本节接下来将展开介绍这一区域各地市的特色饮食文化。

一、江西部分

位于长江下游的江西省区域涉及城市有上饶、鹰潭等。

(一)上饶

上饶位于江西省东北部,是江西境内重要的旅游城市,人们熟悉的婺源景区、三清山景区都在上饶境内。

上饶鸡腿:上饶鸡腿味道鲜美,是上饶主推的特产。上饶鸡腿通常包装简易、便于携带、价格适宜,在上饶的火车站、汽车站等地可以随时购买到。在做法方面,正宗的上饶鸡腿生产工艺极其复杂,包括卤制、烘烤、入味、筛选、包装等诸多环节。正是其传统的加工工艺和祖辈相传的秘制配方,成就了上饶鸡腿在色、香、味上的突破,使上饶鸡腿成为上饶百姓招待亲友的佳品,见图9-1。

灯盏粿:灯盏粿是流行于江西上饶弋阳县、横峰县、铅山县一带的地方特色小吃,见图9-2。灯盏粿是用大米磨成的米浆混合白萝卜、黄豆芽、新鲜猪肉、香菇等精制而成,具有鲜、香、辣的特点。历史上,因为“纸、茶、铜”三大产业的开发经营,铅山经济曾经繁荣昌盛了上千年。人口增加,外来食品种类繁多。但灯盏粿作为当地特色美食,

在一年中的清明、立夏、冬至等节气都是必备佳品。

灯盏粿因其形态类似古时灯盏的外形而得名。古代，人们在使用菜油点灯照明时，用于装盛菜油的中间低、四周略高的圆形铸铁为灯盏，其下用竹片或木片制作成脚架，在灯盏中注入清油加上灯芯草即可用于照明。铅山先人从灯盏的外形上得到启发，开发出一种以大米为原料的形似灯盏，并且装满馅料蒸制的美味食品，即灯盏粿，流传至今。

图9-1 上饶鸡腿

图9-2 灯盏粿

关于铅山灯盏粿的来历还有一则传说。清乾隆二十七年(1762年)正月初二，乾隆皇帝开始第三次南巡，大约是农历四月，来到了铅山县城的两河(信江与铅山桐木江)交汇地江口村，在一家“悦来米浆店”用餐。这是兄妹两人开的小店，哥哥叫江大松，矫健如松，妹妹叫江小竹，亭立如竹。化名郑(朕)老板的乾隆皇帝一行到店后，兄妹俩因没有好的饭菜招待，遂将米浆稠制成粿皮，放入蔬菜粿馅蒸熟后招待他们。得知蔬菜粿无名时，乾隆便赐名为“灯盏粿”，从此铅山灯盏粿就流传开来。江口村也易名为凤来村，成为灯盏粿的发源地。

弋阳年糕：弋阳年糕以弋阳大禾谷米为原料，采用“三蒸两百锤”的独特工艺制作而成，具有洁白如霜、透明似玉等特点。在制作过程中，加入适量桂花，食用时香气扑鼻。弋阳本地的做法为将年糕切片炒食，见图9-3。

(二)鹰潭

天师板栗烧土鸡：鹰潭的天师板栗烧土鸡据说早先为天师家菜。做法是：先将准备好的鸡切块，板栗去壳；然后将鸡块在铁锅中炒香，再与板栗一起倒入砂锅，小火焖至酥烂即可出锅。板栗与土鸡的香味融合到一块，口感甚好，见图9-4。

图9-3 弋阳年糕

图9-4 天师板栗烧土鸡

二、安徽部分

位于长江下游的安徽省区域涉及城市有黄山、淮南、宣城、芜湖、池州、铜陵、马鞍山、合肥等。

(一)黄山

黄山市位于安徽省的南边,安徽省黄山市因黄山而得名,古称“徽州”“新安”。黄山市自秦初置黟、歙两县以来,已有2200多年历史,可以说是徽文化的重要发祥地,这里的徽菜更是享誉中外。黄山市极具代表性的有徽州臭鳜鱼、徽州毛豆腐、问政山笋、黄山烧饼、黄山双石、一品锅、方腊鱼等。

徽州臭鳜鱼:徽州臭鳜鱼又名“黄山臭鳜鱼”,是安徽黄山的一道传统名菜,也是徽菜的代表之一,本名叫“腌鲜鳜鱼”,有一股经发酵过而非腐烂变质的似臭非臭的味道。徽州臭鳜鱼肉质鲜嫩,闻着臭,吃着香,见图9-5。

图9-5 徽州臭鳜鱼

徽州毛豆腐:徽州毛豆腐也叫“霉豆腐”,有着“徽州第一怪”的美称,其表面的白色绒毛是经过自然发酵而来的。一般是将发酵好的毛豆腐放在油锅内煎炸后蘸辣酱或者红烧食用,味道不同于一般的豆腐。黄山毛豆腐是安徽省驰名中外的素食佳肴,顾名思义是以安徽歙县、江西婺源一带盛产的毛豆腐为主料,用油煎后,佐以葱、姜、糖、盐以及肉汤、酱油等烩烧而成。上桌时,以辣酱佐食,鲜醇爽口、芳香诱人,见图9-6。

关于徽州毛豆腐这道菜的由来,还有一段历史渊源。据说,元至正十七年(1357年),朱元璋来到绩溪,屯兵于城南快活林(今绩溪火车站),这一带的百姓常以水豆腐犒劳将士,因水豆腐送多了一时吃不了,天热,豆腐长出了白色、褐色的绒毛,为了防止浪费,朱元璋命厨子先油炸,再加作料进行焖烧,便产生了别具风味的毛豆腐。朱元璋登基后,曾以此菜招待徽藉谋士朱升,此菜便又传回徽州,经过历代作坊多次改进制作工艺,形成了现如今的特色徽菜。上好的毛豆腐生有一层浓密纯净的白毛,上面均匀分布有一些黑色颗粒,这是孢子,也是毛豆腐成熟的标志。

问政山笋:问政山笋是徽州的一道特色名肴,在历史上就有“问政山笋甲天下”的说法。问政山笋肉质肥嫩、色泽黄亮,富含多种微量元素。可以将山笋搭配腊肉、香肠、香菇等食材进行烧制,吃着脆嫩可口,见图9-7。

相传,南宋年间,徽商崛起,在杭城(今杭州)经商的歙人,思乡情浓,常托人捎去问政山竹笋尝新,以解思乡之情、怀故之梦。自古徽州人重乡情、恋乡俗,每逢春笋破土,家人都要起大早,将问政山笋挖出,装船沿新安江而下,行舟时把笋箨层层剥尽,切入砂锅，以炭火清炖。昼夜兼程，行至杭州，打开砂锅，笋味香脆可口，宛如在家吃鲜笋一样。后来，此事被皇上知道了，于是下旨进贡，问政山竹笋便成了贡笋，一时间誉满京都。

图 9-6 徽州毛豆腐

图 9-7 问政山笋

黄山烧饼：黄山烧饼又叫“蟹壳黄烧饼”“救驾烧饼”“皇印烧饼”，是安徽黄山的一道传统名吃。这种烧饼色泽金黄亮丽，外层酥脆，内层滋润鲜香，咸甜中还带有点辣味，酥脆爽口，油而不腻，令人回味，吃完唇齿留香，见图 9-8。

在黄山烧饼的背后，还流传有一段有趣的故事。传闻朱元璋偶然流落徽州一农家，饥饿难耐之时，这家主人拿出烧饼给朱元璋吃，朱元璋大为感激。后来朱元璋当上了皇帝，为报答这家农户，称其救驾有功，便将此烧饼赐名为“救驾烧饼”。

黄山双石：黄山双石是徽菜的一大特色，采用黄山的石鸡、石耳等山珍入菜。黄山双石成菜看着清淡，原汁原味，却把山珍的清鲜味发挥到了极致，其汤鲜香浓郁，还有滋补、强身、养颜的功效。黄山双石中的石鸡肉质鲜嫩爽滑，堪称一绝，见图 9-9。

图 9-8 黄山烧饼

图 9-9 黄山双石

一品锅：一品锅是徽州地区的一道传统名菜，常做压轴大菜。一品锅里边所含有的食材非常珍贵，有鲍鱼、鱼翅、母鸡、花菇、海参、猪肚等，每一层的食材都不同，其声誉可以和福建福州名菜佛跳墙相媲美。这道菜色泽鲜美、层次分明，汤汁呈酱红色，有种复合香味，口感醇厚、咸鲜适中、鲜嫩可口，见图 9-10。

方腊鱼：方腊鱼是安徽黄山的一道传统名菜，主要是用鳜鱼和虾烹饪而成。方腊鱼运用炸、熘、蒸等不同的烹饪方法，使这道菜同时拥有三种味道，分别是咸鲜、香、微酸甜，见图 9-11。

图 9-10　一品锅

图 9-11　方腊鱼

(二)淮南

淮南牛肉汤:淮南牛肉汤是安徽家喻户晓的知名小吃。淮南地处淮河南岸,人们擅养牛羊,当地古沟一带又是回族人民的居住地,所以该地人们对牛肉的加工具有独到之处,牛肉汤更是淮南人家的美味佳肴,作为早餐食用风靡江淮大地。淮南牛肉汤的主、辅料均取材于当地,具有高营养、高蛋白、高热能、低糖、低脂、低胆固醇等特点,其汤味醇厚、鲜香爽辣,让人回味无穷,同时又具有营养美味、滋补养身的食疗功效,见图 9-12。

关于淮南牛肉汤的起源,有两种说法,分别为源自淮南王刘安和宋代赵匡胤。

西汉时,《淮南子·齐俗训》记载:"今屠牛而烹其肉,或以为酸,或以为甘,煎熬燎炙,齐味万方,其本一牛之体。"汉文帝十六年(公元前164年),刘安被册封为淮南王。相传,王府厨师刘道厨艺高超,王府上下均称其"老刘头"。淮南王于八公山上炼制仙丹,可佳肴送到山上时早已凉而无味。老刘头看到淮南王凉膳充饥,日渐消瘦,不禁冥思苦想,终出一策。老刘头率众家丁杀牛取骨,甄选草药及卤料熬制成汤汁,并备好牛肉、粉丝等配菜与汤汁一同挑到上山去。由于油覆汤表,其久热不散。淮南王尝后赞不绝口,牛肉汤便成王府秘膳,后流入民间,代代相传。

五代十国时期,赵匡胤据兵八公山,攻打寿春(今寿县),寿春守将刘仁瞻军纪严明,守城如命,尽管赵部顽强作战,仍屡攻不下,久之,外无救兵,内无粮草,赵匡胤反被兵困南塘。地方老百姓看在眼里,急在心里,最后把自家耕牛纷纷宰杀,煮成大锅汤,送进赵营,官兵喝后士气大振,一鼓作气攻破寿春城。赵匡胤登基后,也始终忘不了淮南的牛肉汤。因此,民间也将淮南牛肉汤称为"神汤""救驾汤"。

寿县"大救驾":寿县"大救驾"是安徽淮南寿县的特色名点,已经有1000多年的历史。相传公元956年,后周世宗柴荣征讨淮南,命大将赵匡胤率兵急攻南唐(今寿县)。南唐守军誓死抵抗,赵匡胤历经九个月的围城之战才打进了南唐。由于操劳过度,赵匡胤一连数日水米难进,急坏了全军将士。这时,军中一位厨师向当地厨师请教后,采用面粉、白糖、猪油、香油、青红丝、橘饼、核桃仁等,精心制作成带馅的圆形点心送进帅府。赵匡胤只觉一股香气袭来,再看桌上摆着的点心形状美观,不觉心动。他拿起一个放进嘴里,只觉香酥脆甜,十分可口。再仔细看馅心,如白云伴着彩虹一般,于是连吃数个,顿觉有力。后来,赵匡胤黄袍加身,成为宋朝的开国皇帝,谈起南唐一战,他对在那里吃过的点心念念不忘。他对部下说:"那次鞍马之劳,战后之疾,多亏它从中救

驾呢。”于是，这种糕点便被称为“大救驾”，见图9-13。

图9-12　淮南牛肉汤

图9-13　寿县“大救驾”

八公山豆腐：八公山豆腐又名“四季豆腐”，是安徽淮南的一种地方传统小吃，其晶莹剔透、白似玉板、嫩若凝脂、质地细腻、清爽滑利，无黄浆水味，托也不散碎。八公山豆腐成菜色泽金黄，外脆里嫩，味道鲜美。2018年9月，八公山豆腐被评为“中国菜”之安徽十大经典名菜之一。据明代著名医学家李时珍的《本草纲目》记载：“豆腐之法，始于淮南王刘安。”清代汪汲的《事物原会》中有“刘安做豆腐”的记载。刘安是汉高祖刘邦之孙，曾招宾客、方士数千人，其中较为出名的有苏非、李尚、田由、雷被、伍被、晋昌、毛被、左吴八人，号称“八公”。

八公山豆腐是以纯黄豆作为原料，加入八公山的泉水精制而成的。当地人制作豆腐的技艺世代相传，做出的豆腐细、白、鲜、嫩，深受大众欢迎。豆腐性味甘、凉，有补脾益气、健脾利湿、清热解毒之功，对治疗病后体虚、气短食少、乳汁分泌不足、肾虚小便不利或小便短而频数、淋浊、脾胃积热、痤疮粉刺、口干咽燥、肺热咳嗽、脘腹胀满、痢疾等甚为有效。

（三）宣城

宣城自古有“南宣北合”一说，还有“文房四宝”文化，素有“宣城自古诗人地”“上江人文之盛首宣城”之称。

绩溪一品锅：绩溪一品锅又称“胡适一品锅”，味道咸鲜微辣，鲜嫩可口，见图9-14。宋代苏辙、清代乾隆皇帝都对其都有赞美之词，民国胡适将其发扬光大，在任美国大使期间，频以此菜招待外宾，并亲自为其命名为绩溪一品锅，推动了徽菜走向世界。

鸭脚包：鸭脚包是一种特色小吃，蒸熟之后香气四溢，骨酥而脆，肉香而美，见图9-15。

图9-14　绩溪一品锅

图9-15　鸭脚包

（四）芜湖

虾子面:虾子面是徽菜的一道经典,虾子面因为虾子的加入而变得鲜美无比,见图9-16。以前,吃碗虾子面是奢侈的,只有在重大节日时才可以吃到。虾子面中,采用长江青虾的籽,配以多种作料,制成膏汤,再加手工揉制的小刀面煮制,味道鲜美,营养价值很高。虾子面的面汤是用纯骨头熬制的,非常滋润。面条是用质量上乘的优质面粉压制三次,就连撒在面上的葱花,也必须要用细小的香葱末。

乌饭团:乌饭团是芜湖的特色小吃,也是节日必备美食,见图9-17。在安徽沿江地区每年农历四月初八,家家户户都有吃乌饭团的习俗。相传,古代有一孝子,名叫目莲,其母因罪入狱,期间,目莲给母亲送的普通白米饭都被狱卒吃掉。后来,目莲制作乌饭团送去,狱兵见是黑色的饭不敢食用,目莲母亲终于吃到了。之后,这一食物便被流传下来。

图9-16　虾子面

图9-17　乌饭团

臭菜炖豆腐:臭菜炖豆腐在芜湖当地又被称为“千里飘香”。很多人在吃这道菜之前都会被它的气味所吸引,吃后便停不下筷子,见图9-18。

无为板鸭:无为板鸭也叫“无为熏鸭”,始创于清朝。无为板鸭以巢湖麻鸭为原料,配以八角、花椒、丁香、小茴香等近30种调料,先熏后卤制作而成,兼具北京烤鸭的醇香和南京板鸭的鲜嫩,见图9-19。2013年,无为板鸭获国家地理标志证明商标。

图9-18　臭菜炖豆腐

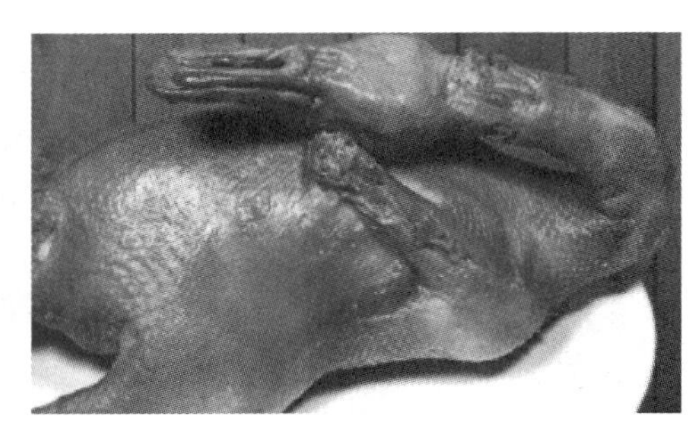
图9-19　无为板鸭

（五）池州

池州小粑:池州小粑以面粉做皮,粉丝、萝卜丝、腌菜等不同食材为馅,其中最经典的馅料为酸辣可口的白萝卜丝。池州小粑一般用平底锅进行煎制,出锅时香气四溢。池州小粑外壳香脆,萝卜丝馅鲜甜多汁,粉丝馅香辣柔韧,腌菜馅咸香可口。热的时

候，小粑会带着焦香，里面的馅料和着油香，引人尝试。稍冷之后，面皮会少些酥脆，多些筋道，有点弹牙的口感，见图9-20。

西山焦枣：西山焦枣多产于池州市贵池区棠溪镇西山村、东山村一带，始于五代十国，已有千余年的历史。《贵池县志》记载，从宋仁宗天圣年间，西山焦枣就已是贡品。西山的枣林大部分坐落在海拔400米以上的山地上。这里土壤疏松，云腾雾涌，生产的青枣皮薄、肉厚、糖多、核小、个大，形似冬瓜，故又被称为“冬瓜枣”。西山焦枣采用传统的制作工艺，先蒸后烘，反复多次，有利于维生素的保存。制成以后，色如紫金，形如玛瑙，柔软鲜嫩，甘甜溢香，可谓色、形、质、味俱全，营养价值较高。经独特工艺制作而成的池州西山焦枣，最大限度地保留了枣中的维生素C。其营养成分比同类枣高出十倍甚至几十倍，被誉为“天然维生素丸”，深受本地人喜爱，见图9-21。

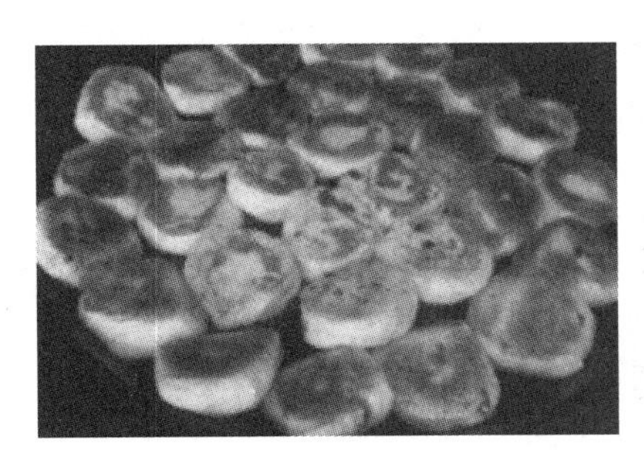

图9-20 池州小粑

图9-21 西山焦枣

东至米饺：东至米饺历史久远，是池州东至县特色小吃，具有很强的地域性，除了东至县，其他地方很难见到。

相传，当年朱元璋与陈友谅大战于鄱阳湖时路过东至县，双方拼杀得昏天暗地。相持日久，将疲兵乏，谁也不能取胜，双方为休养士卒，遂订立“君子协定”：休战数月，在东至昭潭与鄱阳石门、至德青山桥三地交界处安插红旗，以此为界，双方互不侵犯（“红旗界”因此而得名）。朱元璋率军驻扎在红旗界的营盘山。他的军队纪律严明，秋毫无犯，深得当地百姓的拥戴。在日夜操练军队、养精蓄锐等待战机的时间里，朱元璋苦苦思索影响作战的诸多因素。朱元璋认为，战士们经常饿着肚子，长途奔袭作战，是久战不胜的主要原因。将士们所带干粮通常是饭团、炒米粉，在东至县一带作战，这些干粮遇水即坏。为此，朱元璋找到当地百姓，希望能做出一种方便可口、水浸不坏的干粮。昭潭镇的巧妇们想出了一个好办法，她们将大米淘洗干净，放在甑里蒸熟，然后冷却晾干，磨成细米粉，再用开水调和揉匀，将米粉搓成鸡蛋大的粉团，中间戳洞，放入炒好的菜馅，封上口，上蒸笼蒸透。这个类似汤圆状的最早米饺就做成了。米饺吃起来越嚼越甜，且里面包有新鲜的菜馅，因而非常可口。米饺最大的特点是不怕水浸，不易发馊，可保存十天乃至半个月。战士们平时作战带上它非常方便，一顿吃上两个就可以饱腹。将士们吃了米饺，作战时如有仙人相助，因此，朱元璋又将这种食物称为“仙米粑”。

从类似汤圆的米饺演变成如今的米饺经过了漫长的过程。外形上，人们后来逐渐改为将米粉团用十指慢慢捏成碗状薄片，包上馅，做成半月形。这样的米饺皮薄馅多，较之以前更为可口，见图9-22。

(六)铜陵

顺安酥糖:顺安酥糖是安徽省铜陵市义安区顺安镇名吃,是人们待客必备佳品,其特征为成块不散,入口即融化,见图9-23。

图9-22 东至米饺

图9-23 顺安酥糖

(七)马鞍山

马鞍山是一个"钢""柔"并济的城市,这座城市既有着"百炼成钢"的一面,又有着"绿色秀美"的一面,这里的马钢誉满海内外,采石矶景区又是江南名胜。

霍里羊糕:霍里羊糕以羊肉为主要食材,外形似方糕。羊糕看着晶莹剔透,羊肉酥而不碎,吃的时候切成薄片,搭配上辣椒、麻油、酱油等做成的料汁,入口鲜嫩爽滑,肉质饱满,鲜而不腻,香而不膻,糯香可口,见图9-24。

当涂大肉面:当涂大肉面中有鲜美多汁的肉片和汁浓味醇的面汤,其奇妙之处在于不同的人可以吃出不同的味道,见图9-25。一般来说,卖大肉面的面馆中都会备上二三十种小菜,以搭配食用。

图9-24 霍里羊糕

图9-25 当涂大肉面

东关老鹅汤:东关老鹅汤是安徽省马鞍山市含山县东关镇名吃,以滋补闻名。东关老鹅汤注重原汁原味,肉弹汤鲜,鹅肉吃到嘴里烂而不碎,松软弹牙,鹅汤红润油亮,醇厚不腻,味道鲜美,见图9-26。

采石矶茶干:采石矶茶干是安徽马鞍山的著名小吃。其色泽暗红,质地硬实细腻,细细咀嚼,较有韧性,对折无裂缝,撕开有细纹,入口香醇弹牙,甘香筋道,深受人们的喜爱,见图9-27。

图9-26 东关老鹅汤

图9-27 采石矶茶干

含山封扁鱼：含山封扁鱼是安徽省马鞍山市含山县的一道省级非遗美食。这道菜需在扁鱼的腹腔内填入肥瘦相间的猪肉，经过卤泡、腌制而成，具有“鱼肉双鲜，扁鱼不扁”的特色。做好的成品菜肉质厚实，鱼香诱人，吃着香滑耐嚼，醇香味美，见图9-28。

丹阳羊肉面：丹阳羊肉面是安徽省马鞍山市博望区丹阳镇的一道特色美食。羊肉面的做法类似于火锅，用羊骨做高汤，红烧羊肉块放入铁锅内，下入面条，上边铺上鹌鹑蛋、鱼圆、皮肚、香菇等食材煮制。成菜色、香、味俱全，香气浓厚，肉质细腻松软、鲜嫩细滑，面条韧性十足，高汤鲜甘绵醇，见图9-29。

图9-28 含山封扁鱼

图9-29 丹阳羊肉面

当涂青山桃胶羹：桃胶有“植物燕窝”之称，低热量，含有丰富的胶原蛋白，见图9-30。熬此汤羹，切记不可心急，需要慢慢炖，才能熬出桃胶的精华。

花山口袋鸭滋补煲：花山口袋鸭滋补煲以无添加的新鲜筒子骨调制高汤，配以党参等药材，加上绿色生态鸭肉和猪肚等，菜品组合丰富，成就一锅美味，见图9-31。

图9-30 当涂青山桃胶羹

图9-31 花山口袋鸭滋补煲

(八)合肥

三河米饺:三河米饺是安徽省合肥市肥西县三河古镇的一种传统名小吃,至今已有近百年历史。三河米饺以籼米粉制成饺皮,用五花肉等及调料制成饺馅,成饺后油炸而成。其色泽金黄,外皮微酥脆、馅味鲜美,见图9-32。2016年,三河米饺获中国金牌旅游小吃奖。

逍遥鸡:逍遥鸡又称"曹操鸡",源于三国时期曹操喜欢的卤鸡。逍遥鸡是一种养生特色美食。如今,逍遥鸡的制作原料仍然是合肥当地的伢鸡,配上18种名贵药材和香料,加入牛蹄筋、牛骨髓、牛尾等烹饪而成,见图9-33。

图9-32　三河米饺

图9-33　逍遥鸡

庐州烤鸭:庐州烤鸭延续了原宫廷挂炉烤鸭技术,吊炉挂烤至油脂消失,鸭肉香嫩,然后蘸特色酱料,具有香而不腻的口感,是不可多得的美味,见图9-34。

包公鱼:包公鱼原名红酥包河鲫鱼。因取材于包河中的一种黑背鲫鱼,为顺口简称为包公鱼,属于冷菜。该菜通常取鲫鱼、莲藕、冰糖等,鱼经醋等调味和小火长时间烧焖,下锅冷透后,覆扣大盘中,淋上芝麻油即成。包公鱼骨酥肉嫩,令人回味无穷,见图9-35。

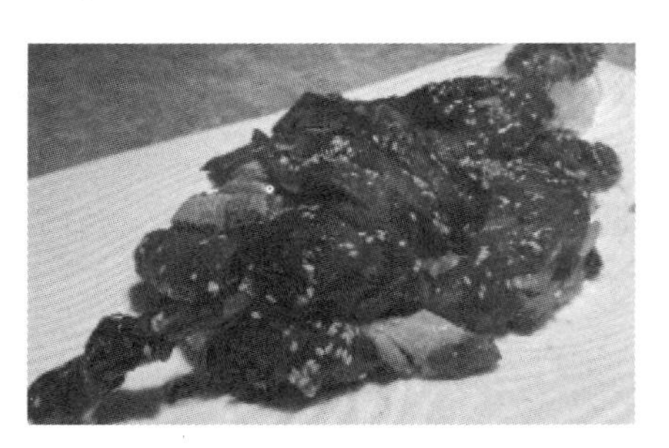

图9-34　庐州烤鸭

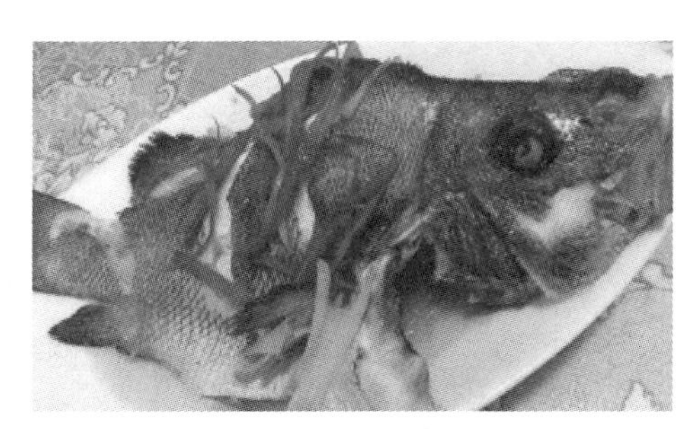

图9-35　包公鱼

三、江苏部分

苏帮菜擅长炖、焖、蒸、炒,重视调汤,保持原汁,风味清鲜,浓而不腻,淡而不薄,酥松脱骨而不失其形,滑嫩爽脆而不失其味。位于长江下游的江苏区域涉及苏州、南京、常州、镇江、扬州、泰州、南通、淮安、盐城、无锡等城市。

（一）苏州

松鼠桂鱼：松鼠桂鱼又名“松鼠鳜鱼”，是苏州地区的传统名菜，江南各地一直将其列为宴席上的上品佳肴。据说，乾隆皇帝在下江南时就曾品尝过。松鼠桂鱼的做法是先去鱼骨，在鱼身上开刀保证鱼肉不断于鱼皮下，油锅炸熟后装盘，呈现出头大口张，肉似翻毛，尾部跷起，形如松鼠的特征，见图9-36。

阳澄湖大闸蟹：阳澄湖大闸蟹是江苏苏州的特产，也是中国国家地理标志产品。阳澄湖大闸蟹又名“金爪蟹”，因其蟹身不沾泥，故又称“清水大闸蟹”。阳澄湖大闸蟹体大膘肥，青壳白肚，金爪黄毛，肉质细腻。农历九月的雌蟹、十月的雄蟹味道极佳，待蒸熟凝结后，雌者呈金黄色，雄者如白玉状，滋味鲜美，见图9-37。

图9-36 松鼠桂鱼

图9-37 阳澄湖大闸蟹

（二）南京

鸭血粉丝汤：鸭血粉丝汤是南京著名的小吃之一，也是金陵地区特色小吃代表。鸭血粉丝汤已有上千年的历史，其受欢迎程度从未减弱，见图9-38。

鸭血粉丝汤的原料是鸭血、豆泡、鸭心、鸭肝、鸭肠、鸭胗等，将其汇成一锅汤汁，颜色微白，汤底浓郁，没有半点腥味，汤的鲜味表现得恰到好处，食用时可以搭配锅巴一同食用。

南京盐水鸭：南京盐水鸭是江苏南京的特产，也是中国地理标志产品。因南京古称“金陵”，故南京盐水鸭也称“金陵盐水鸭”。南京盐水鸭制作历史悠久，积累了丰富的制作经验。盐水鸭皮白肉嫩、肥而不腻、香鲜味美，具有香、酥、嫩等特点。中秋前后，桂花盛开季节制作的盐水鸭色味最佳，也名为桂花鸭，见图9-39。

图9-38 鸭血粉丝汤

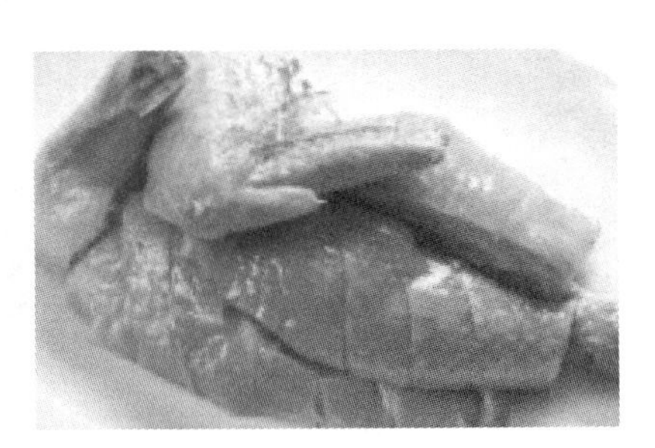

图9-39 南京盐水鸭

(三)常州

天目湖砂锅鱼头:天目湖砂锅鱼头又叫"沙河煨鱼头"。其鱼头肉厚实、油多,汤汁浓郁,见图9-40。天目湖原名为沙河水库,水库中盛产鳙鱼(俗称鲢胖头),沙河鳙鱼体大壮实、肉质细腻,做出的菜肴滋味鲜美、营养丰富。天目湖砂锅鱼头始创于江苏溧阳天目湖宾馆,经江苏省特级名厨朱顺才精心烹制而成,现已成为江苏天目湖地区的传统名菜。

(四)镇江

镇江肴肉:镇江肴肉原称"硝肉"。传说,古时镇江一家酒店的小二,误把硝当盐腌制猪蹄膀,烧煮后,肉红皮白、光滑晶莹,卤冻透明,犹如水晶,香味浓郁,食味醇厚。后来,人们嫌"硝肉"一名不雅,改为"水晶肴肉",流传至今,现已成为镇江的传统名菜,见图9-41。

图9-40　天目湖砂锅鱼头

图9-41　镇江肴肉

(五)扬州

蟹粉狮子头:蟹粉狮子头是久负盛名的扬州传统名菜。据传,隋炀帝杨广来到扬州,饱览了扬州的万松山、金钱墩、葵花岗等著名景点之后,让御厨以扬州名景为题,做出了几道菜,其中就包括蟹粉狮子头。杨广品尝后,十分高兴,于是赐宴群臣。从此,扬州狮子头就流传到了镇江、扬州地区,成为淮扬名菜。狮子头有多种烹调方法,既可红烧,亦可清蒸。因清炖嫩而肥鲜,较之红烧更为出名。蟹粉狮子头成菜后蟹粉鲜香,入口而化,深受人们喜爱,见图9-42。

扬州炒饭:扬州炒饭又名"扬州蛋炒饭",是扬州的一道传统名食,属于淮扬菜系。其主要食材有米饭、火腿、鸡蛋、虾仁等。扬州炒饭选料严谨、制作精细、加工讲究而且注重配色。炒制后颗粒分明、粒粒松散、软硬有度、色彩调和、光泽饱满、鲜嫩滑爽、香糯可口,见图9-43。

图9-42　蟹粉狮子头

图9-43　扬州炒饭

（六）泰州

泰州干丝：泰州干丝是泰州传统名菜，以豆腐干为原料。制作干丝时，选用的是泰州特有的豆腐干，一般厚2.7厘米。制作过程为：首先将豆腐干切开，要先用月牙刀横着削成厚薄均匀的20多层，这种横削的功夫泰州人称为“飘”。“飘”出的干丝长短相当、粗细均匀，再斜铺切成丝，可谓薄如纸、细如丝，见图9-44。2008年，干丝制作技艺被泰州市政府批准列为该市第二批非物质文化遗产名录。2020年，泰州干丝入选“江苏省百道乡土地标菜”名单。

黄桥烧饼：黄桥烧饼广泛流传于江淮一带，是江苏泰兴地方传统小吃，见图9-45。黄桥烧饼得名于1940年的黄桥决战。当时，战役打响后，泰兴黄桥镇当地群众冒着敌人的炮火，把烧饼送到前线阵地，谱写了一曲军爱民、民拥军的壮丽凯歌。从此，当地做成的这种烧饼就叫黄桥烧饼。

图9-44 泰州干丝

图9-45 黄桥烧饼

八宝刀鱼：八宝刀鱼是泰州传统名菜，见图9-46。八宝刀鱼腹肉较薄，胸骨极细，泰州特级烹调师纪元能巧妙地把脊椎骨和胸骨完整地取出来而保持鱼的外形完整，其技艺之精湛，功力之深厚，手法之娴熟，在整鱼出骨一法上，堪称独步。

图9-46 八宝刀鱼

（七）南通

蛙式黄鱼：蛙式黄鱼是南通的特色名菜，也是苏菜的代表之一，见图9-47。蛙式黄鱼是用新鲜的黄鱼为主料，配上鸡蛋、淀粉和番茄酱等辅料，先炸鱼，后淋料汁制作而成的。蛙式黄鱼吃起来外脆里嫩、酸甜适口。

图 9-47　蛙式黄鱼

（八）淮安

软兜长鱼:软兜长鱼又称“软兜鳝鱼”,是淮扬菜中久负盛名的一道菜肴,见图 9-48。淮安人宴请宾客最喜欢上这道菜。软兜长鱼能够补虚养身、调理气血,有助于妇人产后恢复。据《山海经》记载:“湖灌之水出焉,而东流注于海,其中多䱇(同鳝)。”江淮地区盛产鳝鱼,其肉嫩、味美、营养丰富,淮安名厨田树民父子以鳝为原料,可制作 100 多种佳肴,即著名的“全鳝席”。

图 9-48　软兜长鱼

（九）盐城

肉坨子:肉坨子是盐城地方小吃,主要用猪肉和糯米制作而成。制作时,猪肉选料为猪前夹肉,七分瘦三分肥,糯米也要煮得粒粒饱满有弹性。将肉和糯米揉成球形后,再用猪油煎。食之入口筋道,有嚼劲,毫无油腻之感,见 9-49。

图 9-49　肉坨子

（十）无锡

酱排骨:无锡酱排骨也称“无锡肉骨头”,和清水油面筋、惠山泥人一起被列为无锡三大名产,见图 9-50。无锡酱排骨兴起于清光绪年间,随着无锡工商业的迅速发展,许多肉店聘名师、苦经营、创名牌、争生意,先后出现过“老三珍”“陆稿荐”“老陆稿荐”“真

正陆稿荐"等牌号。由于相互竞争,酱排骨的质量不断提高,逐渐成为一道老少皆宜的江苏名菜。酱排骨色泽酱红、肉质酥烂、骨香浓郁、汁浓味鲜、咸中带甜,充分体现了无锡菜肴的基本风味特征。

图 9-50 酱排骨

四、上海部分

上海,简称"沪",是中国国家级中心城市、超大城市。上海汇集世界各地的饮食文化,西餐汇聚了意大利、法国、日本、葡萄牙、印度等30多个国家和地区的风味,中餐汇聚了苏、锡、宁、徽、川等近20个地方的风味,并拥有著名的有老城隍庙、云南路、黄河路、乍浦路、仙霞路等饮食文化区。所谓一方水土养一方人,在无数美食中,上海本帮菜依然是老上海人的最爱。上海本帮菜讲究浓油赤酱、咸甜适口、唇齿留香、回味无穷等特征。

红烧肉:红烧肉是上海本帮菜的象征。在地道的上海人家里做客,主人一定会烧红烧肉来宴请客人。正宗的上海本帮红烧肉,不加一滴水,不放任何香料,纯靠火候功夫,做出来的红烧肉肥而不腻、酥而不烂、浓而不咸,色泽红亮诱人,入口软糯,非常下饭,见图 9-51。

八宝鸭:八宝鸭是极具代表性的上海本帮菜,其用料繁多,烹饪起来比较复杂,需要整鸭去骨,填入八种不同馅料,上笼蒸三四个小时,再浇上秘制的酱料,这道色、香、味俱全的八宝鸭才算完成。八宝鸭鸭皮油亮酥脆,鸭肉绵软腴香,堪称一绝,见图 9-52。

图 9-51 红烧肉

图 9-52 八宝鸭

水晶虾仁:水晶虾仁是赫赫有名的上海本帮菜,虾仁富含丰富的蛋白质,不用添加多余的配料,清炒即可。水晶虾仁,晶莹剔透,鲜香滑嫩,让人垂涎欲滴,见图 9-53。

响油鳝丝:响油鳝丝是上海经典菜之一。虽说鳝丝处理起来极为麻烦,但却异常美味。响油鳝丝中的鳝鱼要选用新鲜的,成菜时,将热油浇在葱姜上,香气四溢,让人胃口大开。肥厚的鳝丝配上米饭或者作为浇头都是极其美味的,见图 9-54。

图9-53　水晶虾仁

图9-54　响油鳝丝

糖醋小排:糖醋小排是上海特色本帮菜的招牌,也是上海十大经典名菜之一,无论是家宴还是在宴请宾客时都少不了它的身影。糖醋小排既可以做冷盘,也可以做浇头。做好的糖醋小排肉质软烂,香咸微甜,让人百吃不厌,见图9-55。

熏鱼:熏鱼是上海特色传统名菜,几乎是宴会必点菜品。其实,上海熏鱼虽名为"熏鱼"但却是炸出来的,由于其形色相似,故称为熏鱼。其做法是:先将鱼油炸,然后将油炸后的鱼块浸入卤汁中入味,这样食用时鱼皮表面酥脆,内里肉质细腻,再蘸上咸香浓郁的酱汁,美味即成,见图9-56。

图9-55　糖醋小排

图9-56　熏鱼

四喜烤麸:四喜烤麸是上海本帮菜中的经典菜,也是年夜饭中必不可少的一道菜,见图9-57。烤麸在北方被称为"面筋",上海本地称为"烤麸"。四喜烤麸由黄花菜、香菇、木耳、花生米搭配烤麸烹饪而成。烧好的四喜烤麸具有浓油赤酱、美味鲜香、浓郁多汁等特点,食之甜中带咸,让人回味无穷。

白斩鸡:白斩鸡又称"三黄油鸡""白切鸡",是上海地区的传统名菜,见图9-58。白斩鸡始于清代的民间酒店,因烹鸡时不加调料白煮而成,食用时随吃随斩,故称白斩鸡。上海白斩鸡讲究皮黄肉白,鸡骨略带血色,吃起来外皮爽滑肉质鲜嫩,搭配秘制料汁,口感绝佳。

图9-57　四喜烤麸

图9-58　白斩鸡

草头圈子:草头圈子是上海的特色名菜之一。草头原名南苜蓿,又称"金花菜"。草头配上厚实有嚼劲的圈子(即猪大肠),经过炖煮、炒制而成。此菜草头清香鲜嫩,圈

Note

子软烂入味，好吃不腻，而且荤素搭配，营养丰富，见图9-59。

腌笃鲜：腌笃鲜起源于徽州地区，但却是上海的地方特色美食，见图9-60。腌笃鲜选用春笋、腊肉、鲜肉、火腿、百叶结、莴笋等食材一起炖煮而成。腌笃鲜具有鲜味浓厚、咸肉软糯、春笋清香脆嫩、汤白鲜浓等特征。

图9-59 草头圈子

图9-60 腌笃鲜

五、浙江部分

浙江是八大菜系中浙菜的发源地，这里有着几千年的饮食文化。同时，浙江还是我国著名的美食之都，不仅经典美食种类繁多，而且特色小吃层出不穷。因为浙江地处沿海，又有"鱼米之乡"之称，所以这里的饮食文化丰富多样。浙菜烹饪技法有蒸、煮、煎、炸、炒、氽、烤等，口味以咸、鲜、甜、香、糯为主。位于长江下游的浙江区域涉及城市有杭州、宁波、温州、绍兴、湖州、衢州、嘉兴、金华、台州、丽水和舟山等。

（一）杭州

杭州菜源远流长，是浙江饮食文化的重要组成部分，属于浙菜的重要流派。

西湖醋鱼：西湖醋鱼是浙江杭州许多饭店的一道传统地方名菜。西湖醋鱼通常选用草鱼作为主料，烧好后，浇上一层平滑油亮的糖醋，鱼肉鲜嫩酸甜，呈胸鳍竖起状，见图9-61。

粢毛肉圆：粢毛肉圆是余杭塘栖的名菜之一，是塘栖人正月待客、办酒席必不可少的一道传统名菜。粢毛肉圆肉质柔软、鲜美可口，糯米色润透明如珠，既可作菜肴，又可作为点心，糯而不腻，老幼皆宜。蒸熟后的粢毛肉圆，糯米粒粒竖起，肉汁牢牢封在肉圆中，汁水饱满。粢毛肉圆不仅外面一圈有糯米，肉中也混有糯米，吃起来弹性十足，味道极佳，见图9-62。粢毛肉圆与板鸭、汇昌粽、细沙羊尾、米塑合称为"塘栖五大名小吃"。

图9-61 西湖醋鱼

图9-62 粢毛肉圆

（二）宁波

宁波菜也称“甬帮菜”，原料以海鲜居多，鲜咸合一。宁波菜是浙菜系列中独具特色的一个地方菜。宁波人基本不吃辣，小菜一般以清淡为主，也会吃腌制食品。

雪菜大汤黄鱼：雪菜大汤黄鱼是宁波传统名菜。黄鱼是宁波菜中不可或缺的一部分，雪菜大汤黄鱼更是将鱼的鲜气都发挥出来，其肉质结实，汤汁乳白浓醇、鲜咸合一，见图9-63。

宁波汤圆：宁波汤圆用料讲究，馅里一般有芝麻、白糖、猪油等，见图9-64。

宁波水磨年糕：宁波人喜食年糕，大街小巷经常有专门做年糕的店。宁波水磨年糕选料讲究，一般选用的是晚粳米（大米的一种），在口感上更韧、更滑且久煮不烂。晚粳米搭配雪菜和冬笋丝等一起做成的水磨年糕，成为宁波人非常喜欢的家常美味，见图9-65。

图9-63　雪菜大汤黄鱼

图9-64　宁波汤圆

此外，因为宁波近海，在以捕鱼为生的时候，渔民会腌制食品，方便储存且不易腐烂，因此当地部分食品口味偏咸。宁波海产品丰富，海鲜也成为宁波人餐桌上必不可少菜品。

（三）温州

温州在夏代名为瓯，商代名为沤，史称“瓯越”或“越沤”，其地处浙南沿海，当地的语言、风俗和饮食等，都自成一体，别具一格。

三丝敲鱼：三丝敲鱼是浙江温州的民间传统菜。“敲鱼”是温州民间特殊烹饪工艺，以新鲜去骨鲩鱼肉，撒上干淀粉，用木槌敲成鱼片，成菜后鱼片透明亮丽、光滑洁白，味道鲜美，别具一格，见图9-66。

图9-65　宁波水磨年糕

图9-66　三丝敲鱼

（四）绍兴

绍兴菜以淡水鱼、虾等河鲜及家禽、豆类为烹调主料，注重香酥绵糯、原汤原汁、轻油忌辣、汁味浓重，而且绍兴菜常用鲜料搭配腌腊食品同蒸同炖，配上绍兴黄酒，醇香甘甜，让人回味无穷。

梅干菜焖肉：梅干菜焖肉是一道极具绍兴田园风味的特色菜。猪肉枣红、干菜油黑、鲜香油润、酥糯不腻、咸中带甜，这是梅干菜焖肉的风味特色，见图 9-67。

图 9-67　梅干菜焖肉

（五）湖州

湖州菜重视原料的鲜、活、嫩，以鱼、虾、时令蔬菜为主，讲究刀工，往往造型优美、口味清鲜、突出本味。地处太湖之滨的湖州，湖鲜非常有名。

太湖三白：太湖三白指的是白虾、银鱼和梅鲚。这道菜不用多加调料，主要是感受到食材本身的鲜、甜味道，见图 9-68。

（六）衢州

衢州背靠衢江，上承徽州文化，下接金华八婺，孕育出了别具风味的三衢美味。衢州的小吃花样繁多，衢州人喜欢吃辣，这与江浙其他地方迥然不同。衢州特色菜，首推“三头一掌”，即兔头、鸭头、鱼头、鸭掌。

三头一掌：在衢州，无论是高级饭馆，还是街边排档，三头一掌都是必不可少的一道佳肴，见图 9-69。

图 9-68　太湖三白

图 9-69　三头一掌

（七）嘉兴

由于地理位置原因，嘉兴的饮食介于沪菜和杭帮菜之间。其既有沪菜的香甜，也有杭帮菜的咸甜。

嘉兴粽子：提到嘉兴，一定能想到粽子。嘉兴粽子以糯而不糊、肥而不腻、香糯可

口、咸甜适中著称,见图9-70。嘉兴粽子中,尤以鲜肉粽最为出名,被誉为"粽子之王"。

(八)金华

说起金华的美食,第一反应就是火腿。金华菜主要以火腿为核心,在外地颇有名气,与火腿有关的菜品就有300多道。

金华火腿:金华火腿色泽鲜艳、红白分明,瘦肉香咸带甜,肥肉香而不腻,美味可口。其还含有丰富的蛋白质、脂肪及多种维生素和矿物质等,见图9-71。

图9-70 嘉兴粽子

图9-71 金华火腿

(九)台州

台州菜种类丰富,在漫长的岁月中逐步形成了它独特的口味和风格。如果说不喝豆汁不算来过北京,那么不吃姜汁调蛋,就不算到过台州。

姜汁调蛋:姜汁调蛋是一道暖心、暖胃的甜品,其融合了红糖的甜、姜汁的辣、鸡蛋的香、黄酒的醇,见图9-72。

(十)丽水

丽水饮食文化历史悠久,丽水菜具有浙东沿海一带的宁帮风味。其烹调讲究鲜嫩软滑,意在不变原味。

缙云烧饼:说起丽水的美食,第一个必提名的便是缙云烧饼,见图9-73。在缙云的街头,一家不起眼的小店面,一个冒着热气的老烧桶和一位满怀笑意的老师傅,做出让人念念不忘的美味。

图9-72 姜汁调蛋

图9-73 缙云烧饼

(十一)舟山

舟山美食有两大"门派":其一是背靠舟山渔场,海鲜自不必说;其二是拥有"海天

佛国”之称的普陀山中的素斋。

舟山海鲜:舟山海鲜包括葱油梭子蟹、雪菜黄鱼汤、清蒸带鱼、红膏炝蟹、面拖虾潺,还有各种带壳的小海鲜,如贻贝、皮皮虾、蛤蜊、海瓜子、扇贝等,见图9-74。

普陀山素斋:普陀山素斋种类繁多,口味朴实清新,慧济寺、法雨寺、普济寺等都提供斋饭。这里的素斋以清淡营养而闻名,非常值得尝试,见图9-75。

图9-74 舟山海鲜

图9-75 普陀山素斋

六、福建部分

位于长江下游的福建区域涉及的城市有武夷山、南平等。这一区域多处于高山地带,气候湿寒,当地饮食大多含有辣椒,用以抵御寒冷。因地形差异,各地饮食又略有不同,通常分为浦城系、建瓯系、南平系。

(一)浦城系

浦城系多以田垄之物为原料,如泥鳅炖豆腐等。

(二)建瓯系

建瓯系多以山货和家畜家禽为主原料,如挖底(冬笋丝制作)、纳底(猪肉制作)、鸡茸(猪肚、鸡丝制作)、建瓯板鸭等。

(二)南平系

南平系多以贝壳类、鱼虾类原料为主。闽北传统饮食有文公菜、笋燕、豆腐丸、朱子家宴、蛇宴、武夷熏鹅、延平龙凤汤、邵武包糍、顺昌灌蛋、松溪小角、峡阳桂花糕、板栗饼等。

朱子家宴:朱子家宴由朱熹创制,主要取材于河鲜,因河鲜品种、火候、颜色、下料方式等不同而味道不同,一般通过酒腌、油炸、糟渍、油淋、茶浸、炒、焖、蒸、熏、煮、卤等方式加工而成。

笋燕:笋燕被称为“闽北一绝”,南平的特色名菜。笋燕既能当作菜品,又能当作主食,主要是用新鲜的冬笋为主要原料,搭配上香菇、龙口粉丝制作而成。其中笋香沁人心脾,口感滑润,见图9-76。

建瓯光饼:建瓯光饼是南平传统名点,见图9-77。相传,建瓯光饼原是明代抗倭名将戚继光部队的干粮,后人为了纪念这位爱国将领,取名“光饼”。现在的建瓯光饼是经历500多年演变而形成的,其传统品种有乌糖饼、光肉饼、芝麻肉饼、姜葱饼、虾肉饼、

起酥霉肉饼、老爹饼、经魁饼等近10种。

图9-76 笋燕

图9-77 建瓯光饼

本章思政总结

扫码看彩图

本章美食图

2020年11月14日，习近平总书记在江苏南京主持召开全面推动长江经济带发展座谈会并发表重要讲话。作为习近平总书记指出的保护、传承、弘扬长江文化重要理念的提出地和实践地，南京迎来了一场线上线下相结合的研讨会。在长江文化研讨会暨南京长江文化研究院揭牌仪式上，专家们深入研讨了长江文化内涵及江苏南京长江文化资源的保护与利用，为南京保护好、传承好、弘扬好长江文化建言献策。

作为长江流域传统文化的重要组成部分，其饮食文化保护、传承与传播对于中国文化自信的建立具有重要意义。长江下游地区旅游资源丰富，其饮食文化能够以微妙的形式在人们之间传播，润物细无声，故为广大民众所乐于接受。因此，通过推动长江下游地区饮食文化的梳理和总结，可以有效推动长江下游地区传统文化振兴，弘扬文化自信。

课后作业

课后阅读

江南文脉，走进中华民族的精神生命

一、简答题

1. 长江下游地区饮食与区域文化的关系是什么？
2. 长江下游地区饮食文化的特点是什么？

二、实训题

如何评价长江下游地区饮食文化对旅游者的吸引力？如何提升其影响力？

第十章
西南地区饮食文化

学习目标

知识目标

了解西南地区饮食文化发展的概况，理解西南地区饮食文化的特征，知道西南地区代表性时期、城市的代表性饮食及其反映的历史与文化。

能力目标

能够举一反三，思考和总结西南地区饮食文化的保护、传承和传播的规律。

思政元素

1. 使学生深刻认识到西南地区饮食文化的历史渊源，以及此地饮食文化与其他文化的交叉融合概况，增强学生的文化自豪感。

2. 引导学生深化对我国西南地区文化的认识，尤其是饮食文化在文化保护、传承和传播方面发挥的作用，深化对文化历史与现状的思考，提出增强我国西南地区饮食文化影响力的对策。

章前引例

合川：火锅"烫"出千亿产业

第一节　西南地区饮食文化概况

西南地区饮食文化涉及的地域范围包括四川盆地、秦巴山地以及云贵高原大部分地区，在行政区域上大致包含今四川省、重庆市、云南省、贵州省及广西壮族自治区在内的广大西南地区。该地区地形复杂，主要以高原和盆地为主，如有云贵高原和四川盆地；多大江大河，如长江、珠江、元江、澜沧江、怒江等；高原湖泊也多，如纳木错湖、滇池、洱海等。该地以亚热带季风气候和高山寒带气候为主，物产丰饶，林牧业发达。

西南地区是民族聚居区，其人口除汉族外，还有藏族、苗族、傣族、佤族等少数民族。在历史发展长河中，随着民族之间的不断交流与融合使得优秀的民族文化得以传承和发展。同时，因地理、历史、文化等方面的影响，各民族逐渐形成了各具特色的饮食文化。

为进一步突出西南地区的地域特点并便于表述,我们将西南地区分为川渝地区和滇、黔、桂地区两个板块进行分述。

一、川渝地区

川渝地区位于我国西南内陆腹地,西临青藏高原,东据长江三峡,北拥秦巴山地,南依云贵高原,整个地势西高东低,由西北向东南倾斜。其西部是平均海拔2000米以上的高原,高原北部属青藏高原主体的东缘,南部属横断山脉的北段,东部是著名的四川盆地,自西向东由盆西平原(亦称川西平原)、盆中丘陵和盆东平行岭谷组成。平原、丘陵、山地和高原构成四川地貌的四大主要类型,河流以长江水系为主。四川气候复杂多样,东西部气候迥异:西部高原气温低、霜期长、降水量少、日照长,属于寒温带至亚寒带气候;东部盆地气温高、无霜期长、降水量多、日照少,属于较典型的亚热带湿润季风气候。以上特点,也是四川饮食文化赖以生存的生态环境,同时也对四川各地经济类型的形成、空间分布和文明的发生、发展等都产生了深远的影响。

西周至春秋时期,川渝地区存在蜀国与巴国,构成了当时西南地区文明水平较高的巴蜀文明。秦汉时期,四川盆地以产粮丰盛闻名全国。两晋南北朝时中原动乱,但四川盆地仍保持相对稳定,社会经济继续发展,豪华宴饮为当时饮食文化的代表。这一时期,为躲避战乱,大批人口入川渝,为该地的饮食文化增添新元素。唐代,中国封建社会达至鼎盛,川渝地区的社会经济也出现了新的繁荣,饮食文化也是如此,游宴与船宴盛行,酒税收入成为财政的大宗。两宋时期,四川盆地仍保持经济繁荣,农业、制盐、酿酒、制糖业等有明显的进步。直至南宋后期,南宋军民与蒙古军在川渝地区进行了长期的拉锯战,川渝地区的经济开始遭到破坏。自秦统一四川盆地到南宋后期的1500年间,除南宋后期这一历史阶段,四川盆地的社会经济始终保持持续发展,唐宋时期的四川饮食文化更是出现了高峰。

元明清时期,因战乱不断致使人口锐减,社会生产力遭到严重破坏,但几次大规模的“湖广填四川”,给四川带来了丰富多彩的外来文化,也赋予了四川饮食文化新生命。在抗战爆发后,四川的战略地位日显重要,全国的政治经济中心逐渐转移到了西南地区。这一时期,四川饮食文化也得到了较大发展。1978年的改革开放促进了社会经济的发展,饮食文化也由此提升到一个新的层次,形成了以川菜为核心的西南饮食文化体系,在全国享有重要的地位。同时,西南诸省区丰富的自然资源、厚重的历史积淀和多姿多彩的民族文化,促进形成了独树一帜的西南饮食文化。

二、滇、黔、桂地区

滇、黔、桂地区主要包括由云南高原与贵州高原组成的云贵高原及其延伸部分的川西南和桂西北,这一地区是具有大致相同的地质构造与地貌特征的地理单元。因金沙江、元江等河流的冲击与切割作用,云贵高原的地形呈现出多山地和高原,以及山地地表面积占比较大的特点。西南边疆山地的普遍特点是高低悬殊、坡度陡峭、土层较薄,因此种植作物的适宜性与宜耕性均较差。位于南方亚热带及热带气候范围的大面积山地生物资源丰富,山地间分布有众多草甸,尤以滇东北、贵州的部分地区较为集

中，适宜畜牧业生产。与山地形成对照的呈插花状分布的坝子适宜发展农业，面积较大的坝子地势平坦，地表多有河流或湖泊，土层较厚且肥力甚高。因此，该地区普遍存在坝子与山地兼具的二元性结构，这种地理环境以及由此而生成的生态环境对这一地区的饮食文化有着深刻影响。其中，坝子饮食文化是滇、黔、桂地区饮食文化的主体。

公元前1800年前后至公元初年前后，是云南古代历史发展上的青铜时代。当时的饮食文化具有浓厚的本土色彩。两汉统治400余年，滇、黔、桂地区开发的速度加快，诸多郡县出现了由四川移民发展起来的大姓势力，使这一时期云桂贵地区的饮食文化明显带有川渝地区的特色。从唐代前期至南宋后期，今云南、川西南等地的地方政权南诏，大理国统治，使云南、川西南等地的社会经济获得了长足发展。发展较快的大、中坝子地区的本土居民，融合两汉以来的移民后裔，形成了新的地方民族特色，饮食文化水平有所提高，表现出了以本土特色为主，以川渝特色为辅的总体特征。这一时期，广西桂西一带的地貌、风土人情近似于滇、黔地区，饮食文化的相同点也较多，而桂东地区的饮食文化则类似于广东。

南宋末年，忽必烈率军攻灭大理国后，建云南诸路行中书省，治中庆路(今云南省昆明市)，统辖今云南、川西南与贵州西部等地。明清时期，政府陆续在云南设省，使滇、黔地区自汉代以来受四川行政管辖的历史宣告结束，进入滇、黔地区的移民以湖广、江西等地为主。由此，滇、黔地区饮食文化的风格从深受川渝影响转变为积极吸收湖广及更远区域的元素。其后，在移民和文化交流中滇、黔地区逐渐形成了自己的饮食文化特色。

第二节　西南地区饮食文化特征

一、川菜的沿革与特点

菜肴是饮食文化十分重要的外在表现。川菜是中国的著名菜系之一，具有特色鲜明、覆盖面大和影响深远等特点。可以说，云南、贵州、广西北部和西藏东部等地，均属于川菜系风格范围。西南地区饮食文化形成了以川菜为主要特色的饮食风貌。

一般认为，川菜孕育于商周，形成于秦汉魏晋，发展于唐宋，成熟于明清，定型和繁荣于清末民初。定型和繁荣时期的川菜，由筵席菜、三蒸九扣菜、大众便餐菜、家常菜与民间小吃五个部分组成，构成完整的饮食体系，菜品多达4000余种。

川菜选料以禽畜鱼肉、瓜果时蔬为主，烹制方法复杂多样，讲究“一菜一格，百菜百味”。在调味方面，川菜少用单味而多用复合味，可说是麻、辣、酸、甜、咸、烫、嫩、鲜诸味兼备，尤以鲜味、麻辣口味见长，并善于将各种味道巧妙搭配。在烹调方面，川菜擅长小煎、小炒、干煸和干烧，代表性菜肴多出自炒、烧、爆、拌，并流行腌卤食品和豆花。同时，川菜重视刀工、火候，制作工艺精细，讲究菜肴的形色俱佳。川菜还善于集众家所长，做到“南菜川味，北菜川烹”，并以平民性、大众性、家常性为特点。

流行各地的川菜，主要是以辛、辣、麻、怪、咸、鲜为口味的大众菜肴，其中又包含了不同的帮系。长江上游的重庆市的江津区，四川省泸州市、宜宾市、乐山市等地流行大河帮以家常口味见长，烹制手法以煎、炒、煎、烧居多，其味偏甜酸。小河帮流行于嘉陵江流域及川北的绵阳市、南充市、广元市、达州市、巴中市和遂宁市等地，烹制菜肴既擅长传统菜，也善于制作民间菜。川中的自贡市、内江市、资阳市一带流行自内帮，代表性菜肴有自贡的水煮牛肉、灯影牛肉与菊花火锅，内江的夹沙肉，豆瓣鱼和皮蛋汤等。在川西、川西南等氐羌族地区，还流行川菜与民族本地菜相结合的地方菜。

川渝饮食文化的一个重要特点是以特色浓郁的川菜为核心内容，在食料取材、副食、饮品、食器配备等相关等方面也得到了全面发展。清代和民国时期，四川的川茶享誉国内；自贡、乐山已形成大型的制盐业；各地蔬菜品种丰富；制糖业规模较大；糕点业兴盛而普遍；酿酒技艺精良；讲究美食配美器；烟叶消费亦较普遍；在成都等饮食文化兴盛的地区，聚会、游乐、节庆等社交活动与饮食相结合，很早便形成普遍的习俗。早在后蜀时，四川的宴席即堪称兴盛，游宴与船宴颇为知名。宋代，宴饮普遍甚至一日达四宴之多，游宴更趋豪华有民间游宴、官方游宴、商业游宴等类型。明清及民国时期，成都等地的聚会、游乐、节庆等活动仍长盛不衰。

川渝饮食文化较为发达的区域，主要位于经济和社会高度繁荣的四川盆地，尤以成都平原为中心。至于四川盆地周边的山地，由于开发较晚等原因，饮食文化的发展相对滞后，其风格与相连的滇、黔、桂地区、西藏地区较为相似。

二、滇、黔、桂地区的饮食文化区划分及特点

滇、黔、桂地区的饮食文化历史积淀深厚，地方民族特色鲜明，同时受到多种外来文化的影响，但其文化发育程度较低，属于较典型的边疆地区饮食文化。这一地区高温多雨、气候湿润、山林绵延、物产丰富、民族众多，具有边疆地区多民族杂居特色，体现出这一区域多种文化碰撞与交融效果。

滇、黔、桂地区自然环境的主要特点是地表、地貌和气候条件复杂多样，动植物资源高度丰富。若根据地理环境与居住的民族划分，滇、黔、桂地区的饮食文化大致可分为高原盆地民族类型、山地民族类型、高山峡谷民族类型、喀斯特地貌民族类型和低纬度平地民族类型等。若以生产方式与所分布的民族划分，其饮食文化可分为农业民族类型、农业商业民族类型、畜牧采集民族类型等。在烹饪方法方面，滇、黔、桂地区的诸多区域和民族所擅长的烹调方法不同。若就发展程度而言，滇、黔、桂地区饮食文化又可分为初级类型和相对成熟类型等。各地的饮食文化，相互间存在较为明显的差异，根据这种明显的差异性，各地的饮食文化区域可以做进一步的细分。

(一)云南饮食文化区的划分

滇中地区以昆明市、楚雄彝族自治州(简称楚雄州)、玉溪市为中心。元代以来，昆明一直是省会所在地，也是全省政治、经济、文化与交通的中心，楚雄州、玉溪深受昆明影响。云南饮食文化具有多样性、复杂性、兼收并蓄的特点。滇中地区交通便利、资讯发达，随着时代的发展不断涌现出新的菜式，形成新的饮食风尚和饮食观念，引领并影

响着全省饮食文化潮流的走向，同时也成为反映云南饮食文化变迁的主要窗口。云南各地的特色菜肴、酒茶水以及饮食文化传统，在这里均有一席之地。知名的菜肴有过桥米线、汽锅鸡、牛肉冷片、鸡丝草芽、菠萝鸡片等。

滇西地区以大理白族自治州（简称大理）为中心，是历史上乃至今日自然人口分布较多与较集中的地区。公元8—13世纪，以大理为中心建立的南诏国与大理国统治了云南及其附近地区500多年。大理又是联系滇东、滇西北和滇西南等地的交通枢纽，以及连通上述地区商品的重要集散地。因此，滇西地区的饮食文化，以白族传统的饮食文化为基调，较多地保留了南昭国、大理国古老的饮食传统，同时广泛吸收滇东、滇西北和滇西南的饮食文化因子，成为与滇中地区并足而立的另一个饮食文化核心区。滇西盛产的乳制品、淡水湖泊水产品、梅子原料食品、地方酿造酒和本地茶叶等，均享誉省内外，也使滇西地区的饮食文化体现出鲜明的地方特色与民族特色。本地知名的菜肴主要有乳扇、乳饼、砂锅鱼和火烧猪肉等。

滇东北地区以昭通市为中心，该地区开发较早，2000多年前就受到了川渝地区经济与文化的影响，自古又是从湖南、湖北、江西等地进入云南的交通要道。总的来看，滇东北地区是历史积淀深厚，民族融合时间长、范围广的一个地区。其饮食文化具有汉族与少数民族(如彝族、苗族等)文化交融的特点，地区性食品(如玉米、洋芋、荞麦和壮鸡)以及地方酿造酒等产品，在当地饮食文化中扮演着重要的角色。当地的汤爆肚、酥红豆、竹荪、罗汉笋、云腿、牛干巴、肝胆糁等菜肴，亦可说是远近闻名。

滇西南地区以保山、腾冲为中心，该地区自古便是著名的中、缅、印的重要交界处。其饮食文化为汉族与当地少数民族(如傣族、景颇族等)以及南亚、东南亚地区诸多饮食文化的结合体，同时又具有鲜明的热带、亚热带饮食文化的特点。由于当地盛产植物和花卉，所以当地人习惯以可食的野生菌类以及野菜、水果、花卉等入席，同时喜饮各种果酒与发酵饮料，具有明显的地域特色。

滇南地区以德宏傣族景颇族自治州、西双版纳傣族自治州为中心，该地区是傣族主要的聚集区，与缅甸紧邻。因此，滇南地区的饮食文化具有鲜明的民族与地方特色，一些饮食习惯明显受到缅甸、越南、泰国等邻国的影响。该地区居民喜食酸、冷、辣类食物，还有食生食和凉食的习惯。当地居民喜以多种野生菜肴和昆虫、鱼虾等入席，烹饪方式主要是烹煮与烧烤，喜食糯米饭和米酒。山居的少数民族喜欢的菜肴包括干笋焖鸡、罐腌猪骨、香茅草烤肉、芭蕉叶烧肉、竹筒煮田鸡等。

滇东南地区以红河哈尼族彝族自治州、文山壮族苗族自治州（简称文山州）为中心，该地区紧邻越南，本地民族主要是哈尼族、拉祜族与壮族。其中，文山州地区盛产珍贵药材三七，当地有以三七烹制各类药膳的传统。这一地区的饮食，讲究精细、原汁原味，当地知名的菜肴有酸汤鸡、酸汤鱼和狗肉火锅等。

（二）贵州饮食文化区的划分

在历史上贵州省的遵义市地区开发得较早，在饮食文化方面较长时期受到川菜的影响。其邻近川、湘、滇，在饮食习俗方面也接近上述诸省。至于今天的黔南布依族苗族自治州和黔东南苗族侗族自治州则较多地保留了本地民族的饮食习惯。

具体来说贵州饮食文化区主要有两种：一是以乌江、赤水河流域的黔菜为主导，包含其他六个地市州民俗菜、市肆菜在内的地方风味菜系；二是以清水江流域(含重安江、都柳江、剑江等)及南、北盘江流域以苗族、侗族、布依族为主的民族菜系。其风味流派包括四种：一是以贵阳市、安顺市为代表的黔中风味；二是以遵义市为代表的黔北风味；三是以毕节市为代表的黔西北风味；四是以黔东南、黔西南、黔南为代表的民族风味。

(三)广西饮食文化区的划分

广西壮族自治区的行政中心早期大致在今桂林市。自桂林市抵梧州市一带，因有自湖南省入广西达广东省的柳江水陆通道所经，该区域的地势平坦，所以开发经营的时间较早。明清时期，广西大致可分为桂东与桂西：桂东地区主要种植水稻，农业与商业较发达，受湖南、广东两省的影响较深；桂西地区尤其是南宁地区与左右江流域，较多地保留了壮族等本地民族的文化和习俗。广西菜的发展，起于宋元时期，发展于明清时期，成熟于民国抗战时期，定型于中华人民共和国成立及改革开放后。

广西菜主要有五种风味：一是桂北风味，以桂林、柳州地方菜组成，口味醇厚、色泽浓重，善炖扣、嗜辛辣；二是桂东南风味，包括梧州、玉林一带的地方菜，用料比较广泛，口味以清淡为主，以粉食为代表的各种风味小吃更是样多味美；三是桂西风味，包括百色、河池一带的地方菜，带有浓厚的民族风味，擅长众菜合调、粗菜细做；四是海滨风味，以北海、钦州、防城港地方菜组成，讲究调味、注重配色，擅长海产品制作；五是少数民族风味，讲究实惠、取材奇特、制法个性，富有山野风味，尤其对山间珍菌、田埂野菜、乡村土鸡情有独钟。故根据口味划分，本书将广西的桂东南风味和海滨风味区域的菜系划归到了东南地区饮食文化圈。

第三节　西南地区各地市特色饮食文化

一、广西部分

(一)南宁

广西南宁属于亚热带季风气候，气候温和、夏长冬短、阳光充足、雨量充沛、霜少无雪、气候温和，年平均气温在21.6 ℃左右。广西的这种气候特点容易让人们在夏季食欲不振，故人们饮食大多是粉、粉饺、酸菜等，口味偏好酸、甜、咸、香、脆、鲜，因为这些口味有提神、消暑、止渴、开胃、祛湿、除热的功效。

老友粉：老友粉口味鲜辣、汤料香浓。据传，20世纪初，一城市的一帮好友天天到市里的一家茶馆喝茶聚会。有一天，其中的一名好友患了重感卧床不起，后得益于茶馆老板特制的老友面，解除了病痛。这位好友为了感谢朋友们的关心和茶馆老板创制的治病开胃面，于是赠“老友常来”的牌匾。老友面从此得名，并结合当地人喜食的米

粉发展成了老友粉，见图 10-1。

横县大粽：横县大粽又名“忻城跪粽”，是广西横州市人欢度新春佳节的主要食品之一，横州市有“无粽不成年”之说。横州市大粽以体大丰腴、色泽光亮、味香鲜美而闻名于广西，见图 10-2。

图 10-1 老友粉

图 10-2 横县大粽

柠檬鸭：柠檬鸭是南宁市武鸣县一带的特色菜肴，最早出现在 20 世纪 80 年代初期，南宁的城市边缘有一个叫界牌的地方，因为在公路旁，常年做来往司机的饭食生意，后经慢慢发展便有了这道名菜。柠檬鸭味道酸酸辣辣、味浓而冲，尝起来香脆有肉感、不软不腻，还带有特别的柠檬香气，见图 10-3。

酸野：酸野具有酸、甜、咸、香、脆、鲜的特点。据说，在秦始皇下令修建灵渠期间，泡菜工艺由当初从外省入桂修建灵渠的工匠及厨师传入，但由于广西气温高、湿气重，泡菜工艺几经改进，就形成了如今独具广西特色的酸野工艺，见图 10-4。

图 10-3 柠檬鸭

图 10-4 酸野

（二）柳州

柳州螺蛳粉：提到柳州美食，一定要先从螺蛳粉说起。螺蛳粉是用螺蛳汤料、柳州特有的圆米粉制作的一道主食，具有辣、爽、鲜、酸、烫的独特风味。螺蛳粉得吃辣的，没有一点辣椒的螺蛳粉在柳州是没人吃的，再配上酸菜和鲜汤，非常香辣开胃，见图 10-5。螺蛳粉中，虽没有吃到螺蛳肉，但人们也吃得出螺蛳的味道。

柳州酿豆腐泡：柳州酿豆腐泡香味扑鼻，吃起来满嘴油香、口感咸鲜、层次感分明，见图 10-6。

图 10-5 柳州螺蛳粉

图 10-6 柳州酿豆腐泡

铜瓢粑:铜瓢粑是广西柳州的特色小吃,金黄耀眼,具有外香酥、里松软的特点,见图 10-7。

酸肉:酸肉是广西柳州的特色美食,酸猪肉色泽鲜明,皮呈黄色,肥肉呈乳白色,瘦肉呈暗红色。酸肉的每片肉上略带几粒米或花椒颗,味清香,食之皮脆、肉鲜、酸味适中、香气四溢、清爽上口、无油腻感,见图 10-8。

图 10-7 铜瓢粑

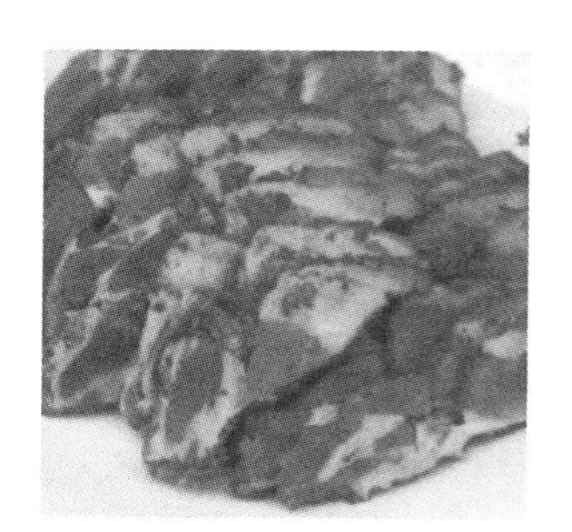
图 10-8 酸肉

(三) 百色

芒叶田七鸡:百色是芒果之乡,又是我国田七的主要产地。芒叶田七鸡一向以生产历史悠久、加工精细、质量优良而著称。当地人就地取材,创造出了芒叶田七鸡。芒叶田七鸡颜色碧绿、味清香鲜、鸡肉嫩滑,见图 10-9。

(四) 河池

巴马香猪:巴马香猪来源于土猪,原产于广西河池市巴马瑶族自治县,被誉为猪类中的"名门贵族",是一个具有悠久的饲养历史和稳定的遗传基因且品质优良、珍贵、稀有的小型猪品种,见图 10-10。

图 10-9 芒叶田七鸡

图 10-10 巴马香猪

（五）桂林

桂林米粉：桂林米粉作为桂林市极具代表性的地方特色美食，承载着千百年的桂林饮食文化，见图10-11。2021年5月，桂林米粉制作技艺成功入选了国家级非物质文化遗产代表性项目名录，这也意味着桂林米粉及其背后的文化正在不断的摸索与实践中迈开了新步伐。

据说，秦王嬴政为了统一中国，派屠睢率50万大军南征百越，紧接着又派史禄率民工开凿灵渠，沟通湘江、漓江，解决运输问题。南越少数民族勇猛强悍，不服秦王。秦军三年不解甲，武器不离手，可见战斗之激烈。由于南越地处山区交通不便，秦军水土不服加上粮食供应困难，大量士兵经常挨饿、生病。这些西北将士，天生就是吃麦面长大的，西北的拉丝面、刀削面、羊肉泡馍，都是他们的美味佳肴。如今，他们远离故土征战南方，山高水深粮食运不上来，人不可能空着肚子行军打仗，只有就地征粮，以解决粮食之事。

南方盛产大米，麦子较少。如何把大米演变成像麦面一样让能够让秦军将士接受，史禄把任务交给军中伙夫们去完成。伙夫根据西北饸饹面制作原理，先把大米泡胀，磨成米浆，滤干水后，揉成粉团。然后把粉团蒸得半生熟，再拿到臼里杵舂。最后再榨出粉条，放到开水锅里煮熟。米粉团通过舂，使榨出的粉条吃起来更筋道。传说，旧时桂林米粉从二楼悬吊一根拖地也不会断，其筋力可想而知。秦军郎中采用当地中草药，煎制成防疫药汤，让将士服用，解决水土不服的问题。为了保健也是由于战争紧张，士兵们经常是米粉、药汤合在一起三口两口吃完。久而久之，就逐渐形成了桂林米粉卤水的雏形。后经历代米粉师傅的改进、加工，逐渐形成了风味独具的桂林米粉卤水。

卤水为什么能治疗水土不服呢？原来，桂林米粉卤水用了草果、茴香、花椒、陈皮、槟榔、桂皮、丁香、桂枝、胡椒、香叶、甘草、沙姜、八角等多种草药和香料熬制，这些草药全是专治脘腹疼痛、消化不良、上吐下泻的。这就难怪桂林长寿者多有爱吃米粉的嗜好了。

荔浦扣肉：荔浦扣肉是一道色香味俱全的地方名菜。此菜色泽金黄，芋片、肉片松软爽口、油而不腻、浓香四溢，具有清热祛火、滋润肤色等功能。桂林特色名菜以正宗桂林荔浦芋、带皮五花肉、桂林腐乳为主要材料，烹饪以蒸菜为主，咸甜口味。传统宴席名菜，采用正宗桂林荔浦芋、带皮五花肉、桂林腐乳和各式作料。将带皮五花肉和切块荔浦芋分别过油炸黄，然后将五花肉块皮朝下，与芋块相间排放到碗中蒸熟，翻扣入另一盘中即成，见图10-12。

图10-11 桂林米粉

图10-12 荔浦扣肉

芋头又称“芋艿”,古称“蹲鸱”,在司马迁的《史记·货殖列传》中就有“吾闻汶山之下,沃野,下有蹲鸱”的记载。相传,荔浦芋头从福建省引种而来,个大饱满、头尾均匀、品质优良,堪称“芋中之王”。清代,芋头已成为广西著名的特产。清嘉庆年间,广西桂北厨师取用荔浦芋与猪肉制成了荔浦扣肉,成为桂北一带居民婚嫁和节日宴席上必不可少的特色名菜。

恭城油茶:恭城人每天早餐都要“打油茶”,有的家庭甚至三餐离不开油茶。油茶不说煮而称“打”,是当地的统一称法,各地的油茶各有不同风味,见图10-13。

油茶的统一制作方法是以老叶红茶为主料,用油炒至微焦而香,放入食盐加水煮沸,多数加生姜同煮,味浓而涩,涩中带辣。恭城一带还再加磨碎的花生粉,使味道多了醇厚少了涩,并因煮的时间恰到好处,使恭城油茶被推举为各地“油茶之冠”,享誉广西各地。喝油茶不分季节,一年四季、一天早晚都可以喝。客人们到来时间不分早晚,油茶随时煮好以奉客。恭城获“中国长寿之乡”称号,其长寿的秘诀也许与油茶有关。

阳朔啤酒鱼:阳朔的啤酒鱼堪称阳朔一绝,很多慕名前来阳朔游玩的游客,必定要到西街品尝一下这里的啤酒鱼。因为这里的啤酒鱼是最正宗的,其挑选漓江鲜活的大鲤鱼或者剑骨鱼,鱼肉鲜嫩细腻,制作考究,独特配料,制作完成的啤酒鱼色香浓郁、香味诱人、外酥里嫩,吃起来口感鲜嫩、香辣爽口,见图10-14。

图10-13 恭城油茶

图10-14 阳朔啤酒鱼

全州醋血鸭:全州醋血鸭是桂林市全州县非常有名的特色美食,已有1700多年历史,在2010年被评为广西非物质文化遗产。其色泽浓重呈酱红色,看着虽不似其他美食那样令人赏心悦目,但吃起来鸭肉绵软入味、酸辣鲜香爽口且醋味十足,见图10-15。

全州禾花鱼:全州禾花鱼是全州县第一个通过国家农产品地理标志登记保护的产品。禾花鱼又称“禾花鲤”,它的独特之处在于长期放养在稻田里,食用掉进水里的稻花长大而得名。其体短而肥,一般体重为50—250克,肉多刺小,吃起来肉质细嫩清甜、无腥味、味道鲜美,远胜过一般的大鲤鱼,而且其做法多样,可清蒸、黄焖、煎炸、水煮等,见图10-16。

Note

图10-15 全州醋血鸭

图10-16 全州禾花鱼

平乐十八酿:平乐十八酿是桂林的特色美食之一,其采用十八种不同的原料作为酿壳,肉馅里加入各种调料,与不同蔬菜相结合,然后以蒸、焖、煮、煎、烫等方式烹饪而成。酿菜的品种非常丰富,远远不止十八酿,其中的"十八"只是泛指其多,有时酿菜多则达到30多种。平乐十八酿具体是指田螺酿、豆腐酿、柚皮酿、竹笋酿、香菌酿、蘑菇酿、南瓜花酿、蛋酿、苦瓜酿、茄子酿、辣椒酿、冬瓜酿、香芋酿、老蒜酿、番茄酿、豆芽酿、油豆腐酿、菜包酿。酿菜荤素搭配、制作考究,吃起来鲜香可口、百吃不厌,深受人们的喜爱,见图10-17。

爆炒漓江虾:爆炒漓江虾是桂林经典的特色风味菜肴,漓江水清冽见底,漓江虾肉质细嫩,口感纯正,加入少许的桂林三花酒爆炒,成品色泽鲜艳。连壳一起咀嚼,口感酥脆嫩爽,并且从中还可品尝出漓江水的清香甘甜,见图10-18。

图10-17 平乐十八酿

图10-18 爆炒漓江虾

全州红油米粉:除桂林米粉外,全州县的红油米粉也深受欢迎,其制作工艺在全州已有两千多年的历史,主要原料是新鲜细米粉,调料为红油、筒骨黄豆汤、黄豆、葱花等,口感香辣、有嚼劲,见图10-19。

拔丝芋头:桂林拔丝芋头是当地颇受欢迎的一道菜,是一种经济实惠的甜品。桂林的拔丝芋头主要原料采用口感香甜软糯的荔浦芋头,芋香和糖香味十分诱人。筷子一夹一拉就有糖丝拔出来,金黄透亮,味道甘香软甜、糖衣香脆。此外,桂花糕、马蹄糕、松子糖、水糍粑、荷叶鸭、灵川狗肉、尼姑素面等也值得一品,见图10-20。

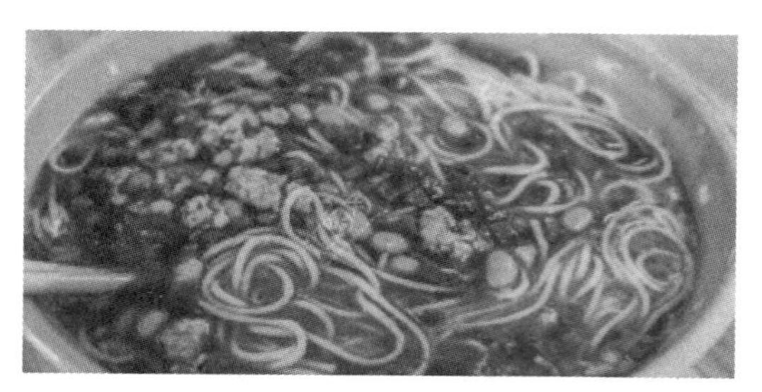

图 10-19 全州红油米粉

图 10-20 拔丝芋头

二、云南部分

(一)昆明

过桥米线:过桥米线源于红河哈尼族彝族自治州蒙自市,是云南滇南地区特有的食品,已有百余年的历史了,见图 10-21。1920 年,昆明市建立了第一家过桥米线馆仁和园。

传说有一个秀才在南湖的湖心小岛上念书,秀才妻每日都要通过石砌的小桥给夫送饭。一日,妻子念丈夫读书辛苦,炖了一只又肥又壮的母鸡,装入罐中,正准备送去给丈夫,由于有要事未能按时送去。当她办完事后,发现汤罐还是热乎乎的,原来是厚厚的一层黄油覆盖了汤面,起到了保温作用。于是她便穿小道、走石桥送到丈夫身边,将米线往热鸡汤里浸泡后,随即捞出放入碗里,秀才吃了十分满意。此事被传为美谈,人们为了赞誉这位贤能的妻子,便将这种食品取名为过桥米线。

鲜花饼:鲜花饼是以云南特有的食用玫瑰花入料的酥饼,是具有云南特色的点心代表,见图 10-22。据史料记载,鲜花饼早在 300 多年前的清代由一位制饼师傅创造,鲜花饼因具有花香沁心、甜而不腻、养颜美容的特点,而广为流传,从西南的昆明到北方的天津均有所见。晚清时期的《燕京岁时录》记载:"四月以玫瑰花为之者,谓之玫瑰饼。以藤萝花为之者,谓之藤萝饼。皆应时之食物也。"随着鲜花饼的广泛流传,经朝内官员进贡,使之一跃成为宫廷御点,深得乾隆皇帝的喜爱,并获得钦点"以后祭神点心用玫瑰花饼不必再奏请即可"。

图 10-21 过桥米线

图 10-22 鲜花饼

都督烧卖:都督烧卖是一道起源于云南省昆明市宜良县的小吃,见图 10-23。宜良烧卖,何以冠以都督二字?说来有一段趣闻。相传,清宣统年间,宜良城有一祝氏映兴园,专卖煮品、烧卖、卤菜,尤以烧卖驰名。由于食客甚多,门庭若市,供不应求,老板想

出一个办法即每位食者限购三个。一日,云南督军唐继尧亲临此店慕名吃烧卖,亦只卖给三个,唐再要,祝氏道:"即使都督驾到也只卖三个。"后来,祝氏得知唐继尧便是真都督。此事后被传为佳话,都督烧卖也由此得名。祝氏烧卖的确是烧卖中的"都督",其加盐又不咸、蘸醋又不酸、肉多又不腻、馅心又含汁,妙不可言。

破酥包子:破酥包子是滇味面点中的传统小吃,见图10-24。包子饱满洁白、收口微开、香气四溢,其选料认真、制作精细、馅心考究、层次分明、柔软酥松,油而不腻。据说破酥包子起源于1903年,当年玉溪有个叫赖八的人,在昆明翠湖附近开了间铺面不大的名叫少白楼的包子铺。赖八喜欢独立思考、标新立异,热衷于不断地改进和提高包子的质量。有一次,一位老者带着小孙子去买包子,店小二将包子包好递给老者,老者闻着包子很香,就拿了一个给小孙子吃,不料小孙子没有接住,包子掉在地上。包子立刻就被摔得粉碎,特别是包子皮更是摔成了七八瓣。小孙子一见包子被摔得粉碎,就心痛得大哭起来。这时,许多人围过来观看,都很惊奇这包子这么破酥!这时老板赖八走上前来,也觉得惊奇,就又拿了一个包子给了小孩。从此,他就抓住了这个商机,打出招牌,专卖破酥包子。

图10-23 都督烧卖

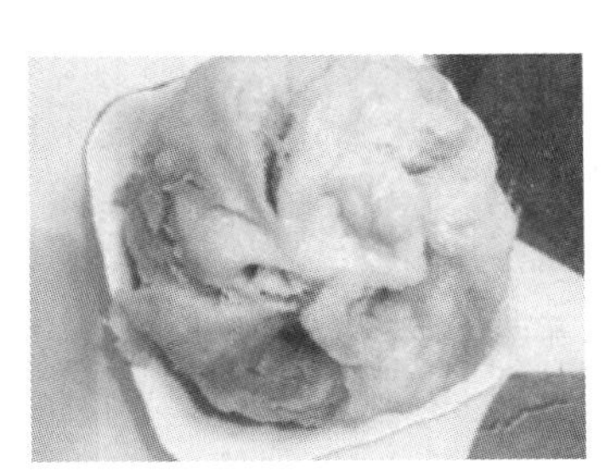

图10-24 破酥包子

石林乳饼:乳饼是一种高脂肪、高蛋白的营养食品,营养丰富、味道鲜美、食用方便且制作简单、容易保存,见图10-25。

火腿坨:火腿坨即云南的火腿月饼。四个酥皮火腿坨通常正好是一斤,故名火腿"四两坨"。火腿坨酥而不飞屑,馅用火腿肥瘦搭配加白糖,甜中有咸、咸中带甜,见图10-26。

图10-25 石林乳饼

图10-26 火腿坨

(二)大理

宾川海稍鱼:宾川海稍鱼产自云南大理宾川县的海稍湖(也称海稍水库),是大理地道的美食之一。宾川海稍鱼中的鱼是由宾川本地水源养殖的一种白鳞鱼,肉质细嫩,因为现杀现烹,所以鱼汤鲜美可口。海稍鱼有两种吃法,一种是清汤,另一种是酸

辣,可根据个人口味选择,见图10-27。

白族八大碗:八大碗是大理白族传统宴席上的一套典型菜谱,也体现了大理人民的饮食文化。八大碗由八道热菜组成,每一家的八大碗有所差别,但是味道醇正。八大碗中较好吃的有红肉炖、粉蒸肉、白扁豆等。通常,只有白族人过节、办事时才会有八大碗,见图10-28。

图10-27　宾川海稍鱼

图10-28　白族八大碗

生皮:大理生皮是云南白民族的一道传统菜肴。最地道的生皮是完全生的,没有经过任何熟化加工。吃生皮的地区多有温泉。一般用松毛烧掉猪皮上的毛,然后用热水洗净。这样猪皮金黄,肉质细嫩。一般生皮有两种吃法:一种是将生皮和佐料分开,吃时自行蘸料;另一种是将佐料与生皮拌匀,直接做成一道凉拌菜,见图10-29。

永平黄焖鸡:永平黄焖鸡有滇西名菜、滇西一只鸡的名号。永平黄焖鸡中的鸡选用的是当地优质土鸡。其制作方法简单,但是掌握火候很难。黄焖鸡味道较好,有嚼劲,见图10-30。

图10-29　生皮

图10-30　永平黄焖鸡

雕梅扣肉:雕梅是云南大理白族的传统食品,也是大理非常好吃的一种零食。当地的女孩子在采自春天的青梅上面雕刻花纹,将其轻轻压成菊花状、锯齿形的梅饼,然后放入清水盆中,撒上少许食盐以去梅子酸味,然后放入砂罐,再用上等红糖、蜂蜜浸渍数月,待梅饼呈金黄色时就可从砂罐中取出食用。扣肉选用的是多层五花肉肥瘦相间,和雕梅一起蒸制大概4个小时,肉中饱有梅子的清香,肥而不腻,味道鲜美,见图10-31。

诺邓火腿:诺邓火腿是云南除宣威火腿、鹤庆火腿外的第三大名腿,见图10-32。有着千年历史的诺邓天然盐井造就了诺邓火腿所独特的美味。一般的盐只能浸透六片肉,而诺盐能够浸透七片以上,且诺盐味好,放多也不会发苦。

图 10-31 雕梅扣肉

图 10-32 诺邓火腿

弥渡风肝:风肝因切面似蜂窝,又名“蜂肝”,味香醇厚,是弥渡县的又一名特食品,明代中期就有制作。弥渡风肝是选用新鲜猪肝(完整不破损且带苦胆的猪肝)将其洗净,用导管放入肝叶管内加气,使整个猪肝膨胀后,灌入用白酒调制好的,以红釉米粉为主要原料,多种作料制作的混合物,直到灌满为止,然后加气输送,使灌入的作料均匀分布整个肝体,扎紧管口,挂在阴凉通风处晾干即成。弥渡风肝有嚼劲,既可做主菜,也可以当作零食,见图 10-33。

木瓜鸡:木瓜鸡是大理餐馆常见的一种美食,味道和木瓜猪脚差不多,但比木瓜猪脚更香。木瓜鸡中的鸡选用的是小鸡,木瓜选用的是生木瓜。这道菜汤、肉酸香、味清纯,毫无油腻之感,特别下饭。建议先喝一碗汤再吃饭,那样才能感受木瓜鸡的美味,见图 10-34。

图 10-33 弥渡风肝

图 10-34 木瓜鸡

泥鳅钻豆腐:泥鳅钻豆腐是剑川县很有名气的菜。泥鳅选用本地泥鳅。制作方法是:先把泥鳅放在容器里,倒入清水并放入少量食盐,喂养一夜后,将泥鳅倒入有嫩豆腐的锅内加热,再加入葱花、味精、生姜末等作料。此菜豆腐洁白,味道鲜美带辣,汤汁腻香,见图 10-35。

烤饵块:烤饵块是大理首选早餐。制作方法是:将饵块烤熟,放入酱料、酸菜、豆芽,可自主选择甜酱或者辣酱,最后包入火腿肠或者油条、鸡蛋等,见图 10-36。

图 10-35 泥鳅钻豆腐

图 10-36 烤饵块

雕梅:雕梅是大理的特色零食,味道酸甜可口,见图10-37。

巍山一根面:"一碗面是一根,一锅面是一根,一家人吃的是一根,一千个人吃的还是一根。"这是对巍山一根面最形象的描述。一根面,又称"扯扯面"或"长寿面",是巍山著名的小吃之一。鲜美的汤汁配上其独有的酱料,与均匀筋道的面条配合,细腻滑嫩、口齿生香,在全国都享有盛名,见图10-38。

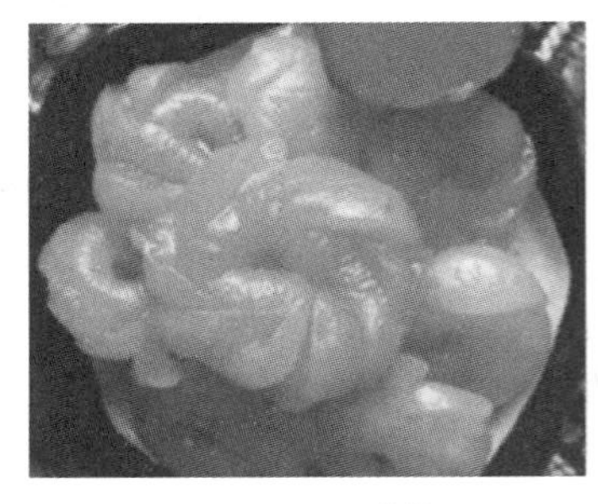

图10-37 雕梅

图10-38 巍山一根面

凉鸡米线:凉鸡米线是大理特色小吃,其用煮熟的鸡肉丝"罩帽",外加核桃酱和小粉做成的卤汁,或者配上辣椒汁、姜醋汁、蒜末,再加上少许芝麻和花生末,配上芥蓝、葱花,极其爽口。凉鸡米线所使用的醋建议用大理本地木瓜醋,味道更胜一筹,见图10-39。

破酥粑粑:破酥粑粑主要原料为面粉,口味有甜、咸两种。制时皆用上下两层炭火,上层炭火为猛火,下层炭火为文火,在做好的面胚上刷上猪油之后入锅烘焙,在烤制过程中反复刷几次油脂,烤香直至烤酥。其外皮香酥而内在绵软且层次分明,深受人们喜爱。破酥粑粑以喜洲古镇的破酥粑粑最为有名,见图10-40。

图10-39 凉鸡米线

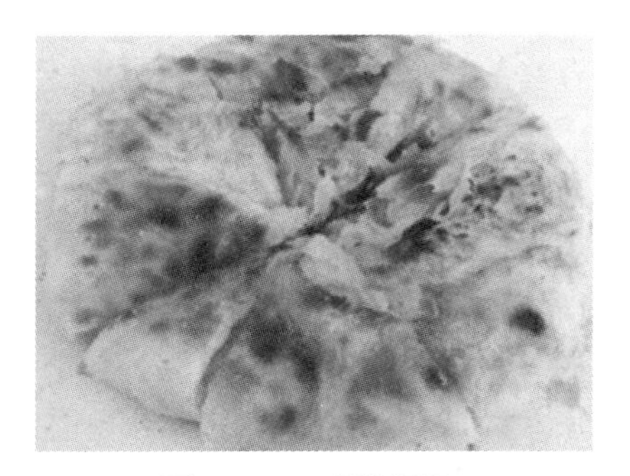

图10-40 破酥粑粑

乳扇:乳扇是白族等滇西北各民族吃的一种奶酪,用牛奶制成,呈乳白色,片状,成卷,状如折扇,故得名乳扇。乳扇生吃、干吃、油炸、煎烤均可,见图10-41。

巍山扒肉饵丝:巍山扒肉饵丝是大理的特色美食,饵丝是由黄谷米经过蒸、舂、揉最后切成丝,将饵丝拌上肉汤汁,加入扒肉、葱、香菜等即可食用。本菜饵丝筋道、肉质鲜美、汤汁浓稠,适合各类人群食用,见图10-42。

图 10-41 乳扇

图 10-42 巍山扒肉饵丝

三道茶:三道茶是云南白族招待贵宾时的一种饮茶方式,属茶文化范畴。头道茶为苦茶,也称“百斗茶”,味苦性凉,苦中带涩,比喻人生应当吃苦耐劳方能有所作为。第二道茶清香甜蜜,称为“甜茶”,寓意苦尽甜来。第三道为“回味茶”,入口回味生津、爽口润喉,寓意生活是复杂的,凡事要多“回味”。白族“三道茶”,借茶喻世,将饮茶与茶艺、人生融为一体,茶道中饱含深刻的人生哲理,见图 10-43。

图 10-43 三道茶

三、贵州部分

(一)贵阳

贵州省贵阳市有湖泊、山地、峡谷、洞穴、瀑布、原始森林等各种自然资源,也具有丰富的文化遗产,又是“中国避暑之都”、国家森林城市,美食多种多样。

花溪牛肉粉:花溪牛肉粉发源于贵阳的花溪地区,是当地名吃。这里做出来的牛肉粉与众不同,其里边加入了各种名贵的中草药,汤鲜味美,肉质醇香且拥有不同口味如原味、红烧、泡椒等,见图 10-44。

贵阳辣子鸡:贵阳辣子鸡是一道极具有地方特色的菜肴,在贵阳人心中占有特殊地位,也是贵阳人的年味记忆。其做法是把糍粑、辣椒和鸡块放在锅中翻炒,鸡肉的汁水和辣椒的辣味完美融合,肉嫩离骨,辣中有香,辣香爽口,见图 10-45。

图 10-44 花溪牛肉粉

图 10-45 贵阳辣子鸡

贵阳酸汤鱼：贵阳酸汤鱼贵阳十大名菜之一，主要以鲜鱼为主要原料，搭配上特有的酸汤，经小火煨制而成，做好的鱼鲜肉嫩，色泽亮丽，吃着酸辣爽口，汤汁更是味美，见图10-46。

青岩状元蹄：青岩状元蹄也称"青岩卤猪脚"，这里的猪脚个头较大，颜色主要呈红褐色，外皮红润，吃着味道咸鲜，皮糯肉香。卤猪脚特有的滋味和酸辣的蘸汁混在一起，真的是舌尖上的享受，见图10-47。

图10-46　贵阳酸汤鱼

图10-47　青岩状元蹄

丝娃娃：丝娃娃是贵阳传统小吃，也称"素春卷"，主要是用大米面粉烙成薄饼，卷上萝卜丝、海带丝、糊辣椒、折耳根等食材，吃的时候蘸着酸辣的蘸水，酸爽开胃，见图10-48。

糟辣脆皮鱼：糟辣脆皮鱼是贵阳传统名菜，也是待客必备菜肴。吃起来外皮酥脆、肉质细嫩，还略带点酸、甜、咸、微辣的口感，鲜香可口，见图10-49。

图10-48　丝娃娃

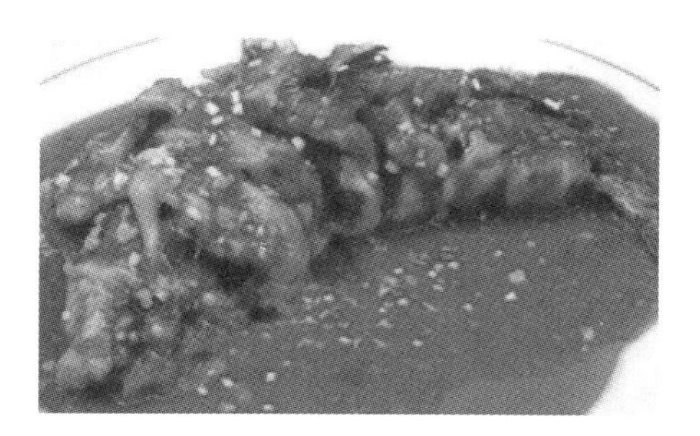

图10-49　糟辣脆皮鱼

豆腐圆子：豆腐圆子是贵阳的一道传统美食，主要是用豆腐搭配上鱼肉、虾米、五花肉、糯米等食材软炸而成，做好的豆腐圆子外棕内白，吃着外焦里嫩、滑爽鲜香、开胃爽口，见图10-50。

恋爱豆腐果：恋爱豆腐果是贵阳特色小吃，贵阳的大街小巷都能吃到，属于一道比较浪漫的小吃，因为热恋中的人经常去吃而得名。它主要是用酸汤豆腐、折耳根等食材制作而成，在烤至两面金黄的豆腐中拌入调制好的佐料，吃到嘴中口咸辣爽滑、满口留香，见图10-51。

图10-50　豆腐圆子

图10-51　恋爱豆腐果

豆米火锅：豆米火锅是贵阳特色火锅之一，豆米煮碎之后香味浓郁，汤汁也变得更为浓稠。用汤汁浇在米饭上，米香浸润着豆香，豆香中还带着油香，堪称"下饭神器"，见图10-52。

洋芋粑粑：洋芋粑粑是贵阳街头非常受欢迎的特色小吃。做法是：先将洋芋煮熟后，碾成泥状，然后加盐、味精、葱花等调味品，然后加入少量的水和面粉，将其捏成饼状，再放到平底锅中煎至两面金黄。在食用时，可以根据自己的口味选择辣椒面或是辣椒水辅之食用，见图10-53。

图10-52　豆米火锅

图10-53　洋芋粑粑

（二）遵义

遵义豆花面：遵义豆花面是贵州省遵义市的一道特色小吃，属于黔菜系，该菜品柔软滑爽、辣香味浓、风味特殊，见图10-54。据说，遵义豆花面起源于清光绪年间，最初是素面，是一行善人家专为来湘山寺烧香拜佛的人开的，营利微薄。为提升遵义豆花面的味道，不少人献计献方，逐渐发展成为正宗的遵义豆花面，直至今日，生意兴隆。

遵义羊肉粉：遵义羊肉粉为遵义地区的名小吃，其早在清代中叶就名扬遐迩。遵义羊肉粉中的羊肉熟而不烂、米粉雪白、汤汁鲜醇红亮，吃起来辣香味浓、油大而不腻，见图10-55。

图10-54　遵义豆花面

图10-55　遵义羊肉粉

(三)毕节

毕节市地处贵州高原,由于地处高寒地区,当地人习惯吃热食。

威宁荞酥:威宁荞酥色泽金黄、清香扑鼻,入口酥软香甜,初产于明洪武年间,见图10-56。

传说明太祖朱元璋有一年做寿,奢香夫人特意吩咐厨师采用当地土产荞面拌糖做成一种既精美别致又有地方特色的糕点,可是多次试验都没有成功,眼看寿期临近,奢香夫人心急如焚,到处颁布告示,如有人能做成此种糕点愿出重金奖赏。有一个叫丁成久的重庆人揭了告示,他反复琢磨,对照传统糕点,各取所长,终于制成了一种非常精致的糕点取名荞酥。荞酥上面刻有九条龙,九龙中间刻有一个寿字,象征九龙献寿,令奢香夫人非常满意。朱元璋品尝后大为赞赏,称为"南方贵物",后来便历代相传。

毕节臭豆腐干:毕节臭豆腐干酥嫩细腻,入口清爽可口,已有100多年的历史,见图10-57。

相传,清道光年间,毕节县城内的一家豆腐作坊有一天做得豆腐过多,未售卖完,店主人怕老鼠咬食,就分别放在几个木柜内。第二天拿取时,其中一个柜子的豆腐忘记取出,到第三天想起来取出看时,豆腐虽已经发霉长毛,但却散发出一股特殊的香味。主人便将其抹上食盐,用木炭火烤熟后出售,结果因其别具风味,很快就被卖完了。

图10-56 威宁荞酥

图10-57 毕节臭豆腐干

四、四川部分

(一)成都

四川省成都市地处成都平原中心物产丰富、商旅如云、文星荟萃,加之在其历史长河中少有战乱之虞,民安逸乐,因此成都人舍得在吃上花功夫,历史和生活给了他们充裕的时间、精力和志趣去探索美食。成都小吃品种繁多,制作精美,选料严谨,味道多变,色香味形俱全。成都小吃历史悠久,富有浓厚的地方特色。从品种上划分,有面食、米制品、菜肉制品、杂粮制品四大类。从档次上划分,有宴席、传统小吃、通俗小吃三类。

担担面:担担面成菜面条细薄、卤汁酥香、咸鲜微辣、香气扑鼻,十分入味,见图10-58。相传,担担面是1841年由一个绰号为陈包包的自贡小贩创制而成的,因为早期是用扁担挑在肩上沿街叫卖,所以叫担担面。

三大炮:三大炮是四川成都的一道传统小吃,由于在抛扔糯米团时,三大炮如弹丸

一样，发出“当—当—当”的响声，分为铁炮、火炮、枪炮，故称为三大炮。三大炮食用时香甜可口、不腻不黏且价廉物美，见图10-59。

图10-58 担担面

图10-59 三大炮

三合泥：三合泥是四川成都的传统风味小吃，是用大米、糯米和黄豆为主料精心制作而成的甜点，虽然看起来一般，但口感柔滑软糯、酥香油润，别具特色。在成都锦里古街还能见到这种手艺，还能买到地道的三合泥，见图10-60。

糖油果子：糖油果子是四川成都的传统小吃，是用糯米、红糖和芝麻为主料，先油炸，再裹上白芝麻，最后用竹签串起来食用的一种美食。糖油果子看起来色泽黄亮，吃起来外酥里糯、香甜可口，见图10-61。

图10-60 三合泥

图10-61 糖油果子

油茶：四川的油茶和北方的油茶不同，四川油茶是用黄豆和大米为原料制作而成的，可以当早餐的小吃，吃起来麻辣鲜香，见图10-62。

钵钵鸡：钵钵鸡是成都的传统名小吃，也有说法是其源自乐山。钵钵鸡的做法是把煮好的鸡肉用竹签串起来，然后放进调好料汁的“钵钵”里，吃起来皮脆肉嫩、麻辣鲜香，广受成都人喜爱。钵钵鸡也是每一位来到成都的游客都忍不住要品尝的美食，见图10-63。

图10-62 四川油茶

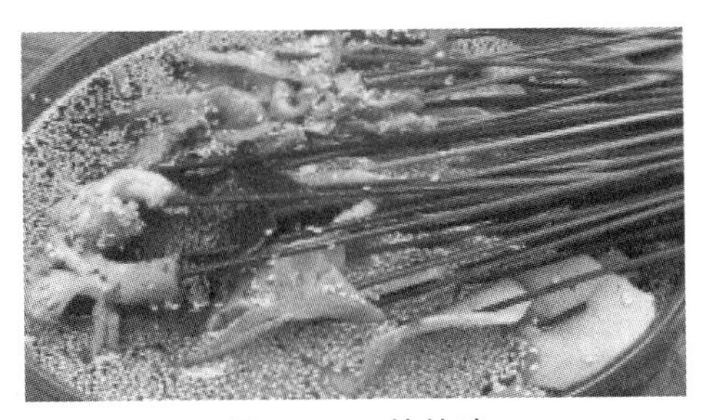

图10-63 钵钵鸡

冰粉:冰粉是四川农村夏天最喜欢吃的小吃,是用一种植物的种子经过反复搓揉出的汁液凝固而成。吃的时候加上一点红糖,清凉、冰爽,深受人们的喜爱,见图10-64。

冒菜:冒菜是成都的特色美食之一,是把各类食材放在调好的汤里煮熟,然后配上调料食用,见图10-65。有人说,"冒菜是一个人的火锅,火锅是一群人的冒菜",但是其实冒菜和火锅还是有区别的。冒菜的汤是可以直接喝的,而火锅的锅底一般不会有人直接喝。

图10-64　冰粉

图10-65　冒菜

张飞牛肉:张飞牛肉是四川省阆中市的特产,因为这种牛肉表面墨黑,内心红亮,很像张飞的形象,所以就被称为张飞牛肉。张飞牛肉吃起来不干、不软、不硬,越嚼越香。2023年,张飞牛肉被评为四川省市级非物质文遗产代表性项目,见图10-66。

狮子糕:狮子糕是四川省南充市西充县的传统美食,是选用西充独有的白沙糯米,配上蜂蜜、绵糖、芝麻、鸡蛋等多种食材一起精心制作而成,吃起来香甜酥脆,见图10-67。

图10-66　张飞牛肉

图10-67　狮子糕

龙抄手:龙抄手是四川省成都市的一道传统小吃,属于川菜系。龙抄手皮薄馅嫩、爽滑鲜香,汤浓色白。龙抄手的得名并非老板姓龙,而是创办人在浓花茶园商议店名时,借用浓花茶园的"浓"字,以谐音字"龙"为名号,寓意龙腾虎跃、吉祥、生意兴隆,见图10-68。

钟水饺:钟水饺古名为水角,是四川省成都市的一道传统小吃,属于川菜系。该菜品创始于清光绪十九年(1893年),因开业之初店址在荔枝巷且调味重红油,故又称为"荔枝巷红油水饺"。钟水饺具有皮薄、料精、馅嫩、味鲜等特点,见图10-69。

图10-68 龙抄手

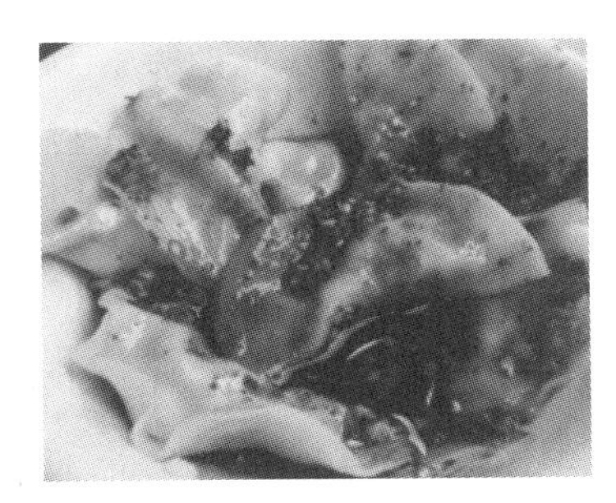

图10-69 钟水饺

（二）乐山

四川省乐山市，古称“嘉州”，又称“海棠香国”，是三江汇流之地。得天独厚的地理条件，让乐山形成了独特的码头文化。码头不仅为乐山带来了经济上的发展，还促进了文化的融合。另外，南来北往的船工们都有自己独特的饮食习惯，故而形成了乐山饮食文化的多样性与包容性。

雪魔芋烧鸭：雪魔芋烧鸭是四川峨眉山独具特色的美食之一。魔芋干顾名思义，就是脱水魔芋豆腐，将其泡发之后像海绵一样弹软，内部充满孔洞，可以吸饱汤汁。雪魔芋烧鸭的做法是：首先用热油炒香豆瓣酱、姜、蒜、八角、香叶、花椒，然后放入鸭块，加生抽、料酒、糖和水，焖煮半小时，最后加入雪魔芋收汁。尝起来，雪魔芋口感软糯弹滑，鸭肉肥嫩多汁，见图10-70。

乐山甜皮鸭：乐山甜皮鸭是四川乐山的一道特色美食。甜皮鸭的做法是：将卤好的整只鸭子，涂一层糖水，再用滚油浇至皮成焦糖色。挂糖浆炸过的鸭子，鸭皮甜脆，骨头香酥，咬起来甜咸交织、柔而不柴，见图10-71。

图10-70 雪魔芋烧鸭

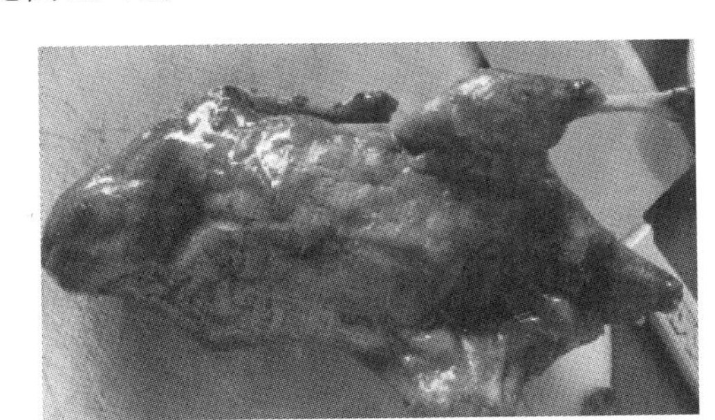

图10-71 乐山甜皮鸭

跷脚牛肉：跷脚牛肉是四川乐山的一道特色传统名菜，也是乐山市非物质文化遗产，更是乐山大街小巷中绝对少不了的一道美味。经不断演变，跷脚牛肉配上鲜香的老汤，可谓色泽鲜艳、香气诱人、美味荡气回肠，见图10-72。

据说，跷脚牛肉名字的由来是原来有一个苍蝇馆子在卖这道菜，店面很是狭窄，但是吃的人又相当的多，于是大家只好跷着脚吃，所以就叫跷脚牛肉了。跷脚牛肉中有牛肉、牛杂、牛肚等，食用前先要大口喝汤。细嫩鲜美的鲜牛肉搭上毛肚、黄喉、牛肠、脑花等，再加一圈配菜，食用时蘸着地道的乐山辣椒干碟，甚是美味。

乐山豆腐脑：乐山豆腐脑是四川乐山的一道特色美食，其豆腐脑卤汁是勾芡的，

呈黏稠状。乐山豆腐脑与其他地方的豆腐脑不太一样，其豆腐脑就一小块，但配料丰富，整碗都是酥肉、牛肉等，还有粉丝垫底，加辣椒油一起搅拌均匀后即可食用。若将粉蒸牛肉或是肥肠夹入白面饼，放一把香菜、一把香葱，佐豆腐脑一起食用，味道更甚，见图10-73。

图10-72 跷脚牛肉

图10-73 乐山豆腐脑

（三）攀枝花

四川省攀枝花市，是全国唯一以花命名的地级市，位于川、滇交界处，它是四川省的自然资源宝库，有着丰富的矿产、水利、农业等资源。

方山全羊汤：方山全羊汤是攀枝花市仁和区的著名特色小吃。仁和区方山全羊汤有四大特点：其一是羊属野山羊，吃百草、喝山泉，得山林精华；其二是以肚、杂、头、蹄全锅炖煮，不沾生水，其味自然协调；其三是肠、肚不洗，用文火煮至脏物沉底，野味不失；其四是选用萝卜种于山野，施用农肥，加之树叶飘零，腐蚀成土为其养料，故萝卜具甘甜口感，为炖全羊汤时不可缺的材料，见图10-74。

浑浆豆花：浑浆豆花，因不加石膏或盐卤，所以既无卤水味，也没有苦涩味，而具有味醇、鲜嫩、色白且略有回甜的特点，见图10-75。

图10-74 方山全羊汤

图10-75 浑浆豆花

鸡棕卷粉：鸡棕卷粉做工精细，味道鲜美，卷粉粑糯，汤汁可口，颇具攀西地方风味，见图10-76。

羊耳鸡塔：羊耳鸡塔是一道攀枝花当地传统美食，它形如羊耳、色泽金黄、质地软嫩绵柔，入口清爽醇香、咸鲜利口、外皮焦脆，见图10-77。

图 10-76　鸡棕卷粉

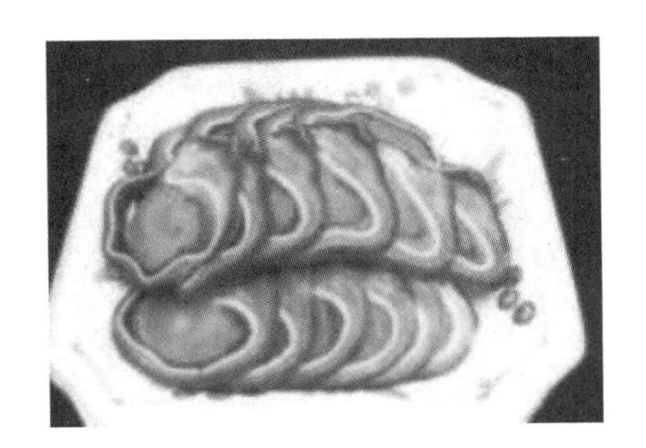

图 10-77 羊耳鸡塔

五、重庆部分

串串火锅：重庆串串火锅全国首屈一指。它种类丰富，注重荤素搭配，能够满足不同喜好人群需求，食材也是肉眼可见的新鲜。比较出名的牛肉有茴香牛肉、香菜牛肉、泡椒牛肉等，其每样食材都能够腌制入味，签上的牛肉鲜嫩饱满，轻轻一咬就会在口中爆汁，再蘸上秘制酱料，每一口都是地道的重庆味，让人回味无穷，见图 10-78。

特色抓抓鸡：特色抓抓鸡鸡皮香脆，再配上招牌的香辣调味汁，比一般川菜馆的口水鸡还要好吃，其配料有花生米、香菜、葱花、大蒜、小米辣和醋，食之让人回味无穷，见图 10-79。

图 10-78　串串火锅

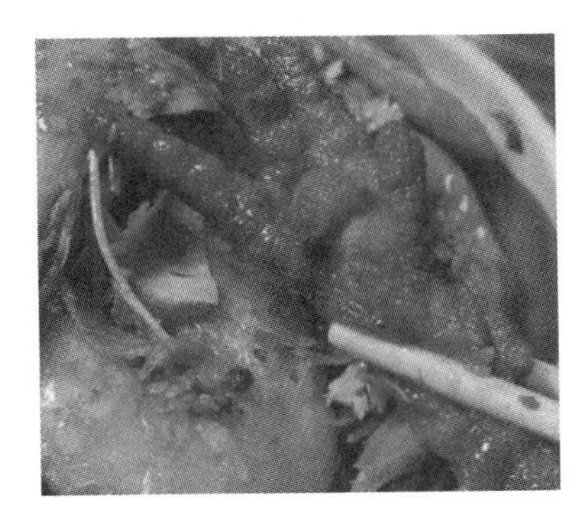

图 10-79　特色抓抓鸡

烤苕皮：苕皮是用南川红苕粉制作而成的。苕皮烤得外焦里嫩，食用时先从中间咬上一口，口感软糯，美味飘香。烤苕皮干还可以加上酸豆角、酸萝卜、干香菜、葱等，外面再撒上芝麻，吃起来别具一番风味，见图 10-80。

卤肥肠：卤肥肠是重庆地区的特色美食，肥肠洗得干净，煮得烂乎，软软糯糯，卤汁入味，很有嚼劲。食用前，将肥肠现捞出来，热气腾腾的，吃进嘴里还会弹牙，卤过的味道更为醇厚，再配上黄豆满口留香，见图 10-81。

图 10-80　烤苔皮　　图 10-81　卤肥肠

梅菜扣肉饼：用炭火烤的梅菜扣肉饼，外皮薄、酥、脆，搭配上均匀的梅干菜，既有嚼劲又好吃。其中，梅干菜咸度刚好，入口回甜，味道香酥焦软，见图 10-82。

嵌糕：嵌糕用糯米做外皮，里边包裹了多种食材，像包饺子一样包起来。嵌糕皮糯弹软，米香味十足，嚼起来独具鲜香，尤其是里面的卤肉料撑得年糕皮高高鼓起，分量之大，足以让人饱腹，见图 10-83。

图 10-82　梅菜扣肉饼

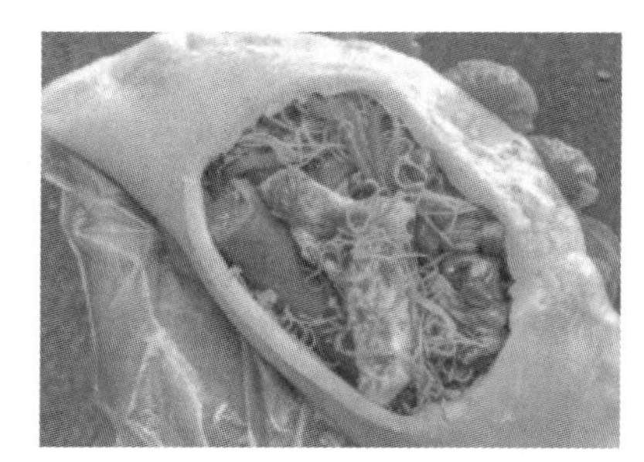
图 10-83　嵌糕

烤米线：烤米线是将泡好的米线内加上各种调料后倒进锡纸里，再放入些豌豆、胡萝卜丝、香菜等，虽配菜简单，但是味道很鲜。烤米线烤熟后要尽快吃掉，不然很快会变坨，影响口感。烤和炒的口感不大一样，烤米线独具焦香味，独树一帜，见图 10-84。

重庆小面：重庆人对小面优劣的评价标准主要是佐料，小面的佐料是其灵魂所在。小面品种丰富，富于变化，易于根据个人口味定制，见图 10-85。比如，既可要求店家干熘(干拌面)、提黄(面条偏生硬)、加青(多加蔬菜)、重辣(多加油辣子)等，也可要求店家采用不同粗细、形状的面身，一般有细面、韭叶、宽面三种类型。

图 10-84　烤米线

图 10-85　重庆小面

热灰粑：热灰粑的口感介于凉虾和凉糕之间，比凉虾糯，比凉糕弹软，可加入冰块食用，一到炎炎的夏日，重庆本地人都会点一碗热灰粑，见图10-86。

滑肉：滑肉的食材基本为瘦肉，食之不腻。瘦肉外面裹上一层苕粉，吃起来软糯弹牙、鲜嫩顺滑，是重庆地区的特色小吃之一。滑肉有很多口味，如麻辣火锅味、番茄味、红油味等，具体可以根据个人爱好自行选择与搭配，见图10-87。

图10-86 热灰粑

图10-87 滑肉

凉糕：凉糕是重庆著名小吃，尤其是手工红糖凉糕更是老少皆宜。凉糕口感类似于米糕、果冻等，清爽软糯，入口即化。凉糕再搭配上浓郁的红糖浆，兼滑、弹于一身，同时拥有大米的清甜味，是夏天解暑、解馋的好选择，见图10-88。

酸辣粉：重庆酸辣粉名气很大，其口感顺滑，再铺上大勺肉酱、萝卜干和榨菜等配料。如果口味较重，可以选择加麻加辣，喜食酸者还可以加醋，食之，酸爽过瘾，见图10-89。

图10-88 凉糕

图10-89 酸辣粉

费孝通先生曾提出中华民族多元一体格局，认为中国各民族共融于中华民族，同时，各民族又存在具体差异。西南地区是我国少数民族分布比较集中的地区，各民族在长期共融、发展中孕育出了各具特色的民族文化。然而，在全球化、现代化进程不断加快的今天，西南地区的各类民族文化正遭受前所未有的冲击，主要包括两方面：一是传统文化的丢失；二是文化的趋同。因此，加强对西南地区的饮食文化的整理与保护已经刻不容缓。

扫码看彩图

本章美食图

作为传统文化的重要组成部分,西南地区饮食文化的保护、传承与传播对于国家文化自信的建立具有重要意义。再者,西南地区旅游资源丰富,各地游客较多,饮食文化能够以"润物细无声"的方式在人们之间传播,广大民众更乐于接受。因此,通过对西南地区饮食文化进行梳理并适当总结,有利于推进西南地区传统文化的振兴,助力形成文化自信。

课后阅读

从创业夫妻档到"美食梦想家":让成都餐饮名片香飘世界

课后作业

一、简答题

1. 西南地区饮食与区域文化的关系是什么?
2. 西南地区饮食文化的特点是什么?

二、实训题

如何评价西南地区饮食文化对旅游者的吸引力?如何提升其影响力?

第十一章
东南地区饮食文化

学习目标

知识目标

了解东南地区饮食文化发展的概况，理解东南地区饮食文化的特征，知道东南地区代表性时期、城市的代表性饮食及其反映的历史与文化。

能力目标

能够举一反三，思考和总结东南地区饮食文化的保护、传承和传播的规律。

思政元素

1. 使学生深刻认识到东南地区饮食文化的历史渊源，以及此地饮食文化与其他文化的交叉融合概况，增强学生的文化自豪感。

2. 引导学生深化对我国东南地区文化的认识，尤其是饮食文化在文化保护、传承和传播方面发挥的作用，深化对文化历史与现状的思考，提出增强我国东南地区饮食文化影响力的对策。

章前引例

炳胜 换一种形式品年味儿

第一节　东南地区饮食文化概况

中国东南地区主要包括广东省、广西壮族自治区、福建省、海南省以及港、澳、台地区。该地区依山傍海、江湖遍布、岛屿众多，属于热带、亚热带气候。我国东南地区自然条件优越、物产丰饶，是著名的“鱼米之乡”。

中国东南地区是一个相对的地理范围，不同时期涵盖不同具体位置。总体来看，中国东南地区地理位置优越，其北与华中、西南两地区相接；南面包括辽阔的南海和南海诸岛，与菲律宾、马来西亚、印度尼西亚等国相望；西南界与越南相邻。这一区域海洋文化的特点和饮食风味相趋近，在行政区上，东南饮食文化区大致包括广东、广西、福建、海南、台湾、香港、澳门等地。

一、广东部分

广东简称粤,地处南岭以南、南海之滨。先秦时为百越聚居之地,秦朝设南海郡,秦末赵佗建南越国,后被西汉收复;唐时辖于岭南道;宋时辖于广南东路;元归入江西行省;清立为广东省。截至2023年,广东省陆地面积17.98万平方千米,海域面积41.9万平方千米。截至2022年,广东省下辖21个地级市,65个市辖区、20个县级市、34个县、3个自治县(共122个县级行政区划单位),1112个镇、4个乡、7个民族乡、489个街道(共1612个乡级行政区划单位),省会为广州市。2022年,广东省常住人口为12656.8万人。广东世居民族主要有汉、瑶、壮、回、满、畲等。广东海岸线绵长,《广东年鉴2022》显示,广东省全省大陆海岸线长4114千米,居全国第一位,其境内地势北高南低,其中山地(49.78%)、丘陵(17.62%),约占全省面积的67.4%。沿海有珠江三角洲和潮汕平原,地势平坦开阔。除西南部雷州半岛地处热带,基本上全省均属于亚热带季风气候,终年不见冰雪,年降水1500毫米以上,夏、秋两季多台风。

在温暖多雨的环境下,广东的农作物可以一年三熟,经济作物种类众多,主要作物有甘蔗、水稻、花生、茶叶等,其中甘蔗产量较多。广东水果品种众多,其中香蕉、木瓜、荔枝、菠萝被誉为广东"四大名果",龙眼、杨桃的产量也很大。另外,广东的桑蚕和渔业也很发达。

二、广西部分

广西壮族自治区简称桂,首府为南宁市,地处南疆,与越南为邻。先秦时,与广东同为百越聚居之地;秦设为桂林郡,部分属象郡;唐朝,广西大部分地域归属岭南道;宋时,大部分属广南路;元属湖广行省;清代立为广西行省。1958年,省一级的广西壮族自治区成立。中华人民共和国行政区划统计表显示,截至2020年12月,广西现设14个地级市,41个市辖区、9个县级市、49个县、12个自治县。2023年,广西土地总面积23.76万平方千米。2021年《广西向海经济发展战略规划(2021—2035年)》显示,广西大陆海岸线长1628.59千米,海岛643个,有壮族、汉族、瑶族、苗族、侗族、仫佬族、毛南族、彝族、佬族等民族。

广西地形略呈盆地状,丘陵广布,河谷纵模,盆地中部被广西弧形山脉分割。石灰岩分布广、岩层厚,因高温多雨,溶洞蚀成千姿百态的峰林、岩洞,与青山绿水组成一处处山水风景胜地。

广西属亚热带季风气候,南部全年无霜,年降水量1500毫米左右。由于水源和气温适宜,农作物一年可两至三熟,主要农作物有水稻、玉米、薯、甘蔗、茶叶等,盛产沙田柚、荔枝、龙眼、菠萝、罗汉果等水果,还有桂皮、八角、苗油、田七及柳木、松香、南珠等特产。

三、福建部分

福建省简称闽,位于我国东南沿海,与台湾岛隔海相望。先秦时分属楚越,秦时设闽中郡;汉代属扬州;唐代取福州和建州中的各一个字,设置福建观察使;宋时为福建

Note

路;元初后先后并入江浙行省、江西行省,后改设省,沿用至今。截至2022年,福建省下辖9个地级市,11个县级市、31个市辖区和42个县,省会城市为福州市,全省陆域面积12.4万平方千米,海域面积13.6万平方千米,大陆海岸线长3752千米,常住人口4188万,世居民族有汉族、畲族、回族、苗族、满族、高山族等。福建有"山国东南"之称,丘陵、山地面积约80%以上,素有"八山一水一分田"之称,福州、漳州、泉州、莆田等沿海一带为平原。福建海岸边线曲折,多岛屿,属亚热带季风气候,无霜期长达8—11个月,年降雨量达1000—1900毫米。该省具有山海优势,农林海产资源丰富。闽东南作物可一年两至三熟,盛产水稻、甘蔗、茶叶和热带、亚热带水果。名茶有武夷山岩茶、铁观音茶、乌龙茶、茉莉花茶等。龙眼、香蕉、柑橘、荔枝、枇杷、菠萝等产量较多,其中龙眼、荔枝产量较高。福建特产有松香、闽笋、香菇、银耳等。此外,莲子、水仙花等也非常有名。近海盛产带鱼、黄鱼和贝藻类。

四、海南部分

海南省简称琼,相隔琼州海峡与广东省相望,包括海南岛和西沙、中沙、南沙群岛的岛屿及其领海,其全省海域面积约200万平方千米,是我国海域面积最大的一个省。"海南"这一称呼在宋代才出现,民国之后普遍使用,其正式作为海南地方政区的称谓是中华人民共和国成立后的1951年,称"海南行政公署",1988年建制升格为省。截至2022年12月,海南省行政区划市级4个(地级市4个)、县级25个(市辖区10个、县级市5个、县4个、民族自治县6个)、乡级218个(街道22个、镇175个、乡21个),省会为海口市。海南省人民政府网显示,截至2023年6月,海南省陆地总面积约3.54万平方千米,海域面积约200万平方千米,海岸线总长1944千米。截至2022年,海南省常住人口1027.02万,世居民族有汉族、黎族、苗族、回族等。

海南省是典型的热带海岛型地区,有"南海明珠"之称。海南岛是我国第二大岛,中部为五指山,沿海平原占全岛2/3,属热带季风气候,长夏无冬、高温多雨,月平均气温在20 ℃以上,年降水量在1500—2500毫米。

海南岛是我国热带作物基地,物质资源十分丰富。2021年,海南橡胶产量占全国比重达45.7%,出产咖啡、椰子、菠萝等热带作物。雨林中盛产贵重木材、藤类、南药及珍贵鸟兽。附近海域盛产石斑鱼、海龟、龙虾等。

五、台湾部分

台湾位于我国东南沿海的大陆架上,西隔台湾海峡与福建省相望,东临太平洋。台湾自古为中国领土的一部分,现省会为台北市。台湾在古籍中称"夷岛",汉晋南北朝时名"夷洲";元明时期,政府在澎湖设巡检司管理台、澎等地;明末,郑成功驱逐侵略者,收复台湾;清初,改置"台湾府",属福建省,1885年立为省。台湾包括台湾本岛与兰屿、绿岛、钓鱼岛等21个附属岛屿以及澎湖列岛63个岛屿,台湾岛是我国第一大岛。截至2020年,台湾全省陆地面积3.6万平方千米,其中台湾岛约为3.59万平方千米。截至2019年末,台湾地区户籍登记人口2360.31万人,有汉族、高山族等民族。

台湾岛有五大山脉、四大平原和三大盆地,分别是中央山脉、雪山山脉、玉山山脉、

阿里山山脉和台东山脉,宜兰平原、嘉南平原、屏东平原和台东纵谷平原,台北盆地、台中盆地和埔里盆地。中央山脉北起苏澳附近,南达台湾南端的鹅銮鼻,纵贯台湾本岛南北中央,成为全岛的脊梁和分水岭,有“台湾屋脊”之称。玉山山脉的主峰玉山海拔3997米,是我国东部沿海最高峰。台湾西部为各河流冲积而成的平原,北部狭窄,南部较宽。台湾地跨北回归线,北部为亚热带气候,南部为热带气候,冬季温暖,夏季炎热,雨量充沛,常受台风侵袭,夏季长达7—10个月,年降水量多在2000毫米以上,夏秋多台风暴雨,雨多风强为本区气候特点。

台湾自然条件优越,作物一年三熟,主要作物有稻米、甘蔗、茶叶及水果,盛产香蕉、菠萝、龙眼、荔枝、木瓜、柑橘、橄榄等,特产有天然樟脑、香茅油等。另外,台湾近海远洋渔业发达,盛产珊瑚。

六、香港部分

香港特别行政区,位于南海之滨,珠江口东侧,包括香港岛、九龙半岛、新界和周围的262个岛屿。香港陆地总面积1106.34平方千米,海域面积为1648.69平方千米。根据2021年人口普查的结果,截至2021年6月,香港常住人口约为741万。香港自古以来就是中国的领土,秦汉以来先后属番禺县、宝安县、东莞县、新安县管辖。1997年7月1日,我国政府对香港恢复行使主权,中华人民共和国香港特别行政区正式成立。香港为四季分明的海洋性亚热带季风气候,全年雨量充沛,四季花香,春温多雾,夏热多雨,秋日晴和,冬日干冷。香港特别行政区是国际金融、航运和贸易中心,经济比较发达。

七、澳门部分

澳门特别行政区位于南海之滨,珠江口西侧,由澳门半岛、氹仔岛和路环岛组成。截至2023年6月,澳门特别行政区的土地总面积已扩展为33.3平方千米。澳门自古属于中国领土,明代时属于广东香山县,16世纪为葡萄牙所占,逐渐发展成为一个国际贸易港口城市,在中西文化交流中起着重要的桥梁作用。1999年12月20日,澳门回归中华人民共和国,与香港一样设立特别行政区。澳门以旅游业著称,博彩业发达。

中国饮食文化区域概念中的东南地区,在我国历史上是一个后来居上的地区。古代,这里是百越聚居之地,由于远离中原,开发迟缓。秦汉以后,随着汉人的南迁,东南地区汉化程度日渐增高。自唐宋以来,海上贸易的发展使这一地区变得日趋重要,广州港和泉州港地位显赫。明清时期,东南地区的发展突飞猛进,珠江三角洲一带的经济发展水平已赶超长江流域。由于澳门和香港的特殊地位,这里成了中西方文化交汇的桥梁。进入近代,东南地区更成为民主革命的策源地之一,众多贸易往来在这里进行,促进了这一地区和世界的联系。因地处沿海地带,开放和兼容的传统促使东南地区不断进取、与时俱进。在历史的积淀和升华中,东南文化逐渐成为中国文化的重要组成部分。

第二节 东南地区饮食文化特征

地理环境造就了地域的自然物产，而自然物产给人们带来了饮食资源，因此饮食文化和地理环境密切相关。严格来说，地理环境决定了人类的生存方式。东南地区既有高山密林又有肥沃的三角洲平原，既有众多的丘陵山地又有广阔的滨海湿地，这些地形地貌成了东南地区地理环境的重要特征，由此也带来了得天独厚的饮食资源。另外，东南地区地处海上交通枢纽，使其成为中外文化的交汇之地，因此东南地区的饮食文化富有强烈的兼容性与多元性。

一、优质生态提供了饮食资源

东南地区的气候属热带、亚热带气候，其特点是四季温和，全年多雨高温。东南地区在远古时期是一片热带、亚热带森林，也有丘陵山间灌木丛林和林间草地，这里生存过恐龙、犀牛、巨貘、东方剑齿象、纳玛象等珍贵动物。至今，粤北地区还保存着大量化石，如在广东省南雄市发现有恐龙蛋、恐龙脚印等化石。东南地区气候条件优越，有利于各种植物的繁殖和生长，因此东南地区的植物种类丰富且很多植物经冬不凋，全年均可生长发育。许多远古时代的植物，如冰河时期遗存的银杉、银杏(白果)、水松、铁杉等，以及许多古老的植物如，观光木、苏铁、鱼尾葵等，至今仍生存于该地。福建省的武夷山脉，野生动植物资源异常丰富，以“世界生物模式标本的产地”而闻名，丰富的野生资源为人类生存奠定了丰富的物质基础。

东南地区以丘陵山地为多，植物资源居全国前列。粤北、桂北、闽西盛产香菇、木耳、银耳、竹笋、板栗、山药、黄花菜、大肉姜等珍蔬。桂北、粤北还是银杏的丰产区。东南地区的闽茶自宋代以来就已享有盛名，武夷山一带盛产的武夷岩茶为中国名茶之一，泉州市安溪县的铁观音、福州市闽侯县的茉莉花茶、宁德市福安市的红茶也名满天下。粤茶有潮州市的凤凰单丛茶、饶平县的白叶单丛茶、英德市的红茶、鹤山市的古劳茶、乐昌市的白毛茶、肇庆市的紫背天葵等。广西有桂花茶、桑寄生茶等。

东南地区的蔬菜更是不胜枚举，常年四季瓜菜不断，品种之多、产量之高堪称全国前列。粗略统计，东南地区的常见菜蔬达几十种，而许多东南特有品种就更为珍奇。《广东新语》记载广芋中最鲜美的是黄芋，次之白芋，再次之红牙芋。广西则以荔浦芋闻名。东南多薯，有葛薯、黎洞薯、木薯等，皆甜美可口，还可作副粮食用。此外，广西盛产食用香料，如肉桂、八角等在国内外市场上均占有重要地位。台湾、海南的椰子、腰果、槟榔、胡椒、可可、咖啡、香茅等是著名特产。

东南地区盛产水果，丘陵和平原地区盛产荔枝、龙眼、香蕉、柑橙、青榄、芒果、菠萝、杨桃、番石榴、木瓜、甘蔗、凤眼果、柠檬等；山区多产柚子、青梅、桃子、三华李、无花果、蜜橘等，一年四季水果不断。东南地区还是一个水乡泽国，可供食用的水生植物资

源多样,如莲藕、莲子、马蹄、慈姑、菱角、菱笋等,皆被视为席上之珍。其中,福建省三明市建宁县与南平市建阳区的莲子、肇庆市的芡实、广州市荔湾区的"泮塘五秀"(莲藕、马蹄、茨菇、菱角、茭笋)均为名产。

由于气候条件优越,热带、亚热带的飞禽走兽都在东南地区大量繁衍,咸淡水域的鱼、虾、蟹、贝丰富,湿地的各类两栖动物和爬行动物种类繁多。东南地区的自然条件有利于农业的发展。由于全年温度适宜,植物生长季节长,一年之内粮食可三熟,蔬菜可获8—11茬,蚕茧可收8次,茶叶可采摘7—8次,塘鱼可放养3—4次。多熟制农业为饮食提供了丰富的资源。

东南地区地处海上交通要道,来自海外的植物不断被引进,如可可、番石榴、番茄、玉米、荷兰豆、辣椒、番薯、花生、马铃薯等作物均是在不同时期陆续引进的。引进初期,这些农作物都是先在东南地区试种,然后逐渐向其他省份推广的。近代以来,随着中外贸易的不断发展,进口海味不断输入东南沿海,如东南亚的海参、龙虾,大洋洲、美洲的鱼翅、鱼肚,日本的鲍鱼、元贝、海参,以及澳大利亚的鲍鱼等,各类名贵海味都汇聚于东南。丰富的饮食资源,为东南地区形成独特的饮食文化提供了物质基础。

二、沿海特征丰富了饮食特色

东南大陆海岸线广阔,加上有海南和台湾两大宝岛,使得东南地区海产资源极其丰富。中国的海洋鱼类在区系性质上多属热带和亚热带性,寒带性的很少,大约有2000种,其中渤海、黄海约有300种,东海约有600种,南海约有1000种。粗略统计可发现,东南海域的鱼类约占全国总鱼类80%。东南人民开发海洋资源的历史悠久,从广东省潮州市发掘出的贝丘遗址推断,东南的海洋捕捞已有五六千年的历史。进入当代社会,东南沿海地区已形成了沿海、近海、外海及远洋四大捕捞作业区,形成了东南地区诸多的著名近海渔场。沿海先民自古以来就喜食海鲜、善享海鲜,因此,以海鲜为特色的饮食风尚成为东南地区的一种传统,在东南地区百姓的生活中充满着海洋文化的气息。

东南沿海的河流多为短小独流,冲淡海水的现象不多,海水盐分浓度较大。同时,沿海太阳照射强烈,利于修建盐田的滩涂较多,故盐田分布不少。清代,单是广东一省的盐产已能供给黔、桂、赣、闽等多个地区。东南地区盐产丰富,不但可用于调味,还可用于保鲜,因此,东南地区在食品加工中以盐腌制的食物品种繁多。

东南地区的海域位于东南亚海上交通要道,包括了濒临浩瀚的南海、北部湾、台湾海峡及东海部分海域。境内河网纵横,流量丰富,港湾众多,内河航运与海洋航运联通,航运业发达。早在秦汉时期,就开辟了从广东徐闻、广西合浦出发经南海驶向印度、斯里兰卡,中转后直至古罗马的"海上丝绸之路"。唐代,以广州为起航点的通海夷道,远达东非海岸。宋元时期,泉州港一度成为全国对外贸易中心。明清时期,澳门、广州的航线可以抵达美洲、欧洲和大洋洲,广州成为世界性的东方国际贸易中心。进入近代社会,东南地区成为中国通往世界各地的重要门户,香港成为重要港口,对东方世界影响深远。一批新的港口城市,如湛江市、福州市、厦门市、汕头市等相继崛起,成为中国对外贸易的主要通商口岸,大大促进了中西经济、文化的交流。国外的饮食文

化大多先在东南地区驻足,再向内陆城市传播。东南地区自明清以来,大批人陆续出洋谋生,他们把具有浓郁海洋文化特色的家乡菜肴带到世界各地,也从世界各地带回了海外的饮食风俗。华人、华侨成为东南地区饮食文化的传播者,影响了世界饮食文化的格局。

三、丘陵山地扩充了饮食风格

东南地区多山,山地和丘陵不在少数。其中,以南岭山地最为著名,它位于零陵、永兴、泰和一线以南,上林、桂平、梧州、怀集一线以北,西至从江、宜山,东至闽、赣边界的广大地区均属南岭山地。南岭的山体总体平均海拔为1000米左右,是长江水系和珠江水系的分水岭,又是我国中部和南部的气候屏障,同时还是中亚热带与南亚热带之间的一条自然地理分界线。拥有这样一条自然地理的分界线,使得东南地区具有得山海之利的优越条件,有利于本地区饮食文化的发展。东南地区除了山地,丘陵广布,闽、粤、桂大多数地区位于海拔500米左右的丘陵地带,闽、粤以花岗岩丘陵为多,广西以石灰岩丘陵分布为广。丘陵山地大部分土地贫瘠,农业发展水平不高,于是形成了东南地区的另一种饮食特色——山区饮食。

山区饮食以稻谷为主粮,以番薯、玉米、芋为副主粮,符合保健饮食原则。山区饮食依赖山区的自然生态资源,大力发展以豆腐、腌菜、竹笋为特长的山区菜,客家饮食文化就是这一地区的典型代表。山区饮食由于受到各种条件的限制,相对比较粗放,但也因此促进了人体的健康成长。例如,山区常食糙米(去谷壳后的米粒不做第二次加工使米粒光滑即可),能补充人体所需的多种维生素。山区多食粗纤维植物,有利于肠胃蠕动和排泄,对防治肠癌大有益处。从营养结构看,山区饮食具有低脂肪、低蛋白、低糖、低油等特点,对人体健康大有裨益。山区烹调不用繁杂的香料和调味品,多用简约、省时、省力的调制方法,像客家的砂锅菜、酿豆腐、东江盐焗鸡等,都是雅俗共赏的名菜,也是物美价廉的典范。山区饮食从食料取材、食品加工、燃烧烹煮,到残物利用,都较为合理地利用了山区资源,同时又保护了生态环境,是一种低碳的饮食生活,可为现代社会寻求健康饮食之路,缓解生态危机,提供宝贵经验。

随着社会经济的发展,人们在重新审视饮食对生命的意义时,山区的饮食文化开始被人们重视,山区饮食传统有益于身体健康,符合科学食疗的医学原理,正逐渐被人们所青睐。

东南地区的山地和丘陵形成了众多风景优美的景区,如广西岩溶景观和喀斯特地貌景观,山景奇特,风光迷人,尤其是桂林素有“山水甲天下”之称。幽深奇妙、变幻离奇的七星岩、芦笛岩、宝晶宫、凌霄岩等岩溶洞穴,都已成为著名的旅游胜地。广东的鼎湖山、丹霞山,以及福建的武夷山等名山也成为旅游胜地。旅游业的发展带火了当地的名品佳肴,美食和美景相得益彰,更让人流连忘返。

四、地理差异和民族传统形成的食俗差别

(一)地域差异形成的不同食俗

东南地区是高温多雨的热带、亚热带季风气候,降雨量多,日照时间长,年平均气

Note

温高于20℃。炎热多雨的天气影响着人们的饮食习惯,这里的人们饮食口味偏向清淡。同时,高温闷热,自然会流汗较多,因此补充水分成为这里饮食养生的第一需要,故东南地区粥汤类食品甚多,饭前饭后汤水不断。另外,炎热多雨的气候又很适合甘蔗和各类水果的生长,因此东南地区蔗糖产量较高,带甜味的食物也较多,这自然也影响到了烹调,东南地区烹饪较爱用糖,该地区的甜食较之全国都较为突出。

从饮食器具上看,北方器具大多厚重、硕大,而南方器物多小巧、玲珑、华美,形成这种现象的主要原因在于气候和地理环境的差别。北方寒冷,夏天炎热,温差较大,造就了人们气质上的宽宏、耐力,中原地区既有广阔平原,又有崇山峻岭,铸就了人们审美观念中的雄浑。南方山清水秀,树木常青,温差较小,以艳丽为美,狭小的环境使人们从小处着眼,在小的布局中创造出诱人之物。南北饮食器具上的差异还与人的体型、力量等的差别有关,如北方人的食量较大,形体高大,制作的食器也较为硕大、厚重,南方人纤细偏瘦,个子较小,故制作的食器多为小巧玲珑形。

从饮食审美看,东南地区是一个花山果海的世界,这种自然环境影响人们在饮食中多追求外观浓艳、花哨的风格和芳香怡人的感受。

(二)不同的民族传统形成的不同食俗

东南地区少数民族较多,饮食风俗迥异。自秦汉以来,汉族不断迁入东南。至今,虽汉族占东南地区人数较多,但该地民族组成依旧丰富,主要有汉族、壮族、满族、回族、瑶族、苗族、黎族、高山族等民族。随着社会的发展,少数民族文化不断与汉族文化相融合,这对当地的饮食习惯产生了较大影响,导致当地饮食亦趋雷同。但聚居于山区的少数民族,由于地理环境、社会环境等因素的影响,使其还保留了当地传统的饮食文化,独具特色。尤其是在中华人民共和国成立以前,海南岛的黎族,桂西北山区、粤北山区的瑶族,闽西山区的畲族,由于主粮生产短缺,长期以薯、芋等作为主食。又如,东南地区的满族大部分是清代驻粤和闽的八旗将士的后代,即使南迁,但依然保持着本民族的饮食生活,这给东南的饮食文化增添了新的色彩,如满族饽饽便是特色饮食之一。东南地区的回族多聚居于广州、泉州、福州等大城市,他们饮食文化较为特殊,只食清真食品,故清真餐馆长盛不衰,这也成为东南地区富有民族特色的饮食文化风景线。

中国历史上的移民潮大多是自北向南迁徙的,这股浪潮造就了东南地区饮食文化特征。汉族虽逐渐成为东南地区人口的主体,但由于来自不同的地区,所以即使都是汉族人,其饮食风格也各有差异。仅就广东省而言,汉民族中就有广府、客家、潮汕之分,方言差异甚大,饮食风格亦不相同。广府饮食以广州口味为正宗,客家则带有山区风格,而潮汕又受闽南影响颇深。福建在明代设立八府,故有“八闽”之称,八闽由于地域和族群上的差别,饮食风习也多有不同,闽南和闽西差距甚大,一为海滨风味,一为山区风味。在台湾,闽南、客家占主流地位,两种饮食风格各有特色。香港和澳门则成为国际不同种族聚居的城市,中西饮食并举。随着民族文化的融合,许多饮食方式会在各种族群中趋向认同和接受,同时,族群中的某些特色传统依然被传承和发扬。“千里不同风,百里不同俗”正是我国东南地区饮食文化的生动写照。

第三节　东南地区各地市特色饮食文化

一、福建部分

东南地区饮食文化中福建省占了很大部分，如福州、厦门、宁德、莆田、泉州、漳州、龙岩、三明等。福建素有“八山一水一分田”之称，境内峰岭耸峙、丘陵连绵，河谷、盆地穿插其间，山地、丘陵占全省总面积的80%以上。正是其特殊的地理环境，山川、河谷的隔离，促使其形成了许多不同的饮食习惯和创造出了不同特色美食。福州、厦门、莆田、三明、泉州、宁德、漳州等沿海地区海鲜更是特色，而龙岩、三明等内陆地区的美食多带有山区的特色。

闽菜是中国八大菜系之一，历经中原汉族文化和百越文化的融合而形成。闽菜发源于福州，以福州菜为基础，后又融合闽东、闽南、闽西、闽北、莆仙五地风味菜形成的菜系。狭义是闽菜指以福州菜，最早起源于福建福州闽县，后来发展成福州、闽南、闽西三种流派，即广义的闽菜。福州菜淡爽清鲜，讲究煮汤、提鲜，擅烹各类山珍海味；闽南菜（泉州、厦门、漳州一带）讲究作料调味，重鲜香；闽西菜（长汀、宁化一带）偏重咸辣，烹制多为山珍，特显山区风味。

（一）福州

佛跳墙：佛跳墙通常选用鲍鱼、海参、鱼唇、杏鲍菇、蹄筋、花菇、墨鱼、瑶柱、鹌鹑蛋等汇聚到一起，加入高汤和绍兴酒，用文火煨制而成。成菜后，软嫩柔润，浓郁荤香，荤而不腻，见图11-1。佛跳墙不仅是福州美食，也是闽菜非常有名的代表菜。

（二）厦门

厦门封肉：厦门封肉指的是同安封肉，当地不管是办喜事还是盖新房都必吃这道菜。这道菜中的肉要四四方方地倒扣在碗中，浓油赤酱，色泽鲜丽，吃到嘴中鲜嫩多汁，见图11-2。

图11-1　佛跳墙

图11-2　厦门封肉

（三）莆田

炝肉:炝肉,即采用“炝”的做法,用地瓜粉包裹着上好的里脊五花肉肉片,然后在翻滚的猪骨浓汤中沸腾。这样,煮出来的肉片咸香爽滑,再加些花菜、豆腐丸子之类的辅料,一碗热腾腾的炝肉就出锅了,最后加入香菜和米醋即成,见图11-3。

（四）三明

沙县板鸭:沙县区隶属三明市,沙县给人的印象就是小吃很多,沙县板鸭就是当地非常有名的一道美食。其选用农家番鸭为原材料,加上各种作料制作而成,易于传播。通常,买回家后只需要简简单单上锅蒸熟之后就可以食用,见图11-4。

图11-3　炝肉

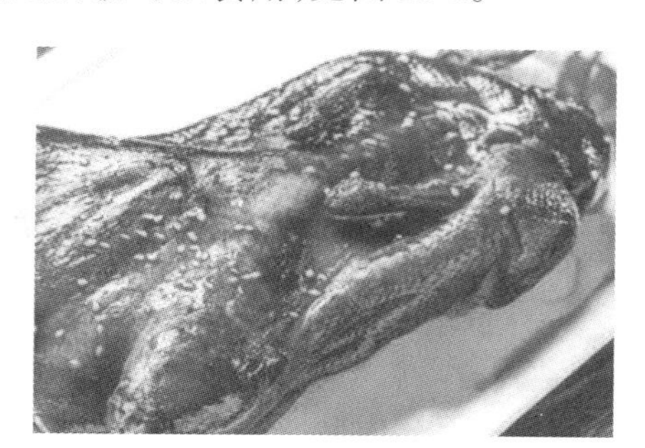

图11-4　沙县板鸭

（五）泉州

姜母鸭:起源于福建省泉州市,是闽南饭桌上必不可少的一道菜。姜母鸭带有浓郁的姜香味和鸭肉的鲜香,吃到嘴里酥软鲜嫩,汁料鲜美,细密的肉带有着肉汁,鲜香无比,还有驱寒祛湿的功效,见图11-5。

（六）宁德

飞鸾扒鸡:飞鸾扒鸡是宁德的老字号土特产,也是闽东人民走亲访友最常带的特产。据说,飞鸾扒鸡的秘制卤方是从清道光年间传承下来的,其鸡肉特别入味、紧实,鲜香诱人,见图11-6。

图11-5　姜母鸭

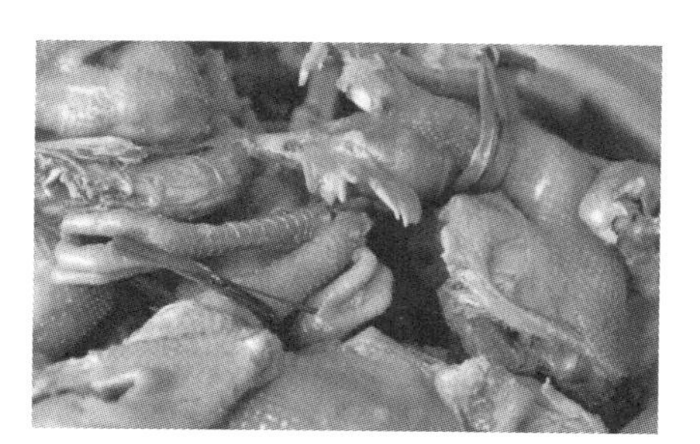

图11-6　飞鸾扒鸡

（七）漳州

四果汤:四果汤是由油皮、番茄、冬笋、马蹄、籼米粉等制作而成。本菜品外酥内嫩、酸辣可口、营养丰富,具有健脾开胃、减肥瘦身、调理便秘等功效,见图11-7。

（八）龙岩

烊鱼：烊鱼起源于明朝，流传到现在有600多年历史。它虽然名字中带有鱼，但是实际这道菜中并没有鱼肉，主要是用瘦肉加上鸭蛋、虾皮、葱和少量味精，最后经过油炸而成，成菜松软可口、香酥鲜美，见图11-8。

图11-7 四果汤

图11-8 烊鱼

二、广东部分

广东地处亚热带，濒临南海，雨量充沛，四季常青，物产富饶。故广东的饮食，一向得天独厚。早在西汉《淮南子》中就记载有粤菜选料的精细和广泛。粤菜是我国八大菜系之一，由广州、潮州、东江三地的特色菜点发展而成。

粤菜注意吸取各菜之长，形成了多种烹饪方法，是具有独特风味的一种菜系。广州菜清而不淡、鲜而不俗、选料精当、品种多样，还兼容了许多西式菜肴的做法，讲究菜的气势、档次。潮州古属闽地，故潮州菜汇闽粤风味，以烹制海鲜和甜食见长，口味清醇，其中汤菜最具特色。东江菜又称客家菜，客家为南徙的中原汉人，聚居于东江山区，其菜乡土气息浓郁，以炒、炸、焗、焖见长。

粤菜总体上的特点是选料广泛、新奇且尚新鲜，菜肴口味尚清淡，味别丰富，讲究清而不淡、嫩而不生、油而不腻，有五滋（香、松、软、肥、浓）、六味（酸、甜、苦、辣、咸、鲜）之别。时令性强，夏秋讲清淡，冬春讲浓郁。粤菜的特征大致可总结为广博奇异、用量精细，注重质和味。

（一）潮汕

潮汕牛肉丸：潮汕牛肉丸是潮汕美食中极具代表性的一种美食。选用新鲜的牛腿包肉作料，去筋后切成块，用力将肉槌成肉酱，加入调料拌匀，再用手使劲搅挞，直至肉浆黏手不掉。此时用手抓起肉浆，握紧拳头，从拇指和食指间挤出一丸肉，用羹匙掏进温水盆里，烫熟后即成，见图11-9。

潮汕牛肉火锅：潮汕牛肉火锅没有什么花哨的吃法，就是最简单的牛骨清汤锅底，讲究门外切肉门内涮，认为只有如此才能吃出牛肉的原汁原味。开吃前，每位食客面前都放有三小碟佐料，分别为沙茶酱、辣椒酱和普宁豆酱，客人可以根据自己的口味自行搭配。所以，人们常说潮汕美食大味至淡，不无道理，见图11-10。

图11-9　潮汕牛肉丸

图11-10　潮汕牛肉火锅

(二)汕尾

绉纱甜肉:绉纱甜肉是潮汕地区喜庆筵席必备之品。首先将五花肉煮熟,皮上扎小孔,涂酱油上色,放入锅油炸至表皮收缩;然后取出用冷水冲漂,去油腻,放入有垫底的砂锅中,加水和糖焖,加甜芋泥蒸;最后勾芡。绉纱甜肉软烂甘香,是荤料甜做的一个典型,见图11-11。

生地水蟹汤:汕尾人宴请佳客,点的第一道菜一般是生地水蟹汤。白色的瓷盆盛着一盆偏黑色的汤水,汤上面露出几个红色的蟹足,别具特色。舀过汤后,盆底逐渐会露出了几片生地黄,此时尝汤,会感到苦而后甜、咸而后香。此道菜的大闸蟹是可以吃的,当地人喜蟹肉和汤一同食用,蟹肉鲜美、蟹汤鲜香,见图11-12。

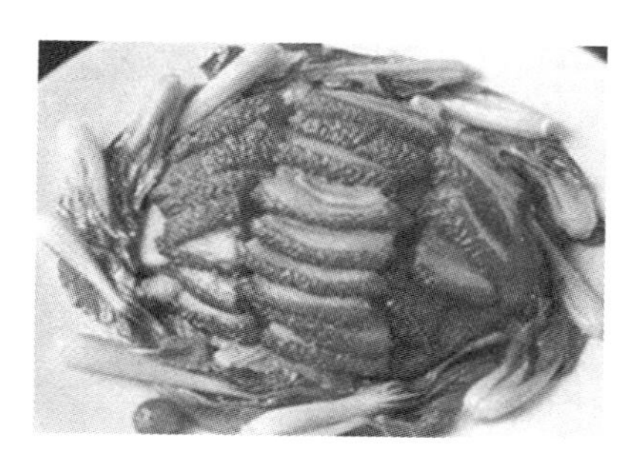
图11-11　绉纱甜肉

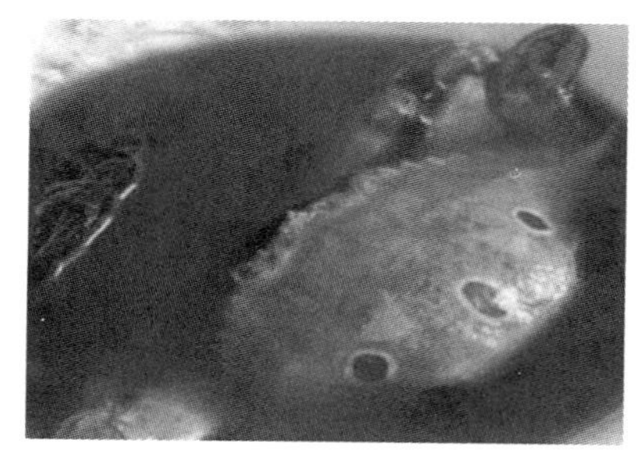
图11-12　生地水蟹汤

(三)揭阳

普宁卷煎:普宁菜头卷和芋头卷,在普宁地区是很普遍的小食,潮汕人民一般都叫它卷煎(也称广章)。一般的潮汕人家都会做卷煎,卷煎可以蒸,也可以煎。将蒸好的卷煎煮着吃,口感糯弹,较为清淡。油炸过的菜头和芋头卷煎,外皮酥脆,芋头香郁粉糯、菜头清香甘甜,见图11-13。

埔田笋粿:揭阳市揭东区的埔田镇是远近闻名的"竹笋之乡",这里的炒笋粿条(又名埔田笋粿)是揭阳知名特色小食之一。埔田笋粿采用最新鲜的竹笋和当地上好的硬浆粿条作为原料,刚出炉的埔田笋粿颜色金黄微赤、弹性十足,粿香、笋香交织四溢,鲜香味美。举筷一尝,外层的酥脆、内里的软嫩,让人口齿留香。此菜粿中有笋、笋中有粿,鲜甜韧滑,让人回味无穷,见图11-14。

Note

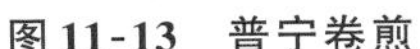

图 11-13　普宁卷煎

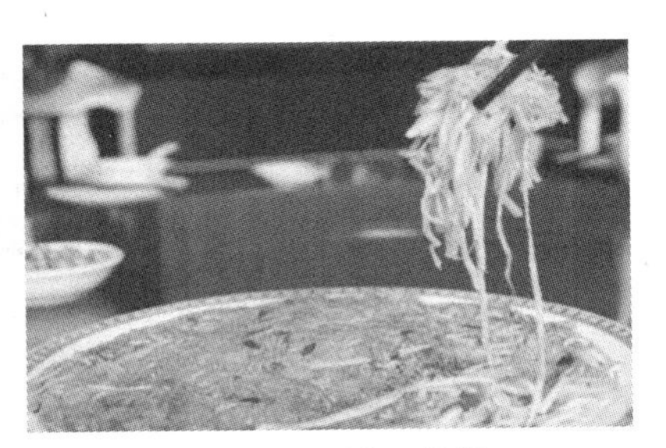

图 11-14　埔田笋粿

（四）梅州

客家酿豆腐：客家酿豆腐是客家三大名菜之一。酿豆腐鲜嫩滑香、营养丰富，且制作方法简单。首先，将火柴盒大小的水豆腐炸成金黄色，然后把猪肉、鱼肉做成的馅酿入其中，最后放入葱花、香油，盛在鸡汤瓦煲内焖着，直到香气四溢时即可食用，见图 11-15。

梅菜扣肉：梅菜扣肉是将肥瘦均匀的猪肉(一般为三层肉)先切成长方块，然后将猪肉煮熟后下油锅炸酥猪皮，捞起时将上等梅菜、姜丝、蒜仁、精盐、酱油、白糖装碗放于锅内，文火蒸烂。梅菜扣肉特点是：鲜美软滑，咸甜适中，肥而不腻，色香味俱佳。梅菜扣肉与盐焗鸡已成为客家菜肴的“龙头老大”，有极高的知名度，见图 11-16。

图 11-15　客家酿豆腐

图 11-16　梅菜扣肉

（五）广州

广州人喜好饮茶，早上见面打招呼基本会问“饮左茶未”，以此形成了早茶文化。饮茶是广州人的一种生活习惯，也是食在广州的一大特色。广州人所说的饮茶，实际上不仅饮茶，还要吃点心。广州人饮茶并无礼仪上的讲究，唯独在主人给客人斟茶时，客人要用食指和中指轻叩桌面，以致谢意。

据说广州人饮茶时的这一礼仪源自乾隆下江南。相传，乾隆皇帝到江南视察时曾微服私访，有一次来到一家茶馆，兴之所至，竟给随行的仆从斟起茶来。按皇宫规矩，仆从是要跪受的，但为了不暴露乾隆的身份，仆从灵机一动，将食指和中指弯曲，做成屈膝的姿势，轻叩桌面，以代替下跪。后来，这个消息传开，逐渐演变成了广州饮茶时的一种礼仪。

在广州饮早茶，“四大天王”必点不可，“四大天王”分别为虾饺、叉烧包、干蒸烧卖和蛋挞。只有吃了“四大天王”，才不枉真正地吃到了地道的广州早茶，见图 11-17。

图11-17 广州早茶

虾饺：广东人饮茶，绝对少不了一笼虾饺，见图11-18。上乘的虾饺，皮白如冰、薄如纸，半透明，肉馅隐约可见，吃起来爽滑清鲜、味美诱人。虾饺起源于20世纪20年代后期的广州河南(现广州市海珠区)五凤村，该村一涌二岸，当地人在岸边捕到鲜虾后剥其肉，再配上猪肉、竹笋，制成馅料，以粉裹而蒸之，其汁液不外流且味道鲜美，久而久之，声名鹊起而风行于市，并被引入茶楼食肆。后经不断改良，形状由角形改成梳子形，细折封，每只不少于十二折，呈弯梳状，故又有"弯梳饺"之美名。后来，虾饺皮由米粉改为澄面(小麦淀粉)，用大滚水熨熟而成，馅的原料也有了改进，即用合理比例，以鲜虾肉、肥肉头(用大热水熨过，去油增加口感)、脱水鲜竹笋尖、猪油加味料组成，以旺火蒸之，从而达到晶莹通透，馅心红白双映生辉。

叉烧包：现在我们看到、吃到的叉烧包都有一个特定的造型，就是高身雀笼型，爆口而仅微微露馅。但据考证，自从近代我国从国外进口泡打粉、臭粉等以来，才真正有了叉烧包的爆口造型，见图11-19。

叉烧包的馅料相当讲究，要以半肥半瘦的叉烧粒和叉烧酱混合，而且两者都要放凉后才能混合，否则一冷一热相撞，生粉芡会出水，蒸时外皮易吸收酱汁，味道就会大打折扣。叉烧包一般直径为5厘米左右，一笼通常为3—4个。蒸熟后，叉烧包又软又滑，稍微裂开露出叉烧馅料，散发出阵阵叉烧的香味。

图11-18 虾饺

图11-19 叉烧包

干蒸烧卖：在20世纪30年代，干蒸烧卖已风靡广东各地，近20年来，又传遍广西的大中城市，成为岭南茶楼、酒家茶市必备之品。广州的烧卖同北方的烧卖系同源品种。最早推出烧卖系列点心的茶楼是惠如楼，由于当时茶楼竞争激烈，惠如楼推出"星期美

点”，即点心每星期一换，品种绝不重复。为了丰富点心品种，师傅以烧卖为蓝本，进行精装化、细碟化改造，从而有了干蒸烧卖。干蒸烧卖有猪肉干蒸烧卖和牛肉干蒸烧卖两种。其中，牛肉干蒸烧卖历史有七八十年之久。牛肉烧卖的制作方法是：取牛肉去掉筋络，用刀剁碎后配以肥猪肉粒、姜汁、酒等拌匀，挞至起胶，挤成一个个丸子上碟。每碟两粒，放进蒸笼里蒸熟。现在，也有配以马蹄粒、笋粒等爽口配料，使其更加鲜香爽口、肥美不膻。广州有的高档茶楼也在烧卖里面放入鲜虾肉，这种新式烧卖做法，味道极其鲜美，口感爽滑，见图11-20。

蛋挞：早在中世纪时，英国人就已开始用牛奶、糖、鸡蛋以及各种不同的香料，制作类似蛋挞的食品。据传，17世纪时，蛋挞就已成为“满汉全席”中第六席的一道菜式。早年，广州各大百货公司为了吸引顾客，每周都会要求厨师设计一款“星期美点”，以招揽顾客，广式蛋挞正是在这段时期出现的，并逐渐成为广州茶点的一部分，见图11-21。纵横广式点心界60余年、有“粤点泰斗”之称的何世晃觉得现在的广式蛋挞其实是“中国心”。传统的广式蛋挞实际上叫作“蛋砵”，20世纪三四十年代，由于蛋挞在香港的茶餐厅受到追捧，为了顺应潮流吸引顾客，广式蛋挞才渐渐更名为蛋挞。

图11-20　干蒸烧卖

图11-21　蛋挞

状元及第粥：状元及第粥是广东省广州市的一道特色小吃，属于粤菜系，见图11-22。状元及第粥起源于明朝，据传与岭南才子伦文叙有关。

相传，小时候的伦文叙家中贫困，七岁时就得挑着扁担独自去卖菜。一天下午，他挑着一担菜路过一间粥铺，突然闻到里面飘出来一股香味，可身上半个铜板都没有。店主看到伦文叙一动不动地站在那里，走到他面前了解情况后说，“以后你每天都把菜挑来我这里，我买一部分你的菜，还每天给你一碗粥，等凑够了学费，你就到学堂去念书吧。”从此以后，伦文叙就每天都挑着菜来到这个粥铺卖菜、喝粥，并且每次都会喝到不同的粥，有时是肉丸粥，有时是猪粉肠粥，有时又是猪肝粥，有时甚至三样都有。多年之后，伦文叙不负众望，高中状元，被人前呼后拥地回乡报喜。他没有忘记当年店主的恩情，去看望了老店主。面对老店主，伦文叙毕恭毕敬地鞠了三个大躬，还派人送上了厚礼。末了，他向老店主要了一碗粥。老店主命人煮了一碗肉丸、粉肠、猪肝齐下的粥，献给了伦文叙状元。伦文叙边喝边点头，也想起了曾经的酸甜苦辣。伦文叙喝完粥后，命人拿来笔墨纸砚，稍加思索，便给此粥题名为“状元及第粥”，并对众人说，他今天之所以能够中状元，就是因为当年吃了许多状元及第粥。有了伦文叙的题名，状元及第粥的美名不胫而走，来老店主铺里喝粥的人络绎不绝。从此，粥店声名大振，状元及第粥也逐渐流传开来。现在人们吃状元及第粥多为讨个吉利,经常是父母买了带回家给孩子吃。

白切鸡:粤菜厨坛中,鸡的菜式有上百款之多,而最为人常食不厌的正是白切鸡,其原汁原味、皮爽肉滑,大筵小席皆宜,深受食家青睐。白切鸡始于清代的民间酒楼,是体现粤菜对食材品质追求极致的菜品之一。白切鸡原料的选择有颇多讲究:首先是鸡的选择,一般认为未下过蛋的母鸡是白切鸡的主要原料,但坊间也有人认为,用下过一次蛋的母鸡做主料才最好吃;其次是产地,海南文昌鸡最佳,然后是清远鸡、湛江鸡;最后是鸡的年龄,180天左右的鸡最佳。白切鸡皮嫩、肉滑,鲜香味美,越清淡越有返璞归真的感觉,见图11-23。

图11-22 状元及第粥

图11-23 白切鸡

(六)深圳

光明乳鸽:深圳的光明乳鸽闻名遐迩,被称为"天下第一鸽",以润、滑、甜、嫩取胜,其最大特色是皮脆、肉嫩、骨香、鲜美多汁。轻轻咬上一口,先是香脆的皮,然后是浓烈的肉香,其中还夹带着乳鸽特有的丝丝甘甜,肉质十分饱满,让人食之不忘,见图11-24。

公明烧鹅:广式烧腊全国闻名,而公明烧鹅便是其中较闪亮的一颗星。早在民国时期,公明烧鹅就已名扬海外。可以说,到公明未吃烧鹅,相当于白来了一趟。公明烧鹅,从挑选鹅苗到饲养再到烧制都是很讲究的。公明烧鹅一般选用本地自产的草鹅,鹅肥肉细,辅以蜜糖、南乳、食盐、生姜汁等秘制而成的配料于火中烤制,掌握火候尤其关键。成品烧鹅金黄光亮,色泽油润,皮脆肉嫩,肥而不腻,色香味俱全,见图11-25。

图11-24 光明乳鸽

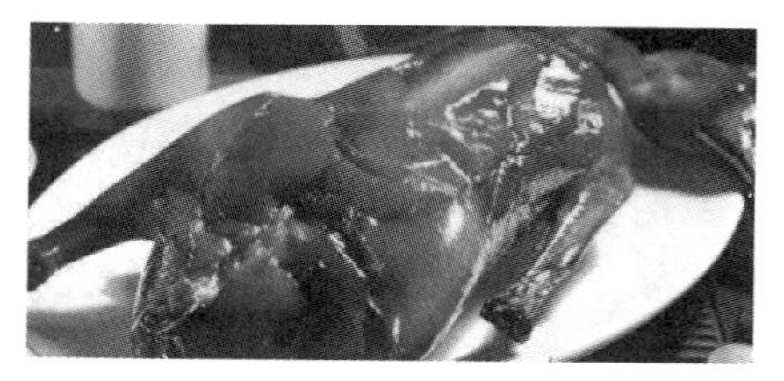
图11-25 公明烧鹅

(七)佛山

佛山扎蹄:佛山扎蹄又叫"酝扎猪蹄",有两种制作方式:一种是用整只猪蹄酝制而成;另一种是用猪脚开皮,抽去脚筋和骨,再用猪肥肉夹着猪精瘦肉包扎在猪脚皮内酝制。其中,酝指的就是用慢火煮浸。前一种制作方式工序较少,后者则工序较多,但两者都是佛山人喜食的。由于后者是用水草扎着来酝制的，所以名叫“扎蹄”。扎蹄无论选料、酿制、调味还是煨煮方面均有独到之处，其制作工艺也更为复杂，有大小工序30多道。夹一片入口，轻轻咬下，感觉猪皮爽嫩，很有嚼劲，且完全没有肥腻之感。其口味偏甜，内部肉质松脆，让人满口生香。所谓，皮爽、肉脆、甘香、和味正是对佛山扎蹄最好的描述，见图11-26。

禾虫：禾虫在佛山传统名菜中占有重要席位，见图11-27。据记载，禾虫能补脾胃，生血利湿，可治水肿，有强心之效。禾虫多见于珠江三角洲的坦田，每年农历三月至五月、九月至十月为大量繁殖期。作为一种美食，禾虫做法多样有香煎禾虫、蒸禾虫、禾虫滚烫、爆炒禾虫、禾虫饼和禾虫刺身等，均是鲜甜、甘香可口，且有驱寒化痰、镇咳之功效。

图11-26 佛山扎蹄

图11-27 禾虫

（八）东莞

塘厦碌鹅：塘厦碌鹅是不折不扣的东莞山乡菜，是传统粤菜之一。“碌”是土生的东莞话，外地人不明其意，听到“碌鹅”还以为是“卤鹅”。实际上，“碌”是煮的意思。这道菜的做法，是把鹅放在油锅里不停翻动，碌来碌去，“碌鹅”之名也由此而来，见图11-28。

道滘裹蒸粽：东莞市的道滘镇是岭南闻名的“粽子之乡”，早在20世纪三四十年代，道滘裹蒸粽就是返乡港澳乡亲的必备“手信”。道滘裹蒸粽粽香扑鼻，入口油而不腻，糯而不黏，咸甜适中，芳香四溢，见图11-29。

图11-28 塘厦碌鹅

图11-29 道滘裹蒸粽

（九）河源

老水粉：老水粉作为河源特色小吃，可以说承载了许多河源人的儿时回忆。做法是：将米磨成粉，再搓成一根一根像老鼠尾巴粗细的粉条，因而又被称为“老鼠粉”。老水粉滑嫩弹牙，充溢着米的清香，再配以清汤，堪称一绝。如果喜欢吃辣椒的，也可以搭配辣椒一起吃，见图11-30。

八刀汤:八刀汤是河源市紫金县的招牌汤,其选自猪身上8个精华的部位,包括猪心、猪腰、猪肝、猪肚、猪肺、瘦肉等食材,在上面撒少许的盐、胡椒粉、味精,倒入山泉,煮好后盛进葱花垫底的大汤碗即可。在煮汤时,绝不准搅动翻转,以免破坏各精华部位的爽脆口感。由于八刀汤味道极其鲜美,一进入街头便能闻到其香味,可谓是香飘四邻,引来了八方食客,所以逐渐成为紫金县的传统美食,见图11-31。

图11-30 老水粉

图11-31 八刀汤

(十)惠州

八宝窝全鸭:八宝窝全鸭与盐焗鸡堪称东江菜中的"双绝"。八宝窝全鸭选用糯米、香菇、莲子、虾米、鱿鱼、肉粒、咸蛋等各种原料作馅,填入鸭腔内,经过氽、煲、蒸的工序制成。其成品浓郁芳香,软滑可口,见图11-32。

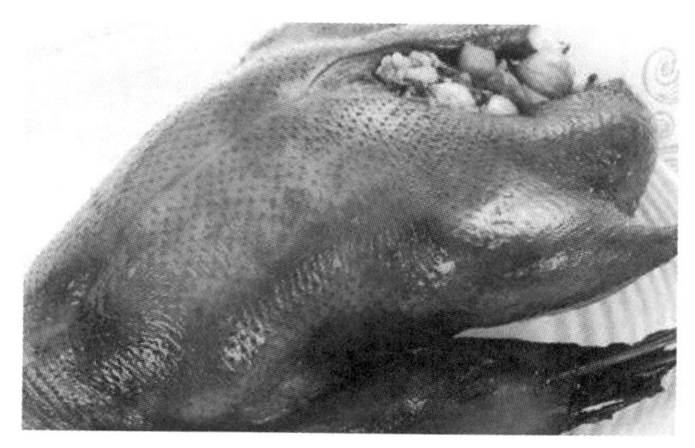

图11-32 八宝窝全鸭

(十一)韶关

冷水猪肚:龙归冷水猪肚是韶关的特色菜,主要原材料是猪肚,成品菜鲜香酥嫩,韶关人非常爱吃,见图11-33。冷水猪肚的制作过程很讲究。首先是选料,最好是传统饲养的家猪的猪肚,这样猪肚肉味较浓、较香;其次,在煮熟的过程中要注意火候,时间长了短了味道都有所差别;最后,在冷水里浸泡的时间也有严格要求,浸泡的时候还要用物品压住,不能让猪肚接触到空气,否则就会硬皮,吃起来缺乏爽脆感。

南雄板鸭:南雄板鸭已经有千年历史,当地人亦称这为"曝腌"。位于韶关市南雄县城北部偏东的珠玑巷(原敬宗巷)的板鸭非常有名。板鸭颜色金黄、香气浓郁,尝起来香韧骨脆、皮薄肉嫩,腊味浓香,见图11-34。

图 11-33 冷水猪肚

图 11-34 南雄板鸭

(十二)清远

清远白切鸡:清远白切鸡是清远非常有名的一道特色菜,也是每位游客来这必须品尝的一道菜。它独特的做法保持了清远鸡的原味,香、滑、爽兼具,肥而不腻、清淡爽口,见图 11-35。

北江河鲜宴:北江河鲜宴是飞来峡(珠江水系干流北江中游河道)的特色菜,舌尖敏感的清远人早在百年以前就会利用北江河里的天然河鲜制作出各种美味菜肴。以鲜活北江河鲜为主料,品种众多,随君选择。由于质地天然,鲜味自成,故烹调手法以清蒸为主,仅用油、盐、姜、葱足矣,若调料用多了,反而掩盖其原汁原味,如同暴殄天物,见图 11-36。

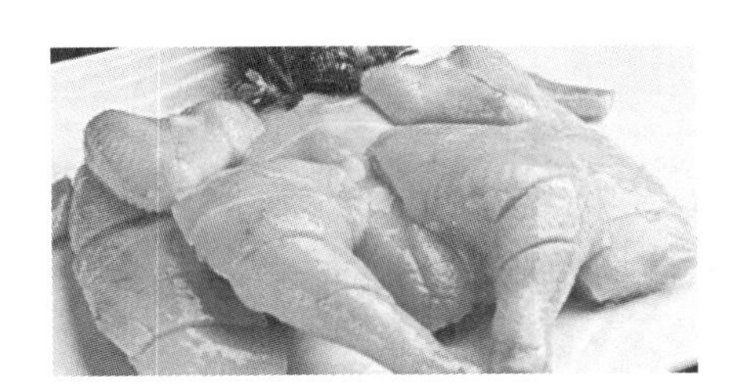

图 11-35 清远白切鸡

图 11-36 北江河鲜宴

(十三)肇庆

鼎湖上素:鼎湖上素是以"三菇"(北菇、鲜菇、蘑菇)、"六耳"(雪耳、黄耳、石耳、木耳、榆耳、桂耳)为主料,再加上发菜、竹荪、鲜笋、银针、榄仁、白果、莲子、生筋等珍贵辅料,用芝麻油、绍酒、酱料等调味逐样煨熟,再排列成十二层,成山包型上碟。其层次分明、鲜嫩爽滑、富有营养,色香味俱佳,见图 11-37。

茶油鸡:茶油鸡是肇庆四会市的特产美食,到了四会不可不尝。茶油鸡是鸡中上品,用珍贵清香的野山茶油烹饪而成,具有皮脆肉嫩、咸香入骨、鲜滑无腥味等特点,入口后回味悠长,是滋补、美容、解毒的绿色健康产品,更是四会招待客人的必备佳肴,见图 11-38。

图 11-37　鼎湖上素

图 11-38　茶油鸡

(十四)湛江

炭烤生蚝:湛江炭烤生蚝远近闻名。生蚝生长在湛江无污染无公害的原生态海域,此处养殖出来的生蚝肉质鲜嫩肥美,口感清甜、无渣。由于炭烧生蚝的做法非常简单,只需将蒜蓉、酱料等作料放入刚刚撬开的生蚝内,再直接放到火上烤熟即可,这样既保证了生蚝的鲜味,蒜蓉又能有效地去除生蚝本身的腥味和臊味,甚是美味,见图 11-39。

海鱼仔汤:湛江人爱吃海鱼仔汤,皆受到其地理环境、人文民俗的影响。一般来说,南甜北咸,北方人口味浓重,食海鱼畏腥,而喜煎之,南方人口味清淡,海鲜中多以鱼汤为佳,往往先饮后食,饮则为汤。俗话说,"饭前喝汤,越喝越健康"。鱼汤的吃法多样,有用深海的鱼煮汤,也有用浅海的鱼煮汤,还有用湖光岩火山湖、鹤地银湖的淡水鱼煮汤。其中,海仔鱼汤别具风味,见图 11-40。

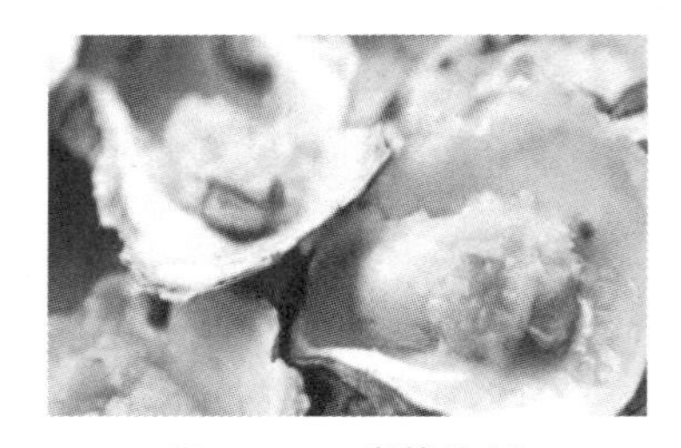

图 11-39　炭烤生蚝

图 11-40　海鱼仔汤

(十五)茂名

化州香油鸡:化州香油鸡是化州市较盛行的鸡肉做法。每当碰上年节或者宴席,香油鸡多为主角,而且在日常饮食中,无论是酒店还是大排档,香油鸡都是非常受欢迎的菜式。它属粤菜系广东白切鸡一支,名声由来已久。化州香油鸡皮脆肉嫩、入口香滑、油而不腻,再配上秘制香油,齿过留香,由此名传千里,见图 11-41。

化州糖水:俗话说,"世界糖水在中国,中国糖水在广东,广东糖水在化州"。言下之意是,化州糖水不仅是中国最好的糖水,甚至标榜世界。化州作为粤西一城,盛产甘蔗,有丰富的糖资源,加上它气候燥热,需要滋润。配有地道药材或各种副食的糖水可以清心火、降燥热,在化州,几乎家家户户都会煲糖水,见图 11-42。

图 11-41　化州香油鸡

图 11-42　化州糖水

（十六）阳江

猪肠碌：猪肠碌外形呈圆条形，貌似猪肠，因此取名猪肠碌。食用时既可整条吃，也可切成小段，再蘸上特殊的调料，味道咸中带香，十分可口。有些还可以蘸上牛腩汁、辣椒酱等味道更胜一筹。可以说，猪肠碌是阳江的明星小吃之一，见图 11-43。

图 11-43　猪肠碌

阳江鹅乸饭：鹅乸饭以当地的特色鹅种阳江黄鬃鹅为原料制成，在阳江老百姓心目中可算得上是餐桌上的极品了。取黄鬃鹅一只，去皮与骨，只取其肉，细切成粒再经过一系列的调味与配料，用猛火爆炒后，与饭烩焗，最后加上葱花即可，见图 11-44。

图 11-44　阳江鹅乸饭

（十七）江门

陈皮宴：来到江门，当然不能错过当地的特色新会陈皮宴。江门人尤其是新会区人，对陈皮有一种特殊感情，他们把陈皮列为必备调味品。蒸、煮、煲、炖，甚至做甜品都离不开陈皮。陈皮可以广泛配搭不同的菜式汤品，如陈皮水鸭汤、陈皮排骨、陈皮乳鸽等都是广东名菜，见图 11-45。

古井烧鹅:粤式烧鹅是传统名馐,古井烧鹅是粤菜代表之一,见图11-46。古井烧鹅制作有其独特之处,从选鹅到烧鹅整个过程都很讲究。古井烧鹅的特征主要有四个:一是色泽光亮,看外表已诱人食欲;二是皮香甜脆,吃入口更感其味;三是肉滑骨酥,慢慢咀嚼渐入佳境;四是肥而不腻,吃完了也不觉油腻。

图11-45 陈皮宴

图11-46 古井烧鹅

(十八)云浮

六祖罗汉斋:六祖罗汉斋亦名"罗汉菜",是一道汉族传统素菜,原是佛门名斋。本菜取名自十八罗汉聚集一堂之义,是寺院风味之"全家福",以十八种鲜香原料精心烹制而成,是素菜中的上品,见图11-47。

罗定鱼腐:罗定鱼腐也称"皱纱鱼腐",是罗定市的传统美食,主要由鲜鲮鱼肉、淀粉、鲜蛋油炸而成,营养丰富,软滑可口,甘香味浓,久煮不烂。因其薄如蝉翼,透如轻纱,故得"皱纱鱼腐"之美名。罗定鱼腐炸出即可食用,鲜炸鱼腐甘香酥脆、香醇诱人,点炼奶食用更别具风味。同时,罗定鱼腐也是一种百搭美食,由它制成的各式菜肴汤鲜味美,鱼腐松软嫩滑,见图11-48。

图11-47 六祖罗汉斋

图11-48 罗定鱼腐

(十九)中山

石岐乳鸽:石岐乳鸽是广东省中山市的著名特产,本是中山籍华侨从国外引进的优良鸽种,经同中山石岐的优良鸽杂交后孵育出来的一种乳鸽。这种乳鸽以体大肉厚、嫩滑爽口而著名,其中红烧乳鸽色泽金黄、皮脆肉滑、骨软味美,吃后齿颊留香,最为食家所赞许,见图11-49。而淮杞炖鸽,除汤味鲜美可口,鸽肉亦极为嫩滑。此外,还有吊烧鸽、生炸鸽、卤水鸽等,各有风味。

中山脆肉鲩:中山脆肉鲩是广东省中山市地理标志产品,因其肉质结实、清爽、脆

口而得名,见图11-50。中山脆肉鲩,其鲩鱼肉吃起来特别脆,特别美味,主要源于鲩鱼饲养方式的不同。脆肉鲩的养成,集天时、地利、人和缺一不可。一般是将鲩鱼苗放在水系落差较大的水域或者是急流地区,再以精饲料喂养(传统方法是只喂蚕豆)而成的。脆肉鲩食用前需要将脆肉鲩"吊水"一个月,也就是停止喂食,直到它们的体重减轻30%—50%,此时它们的鱼肠较为干净,只有雪白鱼油,并无其他杂质。一般8—10斤的脆肉鲩,肉味和脆度会比较平衡,用来涮火锅时最适宜。

图11-49 石岐乳鸽

图11-50 中山脆肉鲩

(二十)珠海

横琴蚝:横琴蚝因生活在横琴岛而得名。横琴岛四面环海,在咸淡水的交界处,由于其温度适宜,水质干净,使得生长在这里的横琴蚝肥硕鲜美,味道清甜,见图11-51。

珠海膏蟹:珠海出产的螃蟹没有内河和淡水湖生产的螃蟹那种泥草腥味。以南水、淇澳两岛和斗门五山出产的膏蟹味道更为鲜美。其蟹肉厚膏多,膏充满蟹盖,被称为"顶角膏蟹",见图11-52。此外,还有蟹黄扒瓜甫、蟹肉炒鱼肚、蒸膏蟹等美味。

图11-51 横琴蚝

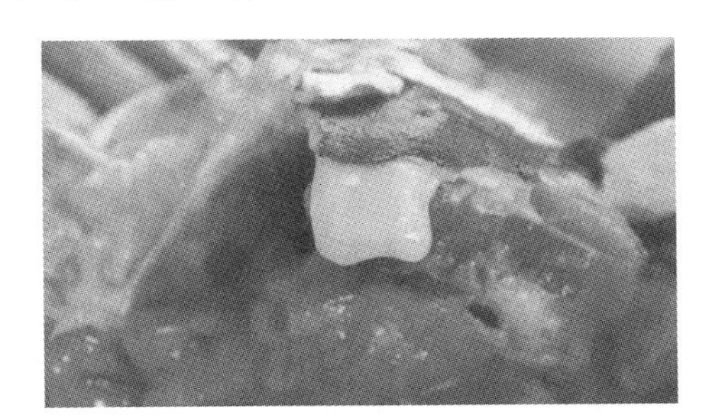

图11-52 珠海膏蟹

三、香港部分

港式鱼蛋:鱼蛋又叫"鱼肉丸子",味道细腻鲜美,是香港著名的小吃,也是香港的街头熟食。香港特别多街头小吃,其中最出名的要数鱼蛋了。走在油尖旺一带,街头巷尾都可找到它的踪迹,港式鱼蛋始于20世纪50年代的流动小贩。鱼丸可谓香港平民美食的代表,港式鱼蛋(即鱼丸)是用油炸过的,其外层金黄,由较便宜的鲨鱼肉制作而成,吃起来外脆内软,很有嚼劲。吃时常伴以辣椒酱或甜酱,一般的鱼蛋有辣味与原味两款以供选择,辣味鱼蛋通常泡在咖喱汁或沙爹汁中加热,原味的鱼蛋则会泡在清汤中加热,见图11-53。

车仔面:车仔面是香港的一种面食。材料丰富、价格便宜、味道鲜美是香港车仔面

的最大特色。车仔面起源于20世纪50年代,"车仔"是小木头车的意思,过往香港有不少小贩推着载有面条及配料的木头车到街上摆卖,因而得名。车仔面的配料选择多,可以选择咖喱鱼丸、猪血、猪皮、萝卜、鸡翅、牛肺、墨鱼、香菇等,还可以选择油面、全蛋面、泡面、拉面或乌龙面。如今,车仔面已成为香港人的日常食品,见图11-54。

图11-53 港式鱼蛋

图11-54 车仔面

鸡蛋仔:鸡蛋仔是香港小吃界的代表,也是香港地道街头特色小吃之一,是华夫饼的一种变体。蛋的鲜香和奶的醇香完美结合,烤出的鸡蛋仔香气四溢,满街飘散,使人闻香而来。鸡蛋仔除了奶油原味,也有多种新口味,如巧克力、草莓、椰丝等,另外,其颜色也可以千变万化。鸡蛋仔在20世纪50年代出现在香港,经过几十年的发展,凭借酥、脆、香、甜的口感很快就征服了人们,如今已经遍布香港的大街小巷,见图11-55。

菠萝包:菠萝包是源自香港的一种甜味面包,见图11-56。因为菠萝包经烘焙过后表面呈金黄色,凹凸的脆皮状似菠萝,因而得名,在香港也叫"菠萝油"。早些年,香港人认为面包味道单调,故在面包上添一层由砂糖、鸡蛋、面粉及猪油等材料制成的酥皮,令味道和口感更为丰富。把刚出炉热腾腾的菠萝包横切开,夹上一片冰冷的牛油,便是香港卡通角色麦兜爱吃的菠萝油了。香脆的酥皮下是松软的面包,香气四溢,已成为茶餐厅、冷饮店及面包店的宠儿。

图11-55 鸡蛋仔

图11-56 菠萝包

碗仔翅:碗仔翅是香港常见的街头小吃之一,以前通常由小贩在街边贩卖,因以小碗盛载而得名。碗仔翅是一款仿鱼翅的汤羹,其材料以粉丝为主,用淀粉将汤煮至浓稠,并加入老抽和生抽调成棕色,佐以麻油、浙醋、白胡椒粉、辣椒油等食用。碗仔翅形如鱼翅,虽同为汤羹,但将鱼翅给换成粉丝,所以碗仔翅就是平民版的鱼翅汤,见图11-57。

四、澳门部门

葡式蛋挞：葡式蛋挞又叫“葡式奶油塔”，是澳门较具代表性的当地特色小吃之一，葡式蛋挞上面铺满了焦糖，里面的鸡蛋非常软糯、香甜，让人食之难忘，见图11-58。

图11-57 碗仔翅

图11-58 葡式蛋挞

澳门豆捞：澳门豆捞是一种澳门特色火锅。其不仅拥有特别的酱料，还有各种各样丰富的食材，是澳门当地人特别喜欢的一种特色美食。所以，到澳门旅游一定要试试澳门豆捞，见图11-59。

葡国鸡：葡国鸡是较具代表性的澳门美食之一。葡国鸡具有印度美食风格，一只整鸡搭配土豆泥、鸡蛋、咖喱盐，看起来形似披萨，无论是闻起来还是吃起来都甚是美味，尤其是其中的鸡肉鲜美多汁，见图11-60。

图11-59 澳门豆捞

图11-60 葡国鸡

马介休：马介休是澳门当地非常受欢迎的一道美食，这道菜最主要的食材是鱼。马介休是一种料理，可以有很多种做法，比如烤、烧、煮等，但是每一种做法都有一道必不可少的工序，就是要把蟹鱼和土豆泥打碎混合在一起，见图11-61。

葡国生蚝：葡国生蚝是具有葡萄牙风格的美食，也是澳门的招牌菜。其是用最新鲜、最大个的生蚝和土豆泥一起制作而成，既有生蚝的鲜美，又有土豆泥的香甜，两者搭配起来味道别具特色，是不同于一般生蚝的吃法，见图11-62。

图11-61 马介休

图11-62 葡国生蚝

五、海南部分

提到海南,很多人想到的是阳光沙滩,潜水坐船。而实际上,海南还是一座“吃货”的岛屿,海南物产丰富,特色美食众多。

(一)海南的粉

海南也是“嗦粉大省”,干粉、汤粉、腌粉、酸粉……常见的米粉包括海南粉、抱罗粉、陵水酸粉、后安粉、儋州米烂等。

海南粉:海南粉并不是海南所有米粉的统称,而是其中一种。海南粉别名“腌粉”,腌粉的方法与北方的凉面、拌面相似。腌海南粉是用猪肉干、牛肉干、炸花生、酸菜、酸萝卜、黑芝麻等配菜,再加入生抽、老抽、鲜榨花生油或蒜头油、葱花、香菜等制作而成,见图11-63。干腌、湿腌各有风味,湿腌海南粉带有深棕色卤汁,干腌则没有。

抱罗粉:抱罗粉出自海南文昌,粉粗细跟北方的土豆粉差不多,配菜与海南粉基本类似,但是抱罗粉会加入酸笋,见图11-64。抱罗粉的卤汁也会更甜一些。此外,抱罗粉也可以用骨汤熬煮。

图11-63 海南粉

图11-64 抱罗粉

陵水酸粉:陵水酸粉是陵水黎族自治县的一种特色小吃。陵水酸粉用的是细粉,粉的口感比较脆,所用的配菜里有沙虫、鱿鱼、虾米等海产品,还有韭菜。酸粉的卤汁是黄棕色的,加入了大量的酸醋汁,里面还有陵水盛产的“黄灯笼”,吃起来鲜、香、辣。

万宁后安粉:万宁后安粉是一种汤粉,米粉用的是海南的米粿,形状扁而宽,配菜为葱花、瘦肉、猪杂、虾米。高汤是用猪大骨熬制而成,汤里还加入了很多海南的白胡椒,所以会产生胡椒的辣感。

儋州米烂:儋州米烂是儋州人非常喜爱的食物之一,是一种腌粉,很像粉丝。

三亚港门粉:三亚港门粉中,细嫩的粉条配上新鲜海鱼做成的鱼饼片,加上花生、炸虾皮、豆芽、腌制好的酸菜或者白花菜,最后加上用猪大骨和海白螺熬成的高汤,再撒上一点粗胡椒粉和葱花,非常美味,见图11-65。

灵山粗粉:灵山粗粉最早在海口市灵山镇一带,其粉比海南粉粗,比抱罗粉稍微细一点,腌料注重海鲜原料,突出一个“海味”,食法也是“腌吃”。

嘉积牛腩粉:嘉积牛腩粉用的粉为粗粉(形似桂林米粉),以“五香牛腩”为主要腌料的嘉积粉。

图 11-65　三亚港门粉

此外，海南的粉还不止这些，还有甲子粉、临高粉、屯昌枫木腌粉、嘉积牛腩粉等。

（二）海南特色菜肴

文昌鸡、嘉积鸭、东山羊、和乐蟹是海南四大名菜，能代表海南菜"鲜"的特性。此外，还有烤乳猪、糟粕醋、斋菜煲等特色菜肴。

文昌鸡：文昌鸡因产于海南文昌而得名。散养在村里屋头的文昌鸡，自由散漫，运动充足，啄食地上散落的谷物、榕树籽等富含营养之物，因此皮脆薄、骨软细，肉质嫩滑。文昌鸡的吃法很多，如烤、蒸、煮、炒、焗、煎、炸。白切是常见的文昌鸡吃法，是一等一的美味，经过烫煮后白斩，皮肥肉嫩，色、香、味、型俱佳，用生姜、蒜泥、桔子汁等调出来的酸桔汁，多吃也不容易腻，见图 11-66。

盐焗文昌鸡和椰子文昌鸡也是文昌鸡的典型吃法。盐焗文昌鸡是一道家家户户都会做的熟悉且喜爱的佳肴。椰子文昌鸡，鸡汁的鲜甜与椰汁清甜相结合，甜度高的椰子破壳取水，再加入些许新鲜椰肉，等水沸锅开之后，倒入已经处理好的文昌鸡。椰奶文昌鸡是椰奶加入地道文昌鸡，没有过多的作料，味道浓郁。

嘉积鸭：嘉积鸭是由琼籍华侨从马来西亚引进的品种，因最早在琼海嘉积饲养而得名，深受海南当地人的喜爱。在海南琼海人开的饭店里，嘉积鸭通常是主打的招牌菜。

嘉积鸭俗称"番鸭"，其特点是鸭肉肥厚，皮白滑脆，有嚼劲，皮肉之间夹一薄层脂肪，即便不沾蘸料，入口也能香味十足。嘉积鸭的烹制方法多种多样，一般有白切、板鸭、烤鸭三种。本地人为了达到原汁原味，以白切为主，而且作料特别讲究：用滚鸭汤冲入蒜蓉、姜蓉，再挤入酸桔汁，加精盐、白糖、辣椒酱等调制而成，见图 11-67。

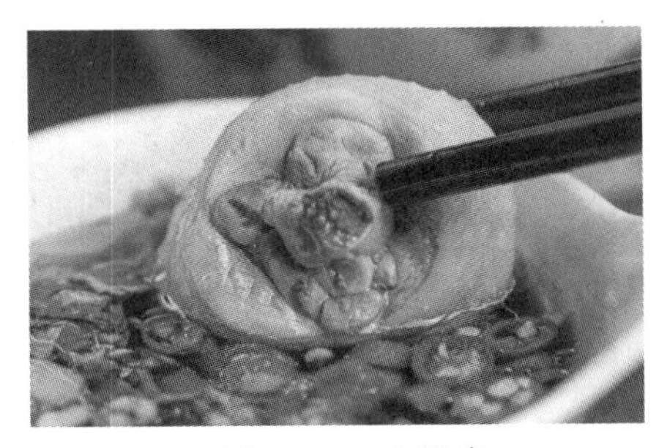

图 11-66　文昌鸡

图 11-67　嘉积鸭

东山羊肉:我国的吃羊地图精彩纷呈,在海南,最久负盛名的是万宁东山羊,属于黑山羊。东山羊是南方极少数不膻的羊,因为东山羊以海岛所生的热带苜蓿作为饲料,和戈壁滩上的碱蓬一样,这也是耐碱性植物。东山羊不膻且皮薄,滋味虽没有西南浓郁,却有种清淡的婉转悠长,见图11-68。在海南,重要的宴席、逢年过节,均是"无羊不成宴"。

东山羊肉的吃法多样,有白切、红焖、清汤、椰汁、干煸及火锅涮等多种吃法,每种吃法都有各自的特色。其中,椰汁东山羊是一道改良的新式菜,和苏州的羊糕有异曲同工之妙,用椰汁换了猪肉皮作汤冻,底部是肉质细腻的羊肉,盖一层厚厚的椰子冻,甜鲜兼备。

和乐蟹:和乐蟹是海南省万宁市和乐镇特产,中国国家地理标志产品。和乐蟹膏满肉肥,为其他青蟹罕见,特别是其脂膏,金黄油亮,犹如咸鸭蛋黄,香味扑鼻,见图11-69。和乐蟹烹调法多种多样,蒸、煮、炒、烤,均具特色,最常见食法是清蒸,蘸以姜醋配成的调料。

图11-68 东山羊肉

图11-69 和乐蟹

烤乳猪:猪的做法花样有很多,但在海南人生活中总有一席之地的,还是烤乳猪。海南临高乳猪,以皮脆、肉细、骨酥、味香而闻名,烤、焖、炒、蒸皆可,但以烧烤最佳,见图11-70。能烤乳猪的猪重量一般在10—20斤,选用的是未满2个月的小猪仔。一只烤乳猪约可让6个人饱餐一顿。

糟粕醋:糟粕醋是海南用大米发酵制成的酒饭,再加上酒曲制作而成,见图11-71。酿酒时的酒糟继续发酵后产生酸醋。一年三夏的海南天气闷热,糟粕醋的酸辣最能开胃。

图11-70 烤乳猪

图11-71 糟粕醋

糟粕醋本来是一种小吃,有两种口味:一种是加蒜头和油熬制的黄色不辣版,另一种是再加辣椒的红色加辣版。糟粕醋可以做成糟粕醋火锅。虽说糟粕醋和其他火锅底料一样，都是可以加任何食物，但最好吃的吃法还是加入海鲜。吃糟粕醋火锅可一定不能少了海菜、海带结、豆芽、黄花菜等这些配菜。

斋菜煲：吃斋菜是海南岛琼北的汉族地区的习俗，是一种逢年过节时的传统菜式，以黄花菜、腐竹、水芹、粉丝、香菇豆角等蔬菜为主料，见图11-72。在海南五指山、琼中等地区，还会加入五指山野菜、琼中百花野菜等当地特色素菜。

图11-72　斋菜煲

现斋菜煲也逐步演变成了打边炉的火锅吃法。斋菜煲火锅也不仅限于吃素菜了，除了普通的猪排骨、鸡肉、牛羊肉等食材，还可以加入牛腩、牛杂、猪杂、猪鞭、猪粉肠等食材。

（三）海南水果美食

在海南，一年四季都有水果，草莓、芒果、龙眼、香蕉、蜜瓜、西瓜、荔枝、雾莲、红毛丹、菠萝、杨桃、黄皮、番石榴、甘蔗、榴莲、火龙果、山竹、橙子轮番上阵，而椰子一年四季都有，这样就有了不同的水果美食。

椰子船：把浸泡好的糯米填入椰盅，再灌入白糖、鲜椰汁、鲜奶，最后用椰盖封口缚紧，放进盛有清水的锅中小火慢炖，就能得到一盅晶莹透亮、状如珍珠的椰子船，见图11-73。

椰子盅：新鲜老椰，做成椰子船一般的小盅，放入文昌鸡、党参、枸杞、莲子、红枣、淮山五味药材、椰子汁等，再盖好盖子盛瓷碗内入笼，见图11-74。

图11-73　椰子船

图11-74　椰子盅

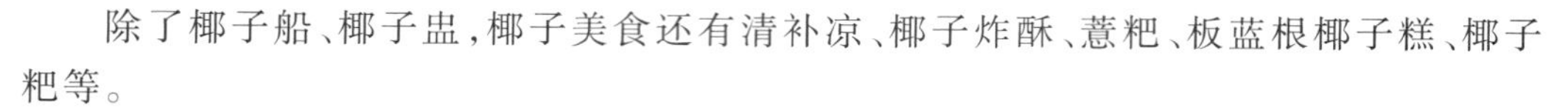

除了椰子船、椰子盅,椰子美食还有清补凉、椰子炸酥、薏粑、板蓝根椰子糕、椰子粑等。

菠萝入菜:肉丁、虾仁、青豆和米饭装进掏成空心的菠萝,一起煮,就有了菠萝饭。菠萝鸭是海南人的家常菜。

西瓜入菜:西瓜皮加上海白螺同煮,就是西瓜海白煲;西瓜鱼腩煲西瓜中和了鱼腩的腻,有脂香却清爽。西瓜皮切片,然后加点蚝油快炒,即炒西瓜皮。还有海南酸瓜,用的都是海南特产的小西瓜。

杨桃酸鱼汤:酸酸的杨桃,加上海南另一"酸将"酸豆,成就了海南名菜——杨桃酸鱼汤。

当然,还有炸香蕉、烤甘蔗、烤榴莲等,可以用芒果、番石榴、杨桃、西瓜等鲜切的水果切好后用辣椒盐蘸着吃。

(四)海南甜品

海南人闷热的夏天,一半的清凉,是清补凉、甜薯奶、鸡屎藤粑仔等甜品带来的。

清补凉:清补凉为海南当地特色甜品清补凉,见图11-75。清补凉分为椰奶清补凉、椰子水清补凉和糖水清补凉三种。椰奶清补凉是用椰肉做出来的椰奶来调和各种配料,而椰子水清补凉则是用冰镇过的新鲜椰子水来调和这些配料。常见原料有花生、新鲜椰肉、红豆、绿豆、红枣、西米、薏米、珍珠、凉粉、芋头、葡萄干、菠萝、西瓜等。

图11-75 清补凉

甜薯奶:甜薯奶只有甜薯没有奶,奶白色其实来自米。将甜薯糊和米浆搅拌均匀后下锅,煮出一锅白玉般的胖丸子,最后再加上古早味红糖和辛辣的生姜。

鸡屎藤粑仔:鸡屎藤粑仔是用鸡屎藤叶和糯米制作而成的,鸡屎藤跟糯米一起磨成的粉,加水揉成团,像搓汤圆一样,揉成一个个小圆子,然后跟红糖一起,夏天鸡屎藤粑仔还可以加入椰奶和冰块。

在海南,还有很多特色美食,比如靠海的海南,各种新鲜肥美的海鲜少不了。海南也少不了各种美酒,除我们熟知的黎族山兰酒,粮食酒类还有地瓜酒和黄酒,果酒类有荔枝酒、椰子酒、甘蔗酒、山柑酒、龙眼酒、捻子酒和石榴酒,药酒类有椒酒、桂酒、菖蒲酒、桑寄生酒、七香酒、鹿骨酒和金银花酒等。

六、广西部分

（一）梧州

纸包鸡：纸包鸡作为宫廷贡品和日常主菜，其发展历史已有2200多年。清代起，纸包鸡就被列为梧州府府台宴请宾客的主菜，见图11-76。纸包鸡名扬海内外，至今流传着“食在岭南，不能不尝纸包鸡”的说法。2016年，“纸包鸡制作技艺”项目入选广西壮族自治区非物质文化遗产名录。

图11-76 纸包鸡

（二）玉林

玉林牛巴：玉林牛巴的美味自清朝就有记载，现已形成玉林牛巴食品产业。其色泽暗亮，气味醇香，肉质细而耐嚼，入口生香，令人回味，堪称地方一绝，见图11-77。

（三）崇左

壮家烤乳猪：壮家烤乳猪是崇左壮族的特色菜，乳猪需用糯米或大米喂养，使其肉细、皮嫩为上，一般选用8斤左右的乳猪为佳，剖腹后将猪腔撑开，风干后放在炭火上烤，一边烤，一边两面翻转，同时抹上酱油、蜂蜜等香料，烤至其皮色呈金黄色，敲击时声音清脆为佳，此时乳猪肉质细软爽口。食用时，将其置于盘中，以刀切成小块，拌以黄皮酱、白糖或酸甜酱食之，入口酥脆，食后口有余香，见图11-78。

图11-77 玉林牛巴

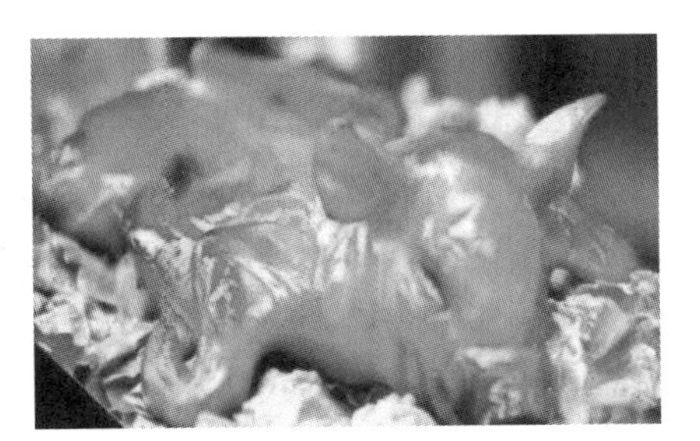

图11-78 壮家烤乳猪

（四）贺州

客家盐酒鸡：以前，广西客家人居住条件艰苦，保存食物很不方便。为了能够长时间地保存食物，客家人经常一次性将好几只鸡用盐和米酒泡上一晚，这样鸡的保存时间可以更长。制作盐酒鸡所使用的米酒最好是客家米酒。客家米酒味道香醇，呈淡淡的米黄色。客家盐酒鸡见图11-79。

图 11-79 客家盐酒鸡

(五)贵港

琵琶鸭:琵琶鸭因形如琵琶,所以便有了如此好听的名字。琵琶鸭是以多种酱料、香料秘制而成的,口感融合了鲜、香、脆、酥、爽等,回味甘香。琵琶鸭所用鸭子重量最好在1250—1500克,因为太大的鸭子肉太粗,太小的鸭子肉太少。做法是:先用多种调味料腌制,然后慢慢吊烧5小时,使之皮脆、肉嫩,连骨头都散发出香气,见图11-80。

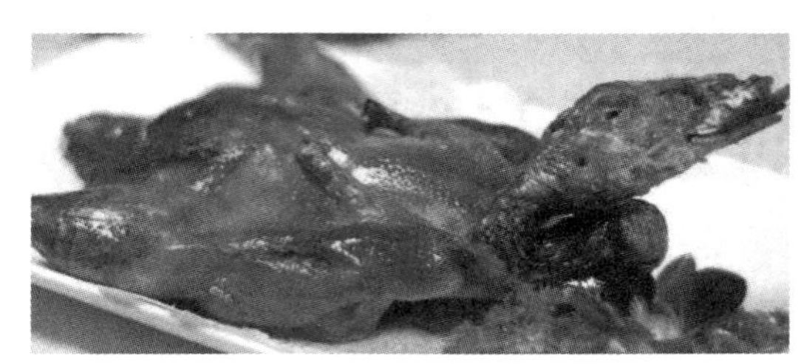

图 11-80 琵琶鸭

(六)钦州

钦州大蚝:钦州市是著名的“中国大蚝之乡”,钦州大蚝也称“近江牡蛎”,是钦州四大名贵海产品之一,见图11-81。其肉可鲜食,亦可加工成蚝豉、蚝油。钦州大蚝蚝肉蛋白质含量超过40%,营养丰富,味道鲜美,素有“海中牛奶”之称,还可入药。钦州湾茅尾海是全国最大的大蚝天然苗种繁殖区,苗种品质优良,其他海区不可媲美。据统计,2021年,钦州市全市大蚝养殖面积15万亩,产量29.7万吨。

(七)北海

白灼沙虫:沙虫体长十余厘米,像手指,更像一根小香肠,由于身体结构简单,洗去沙虫肠内的沙粒,便全是美味了。北海人认为沙虫很补,老少皆宜。烹制好的沙虫白白净净、鼓鼓囊囊,在盘子里交叠很是悦目,吃起来爽脆、鲜甜,见图11-82。

图 11-81 钦州大蚝

图 11-82 白灼沙虫

Note

（八）防城港

白切光坡鸡：防城港靠海，受越南菜的影响较大，许多菜式都颇具东南亚风味。光坡鸡是防城港的一种优良肉鸡种，肉质鲜美，骨细肉多，香脆可口，见图11-83。白切光坡鸡以沾食沙虫酱为最常吃法。

图11-83　白切光坡鸡

七、台湾部分

大肠包小肠：大肠包小肠是台湾相当普遍的小吃，于20世纪90年代兴起，与美国的热狗有异曲同工之妙。大肠包小肠所用的糯米肠、香肠，通常都先经过炭烤，将糯米肠切开后，也会再涂抹酱油膏等酱料。炭火烧烤的大肠外皮微酥，肉馅米粒饱满，夹上风味绝佳的香肠，铺上酸菜、小黄瓜、姜片与菜脯蛋等小菜，一口咬下，肉汁四溢。位于东海大学西门町的官之霖大肠包小肠，是东海夜市里颇具特色的小吃，见图11-84。

鼎边锉：鼎边锉是福州本地的一种小吃，基本上在福州的每户人家里都可以看到，后传到了台湾。鼎边锉里有很多食材，如肉羹、虾仁羹、金针、香菇、木耳、鱿鱼、小鱼干、竹笋、高丽菜等，内容丰富，是标准的汤好料多，见图11-85。其主菜是白白嫩嫩的一片，称之"鼎边锉"。"锉"是台湾闽南语，为爬滚的意思。其制作是用米磨成米浆，沿着大锅鼎边滚下，米浆滑滚的动作叫锉。鼎边锉以邢家所做最为有名。许多人到基隆，都想一尝鼎边锉的这种美食。

图11-84　大肠包小肠

图11-85　鼎边锉

蚵仔煎：蚵仔煎是一道常见的家常菜，起源于福建沿海，是台湾、潮汕等地区的经典传统小吃之一，见图11-86。一颗颗圆润饱满的蚵仔撒在铁板上滋滋作响，浇上稀薄的太白粉浆后，再搭配几片青菜和一个土鸡蛋，最后画龙点睛，将酸酸甜甜的特制酱淋在刚离开炉火的蚵仔煎上,四溢的香气中顿时迎来一阵"噼噼啪啪"的响声。蚵仔煎在闽语系地区(如泉州、厦门、漳州、福州、莆田、潮汕等)自古就有。据传,蚵仔煎是一种在先民困苦无法饱食的情况下所创新的一种替代粮食的菜品。

阿宗面线:阿宗面线是台湾地道小吃,已有30多年的历史。阿宗面线的主要原料为福建米面,做法是:先将米面用温水和成面团;然后取适量的面团放入面线床内压入开水锅中;最后将煮熟后的米线捞入温水盆中。食用时,在上面淋上海鲜、猪肉、菇类等浇头拌食即可,见图11-87。阿宗面线店创立于1975年,卖的是大肠面线,也有人叫它"面线糊",意谓面线如浆糊般黏稠,而且配料和面线都和在同一锅里。阿宗面线有200余个品种,集中地体现了台菜丰盛的原料,精湛的技术和特殊的吃法,在国内外都享有盛名。有趣的是,阿宗面线一般不提供座位,人们只能站着吃或蹲着吃,人手一碗面线。人们即使站着吃,也吃得津津有味,因此这也成为台湾一大观光景点。

图11-86　蚵仔煎

图11-87　阿宗面线

棺材板:棺材板为赤崁食堂创始人许一六先生所研发改良的美食,因食客戏称其形状似棺材而得名,是台湾一道非常有名的小吃。做法是:把吐司炸酥挖空,然后填入牛奶面糊、鸡肉、马铃薯、青豆仁、虾仁、花枝,再将挖去的面包皮盖上,棺材板即完成,见图11-88。

清真黄牛肉面:清真黄牛肉面因其牛肉汤香醇、鲜腴、净清,不带一丝其他作料味,深受吃客喜爱,见图11-89。

图11-88　棺材板

图11-89　清真黄牛肉面

彰化肉圆:彰化肉圆是台湾彰化县的特产。据传,彰化肉圆是由一名肉圆摊业者吴许水桃所创。肉圆外皮特选番薯粉(清明节后产制)、上等猪肉、香菇、蛋黄、冬虾、竹笋,配葱、玉桂香料等。做法是:先将肉圆简单蒸制,形成表皮润泽、富有弹性的半成品;然后,将其放入不温不燥的油锅炸上数分钟捞起,浇洒特制的佐料——由糯米、花生、芝麻、糖搅拌而成的甜酱,再加上上等壶底酱油,即可食用。彰化肉圆吃起来皮脆馅香,十分可口,见图 11-90。

姜母鸭:姜母鸭是 20 世纪 80 年代后期在台湾流行起来的进补小食。做法是:将台湾特产的红面番鸭煮熟,取鸭肉和老姜(也称“姜母”),搭配有胡麻油、米酒、中药的药材包,混合放在客人面前熬煮,炭火更佳,好似鸭汤火锅一般。姜母鸭起源于福建省泉州市,是福建的一道地方传统名小吃,它既能气血双补,又有滋阴降火的功效,见图 11-91。

图 11-90 彰化肉圆

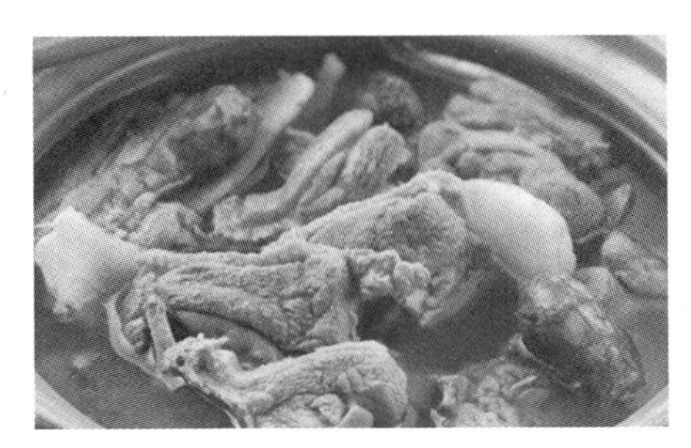

图 11-91 姜母鸭

甜不辣:有 50 多年历史的赛门甜不辣一直稳居台湾本地小吃第一的位置。甜不辣(Tempura)一词是从日本传来的,原意为日本料理中的天妇罗,是鱼板的一种。中国将 Tenpura 音译成甜不辣。甜不辣是将鱼肉或者虾肉打成浆,加些淀粉、肉、海鲜等,做成长条状,再下油锅炸制而成,见图 11-92。甜不辣通常在关东煮、麻辣烫、火锅等作为食材出现。在家庭料理中,甜不辣又可与芹菜、花菜、西蓝花、莴笋等一起炒食。

生炒花枝:生炒花枝在台北士林夜市是著名的美食,“花枝”主料为乌贼,因乌贼上部有十个肉腕,形如花枝而得名。这道菜以新鲜的墨鱼、笋片、红萝卜一起快炒后,勾芡成羹汤,再加白醋调味,滋味咸中略带酸甜,墨鱼格外鲜嫩爽口。其中的笋片也可用芹菜代替,配色也更为漂亮,见图 11-93。

图 11-92 甜不辣

图 11-93 生炒花枝

扫码看彩图

本章美食图

本章思政总结

文化遗产承载着一个民族的文化基因,折射着一个民族的精神内核,是连接民族情感的精神纽带,体现着各族人民的独特创造、精神理念、道德规范,涵盖表演艺术、传统医药、民间风俗等多个领域,深刻影响着人们生活的方方面面。文化遗产承载着灿烂文明,传承着历史文化,是我们的宝贵遗产。保护好文化遗产功在当代,利在千秋。

历史文化是城市的灵魂,保护好文化遗产就是守住文化之根、留住城市之魂。中国东南地区历史文化资源丰富,遗址众多,地域特点显著,有重要的历史文化价值。同时,东南地区在中国具有经济发达、人口密度大、城市化进程快等特点,其文化传播的广度和速度较其他地区有显著优势。因此,应充分发挥这一优势,推进以东南地区饮食文化为代表的传统文化的保护、传承和传播,推进文化自信自强,铸就社会主义文化新辉煌。

课后阅读

南方高端餐饮品牌的北上之路

课后作业

一、简答题

1. 东南地区饮食与区域文化的关系是什么?
2. 东南地区饮食文化的特点是什么?

二、实训题

如何评价东南地区饮食文化对旅游者的吸引力?如何提升其影响力?

第十二章
青藏高原地区饮食文化

学习目标

知识目标

了解青藏高原地区饮食文化发展的概况，理解青藏高原地区饮食文化的特征，知道青藏高原地区代表性时期、城市的代表性饮食及其反映的历史与文化。

能力目标

能够举一反三，思考和总结青藏高原地区饮食文化的保护、传承和传播的规律。

思政元素

1. 使学生深刻认识到青藏高原地区饮食文化的历史渊源，以及此地饮食文化与其他文化的交叉融合概况，增强学生的文化自豪感。

2. 引导学生深化对我国青藏高原地区文化的认识，尤其是饮食文化在文化保护、传承和传播方面发挥的作用，深化对文化历史与现状的思考，提出增强我国青藏高原地区饮食文化影响力的对策。

章前引例

"特"字为先 海东品牌美名扬

第一节　青藏高原地区饮食文化概况

总的来看，西藏地区从高寒的藏北草原到中部的温带地区，再到藏东南的亚热带地区，地形参差，气温和湿度殊异，物产丰寡不均。千百年来，藏族人民在青藏高原创造了一种高度适应自然环境的生存文化，并产生了游牧、农耕、半游半耕的生产方式。

青藏高原的上古居民，中原人称为"羌"，古羌人中的一部分即今日藏族之先民。古羌被认为是世界上最先培育出麦种的民族，对我国种麦有巨大贡献，推动了我国饮食文化的发展。

公元7世纪，松赞干布统一青藏高原，建立了吐蕃政权，青藏高原的社会经济有了较大发展。尤其是文成公主入藏，传入了蔓菁、马骡、骆驼、蚕种，并带去了制造碾硙、纸墨及酿酒的工匠，促进了吐蕃文化的发展。13世纪中叶，元朝将青藏高原统一到中央王朝的管辖下,加强了与西藏的经济文化联系。到了清代,西藏已有了较完备的畜牧业、农业、手工业和商业。随着各种蔬菜、水果的传入,丰富了西藏的饮食文化。在长期的茶马互市与盐粮交换的商贸活动中,西藏地区逐渐形成了极富特色的饮食习俗并延续至今。西藏各民族的饮食文化丰富多彩,受到普遍欢迎。

第二节　青藏高原地区饮食文化特征

一、青藏高原地区饮食特色

西藏地区平均海拔在4000米以上,具有气温偏低、空气稀薄、日照充足等特点。西藏地区畜牧业发达,种有青稞、小麦、豆类等农作物。川西高原与滇西北属于青藏高原的边缘部分,物产、习俗与西藏近似。由于自然环境的殊异,青藏高原的饮食文化与川、云、贵、桂的大部分地区存在明显差别。茶叶、糌粑、酥油和牛羊肉被称为西藏地区饮食的"四宝",由此可略知其饮食文化的主要特征。

青藏地区还包含以丽江、迪庆藏族自治州及怒江傈僳族自治州为中心的滇西北地区。这一地区是唐代开通的"茶马古道"的必经之地。"茶马古道"南起西双版纳易武、普洱市,中间经过大理白族自治州和丽江市、香格里拉进入西藏,直达拉萨,是连接滇、藏的要道。这个地区的饮食文化,是纳西族、云南藏族的饮食文化与西藏藏族地区、大理白族地区饮食文化相融合的产物。青稞、牛羊肉、自酿粮食酒和砖茶,构成当地饮食的主体,具有重油重肉,喜以虫草、天麻、贝母等药材入菜的习惯。有名的菜肴有油炸虫草、油炸松茸、烤牦牛肉、赛蜜羊肉、虫草鸭、贝母鸡等。

以保山、腾冲为中心的滇西南地区,自古便是著名的中、缅、印的贸易重要中转站及各类商品的集散地。其饮食文化为中国的汉族、傣族、景颇族等民族与南亚、东南亚地区诸饮食文化的结合体,同时又具有鲜明的热带、亚热带饮食文化的特点。由于当地盛产各类植物和花卉,所以习惯以可食的野生菌类、野菜、水果与花卉入席,同时喜饮各种果酒与发酵饮料,具有明显的地域特色。

古代吐蕃人的饮食习惯极大地影响了这一地区的饮食文化,如饮茶、饮酒等习俗。吐蕃人饮茶的习俗最晚从唐朝中叶即已形成。由于茶叶具有解酒食、油腻、烧炙之毒,利大小便,多饮消脂之功效,因此,对于生活在青藏高原地区多喜食肉、奶而又缺少蔬菜、水果的吐蕃人而言,茶叶的作用就显得非常重要,这一地区逐步形成了饮用酥油茶这一特有的传统习俗。酥油茶是在用砖茶熬制好的茶水中放入酥油、盐,然后再放进酥油桶中反复捣搅即成。酥油茶既可以解渴又可以充饥。另外,吐蕃人不喜吃鱼,这是吐蕃人的饮食习惯,并沿袭了很长时间。

二、青藏高原饮食结构及炊餐用具

从四五千年前开始,藏族的祖先就生活在雪域高原。因西藏高原平均海拔在4000

Note

米以上,空气稀薄、日照充足等各方面的原因,形成了西藏地区独特的饮食文化。

（一）主食

青稞和荞麦等是藏族先民最早种植的作物。据考古发现,在西藏自治区昌都市卡若区和山南市琼结县两处新石器时代遗址中,均有青稞、粟的碳化物出土。位于拉萨河谷的边缘地带曲贡文化遗址虽然未发现具体的粮食作物,但出土了用于收割、粉碎谷物的石器和磨粉的工具石磨、磨棒,以及现在该地区的主要粮食作物青稞等,可推测藏族先民的主食是青稞及其他粗粮面食。由此可以看出,分布于雅鲁藏布江中游及其支流的西藏中部、南部河谷平原地区的藏族先民应以青稞和粟为主要栽培作物和主要粮食。青稞是青藏高原上特有的食物品种,以耐寒、高热量著称。专家们认为,吐蕃人也食用"五谷"。所谓"五谷",指的正是传统的农业区以及半农半牧区所种植的粮食作物小麦、大麦、青稞、荞麦、豌豆等。在河湟农业区,除了食用五谷杂粮,还有芥菜、香菜、大白菜、蔓菁、萝卜、葱、蒜、韭菜等蔬菜,品种十分丰富。

（二）肉食与食鱼禁忌

从石器时代考古遗址中得知,西藏先民以饲养猪、牦牛和藏绵羊作为日常肉食的主要来源。此外,人们还依靠狩猎和捕鱼作为肉食的补充。从动物遗骸看,猎获的有马、鹿、麝、牛、羊、野猪、藏野驴、鼠、兔和飞禽等。

从出土的网坠和鱼骨来看,捕鱼是当时的一种辅助经济手段。但是,藏族食鱼的习俗是因地、因时而异的,藏学家格勒博士认为很可能与原始信仰或巫术有关。其时,吐蕃其他地方不食鱼,而称达布为"蛙食之乡"。据称,该地食鱼,并称鱼为"蛙"。格勒博士认为,远古的西藏社会确实存在着以鱼为禁忌食物和不以鱼为禁忌食物的氏族部落,从藏东卡若文化先民傍江而居但无渔业(不食鱼)的历史来看,早在新石器时代就已经存在禁忌食鱼和不禁忌食鱼的氏族部族,食鱼与否也就成为部族之间的区别所在。这一远古影响延至近现代,对鱼的禁忌与否也存在地域差别。塔布一带(今林芝市朗县一带)居民仍以鱼为食,雅鲁藏布江流域的日喀则市、拉萨市和山南市等地,也有以捕鱼为生的渔夫和渔村存在,当地居民在一定季节也食鱼(但山南的琼结县和乃东区的泽当镇一带禁忌食鱼),卫藏地区(以拉萨为中心向西辐射的高原)的城镇居民仍有部分人吃鱼。而在广大的农牧区,尤其是藏东地区的人至今大部分不吃鱼和虾类。

（三）炊具与餐具

远古时期,藏族先民已有使用炊具烹饪熟食的传统。昌都市地区卡若遗址中发现有石灶。灶在住房中间,口大底小呈锅状,灶周围石头围成一圈均沿坑口略向外斜倾,其中有三块石头突出,成为三个支点。少数陶盆(陶锅)的表面有明显的火灼痕迹,此为目前所知西藏最早的炊具。遗址中发现有大量餐具,如陶罐、陶盆、陶壶、陶钵、陶碗等,盆的器形较大,敞口平底而深腹,制作较精;碗的器形较小,敞口平底,可分直口和多口两型;罐的器形大小悬殊制作精良。这些器具多为夹砂陶,大部分表面经过打磨。陶色有红、黄、灰、黑四种,以黄色、灰色为主。器面以刻划纹为主,也有绳纹、附加堆纹、压印纹、蓖纹、蓝纹、抹刷纹等。主要图案为三角折线、方格、菱形、连弧、贝形、圆圈及四方形纹等彩绘装饰。

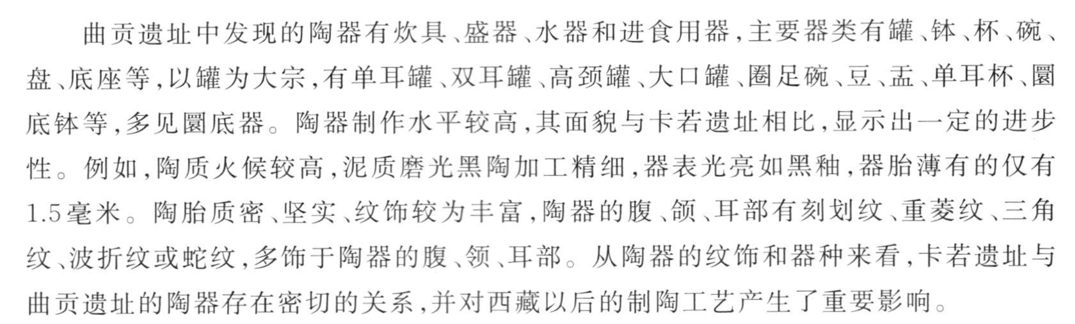

曲贡遗址中发现的陶器有炊具、盛器、水器和进食用器,主要器类有罐、钵、杯、碗、盘、底座等,以罐为大宗,有单耳罐、双耳罐、高颈罐、大口罐、圈足碗、豆、盂、单耳杯、圜底钵等,多见圜底器。陶器制作水平较高,其面貌与卡若遗址相比,显示出一定的进步性。例如,陶质火候较高,泥质磨光黑陶加工精细,器表光亮如黑釉,器胎薄有的仅有1.5毫米。陶胎质密、坚实、纹饰较为丰富,陶器的腹、颌、耳部有刻划纹、重菱纹、三角纹、波折纹或蛇纹,多饰于陶器的腹、领、耳部。从陶器的纹饰和器种来看,卡若遗址与曲贡遗址的陶器存在密切的关系,并对西藏以后的制陶工艺产生了重要影响。

上述考古发掘,为我们复原西藏远古先民的生活环境、食物结构等提供了不可多得的重要资料。

第三节　青藏高原地区各地市特色饮食文化

一、西藏部分

(一)阿里

“藏西秘境,天上阿里”,这是中国的一片神秘之地。阿里地区是西藏自治区唯一一个以地区命名的地级行政单位。这里平均海拔在4500米以上,被称为“世界第三极”,以及“生命之禁区”。该地气候高寒,地广人稀,尤其北部的羌塘高原,是目前很少有人涉足的地区之一。“阿里”一词为藏语音译,是“属地”“领地”以及“领土”的意思,在公元7世纪前,这里一直被称为“象雄地区”,后来被崛起的吐蕃王朝灭掉。直到公元9世纪中叶,在吐蕃瓦解之后,才又在这片地区建立一个新的王朝——古格王朝,随后改为阿里地区。阿里境内有被称为“世界中心”的冈仁波齐峰,它位于冈底斯山脉的西端,是整个山脉的第二高峰。阿里地区特色菜肴有晋兰夏河蹄筋等。

晋兰夏河蹄筋:蹄筋向来为筵席上品,食用历史悠久,见图12-1。夏河县位于甘肃省西南部、甘南藏族自治州的西北部,地处甘南高原和黄土高原的过渡地带,海拔较高,大部地区在3000—4000米,是大西北主要的畜牧业基地之一,所产羊筋,质地上乘,量甲天下,用以入馔,为秦陇名肴。夏河蹄筋在明代已经相当有名了。据有关史料记载,明代大将徐达西征吐蕃时,对夏河蹄筋非常欣赏,“常单车就舍而食”,自此,夏河蹄筋声誉更高,闻名遐迩。

另外,在古代食谱中,曾有将“参、翅、骨、肚、窝、膜、筋、唇”列为“八珍”之说。古人所谓的蹄筋,多指鹿筋,并非猪蹄筋、牛蹄筋、羊蹄筋。至清代,清袁枚所作《随园食单》中所载的“筋”,仍是鹿筋,这大概是袁枚祖籍杭州,嗜食江浙风味,牛、羊筋“非南人家常时有之物”的缘故,也能证明牛、羊蹄筋入馔确乎晚于鹿筋。

图 12-1 晋兰夏河蹄筋

（二）拉萨

拉萨市位于西藏自治区东南部，雅鲁藏布江支流拉萨河北岸，是中国西藏自治区的省会，位于西藏高原的中部，喜马拉雅山脉北侧，海拔3650米，地处雅鲁藏布江支流拉萨河中游河谷平原，拉萨河流经此，在南郊注入雅鲁藏布江。

酥油茶：酥油茶是青藏地区人们日常生活所必需的一种饮品，用酥油和砖茶制作而成。酥油茶的主要作用包括：可以预防因天气干燥所致的嘴唇皲裂；可以起到很好的御寒作用。同时，酥油茶还可以在寒冷的时候驱寒，吃肉的时候去腻，饥饿的时候充饥，困乏的时候解乏，瞌睡的时候提神醒脑。茶叶中含有维生素，可以减轻高原缺少蔬菜带来的损害。酥油茶颜色与浓可可茶相似，浅尝一口茶香很浓、奶香扑鼻，引人回味。另外，酥油茶也是藏族人民待客、礼仪、祭祀等活动不可或缺的饮品，极具民族特色和文化内涵，见图12-2。

青稞酒：青稞酒是大多数藏族人都喜爱喝的酒，它是用青稞酿成的一种度数很低的家制酒，见图12-3。每当亲戚、朋友团聚或客人来访时，主人都会用它招待。如果客人端着酒杯不喝，主人便会唱起祝愿客人的父母、家人、朋友的祝酒歌，直到客人把杯中酒喝完。

图 12-2 酥油茶

图 12-3 青稞酒

手抓羊肉：手抓羊肉是西藏的一道传统美食，至今已经有上千的历史，因为以手抓食用而得名。其吃法有三种，即热吃（切片后上笼蒸热蘸三合油）、冷吃（切片后直接蘸精盐）、煎吃（用平底锅煎热，边煎边吃）。特点是肉味鲜美、不腻不膻、色香俱全。手抓羊肉是生活在我国西北的蒙古族、藏族、回族、维吾尔族等人民较为喜爱的传统食物，

在日常生活中更是必不可少。这与他们所处的地理环境和人文环境有很大的关系。如外出游牧,数月不归时,食羊肉饱食一顿,可一整天不饿,见图12-4。

甜茶:甜茶历史悠久,是西藏的传统饮品,已成为拉萨餐饮文化中重要组成部分。其味道香甜可口且营养丰富,见图12-5。

图12-4 手抓羊肉

图12-5 甜茶

藏式凉粉:西藏的凉粉爽口顺滑、口味微辣,其独特之处在于它所添加的辣椒油是用十几种材料研磨调配、烹炒而成,有一种独特的焦香味,见图12-6。

糌粑:糌粑就是炒面,是由藏语译音而来。糌粑与酥油茶一起搭配,别具一番风味,见图12-7。

图12-6 藏式凉粉

图12-7 糌粑

二、青海部分

(一)海北藏族自治州

海北藏族自治州美食有门源青稞、羊肉盖被、刚察黄蘑菇、藏族酥酪糕、清蒸牛蹄筋、门源奶皮和祁连藏系羊肉、牦牛肉等。

羊肉盖被:羊肉盖被是一道青海名吃,主要是用洋芋和羊肉碰撞出的美味。吃的时候,洋芋吸收了羊肉的油脂,锅底的一面焦香可口,另一面绵软美味,见图12-8。

牦牛肉:牦牛肉肉质鲜美,营养价值较高,常吃对人的身体好,可以增强免疫力。当地人通常将牦牛肉与青稞酒一同食用。在西欧,牦牛肉也很受欢迎,有着"肉牛之冠"的美誉。因为牦牛生长在高原,平日里吃的多是高原之上生长的虫草、贝母等,致使其营养价值更高,十分难得,见图12-9。

图 12-8　羊肉盖被

图 12-9　牦牛肉

（二）黄南藏族自治州

黄南藏族自治州美食有爆焖羊羔肉、奶皮、油锅盔、糌粑、奶茶、酥油茶、手抓羊肉、羊筋菜、烧羊肝羊筋、炸酸奶等。

奶皮：奶皮是牛奶的精华部分，白中透黄，形状像展开的海绵，鲜嫩甜美，吃起来又柔又酥，见图 12-10。奶皮以青藏高原上纯天然无公害的优质牦牛、犏牛的新鲜奶汁为原料制作而成。

羊筋菜：羊筋是羊蹄的韧带。青海的羊筋经过剔取、拉直、阴干后扎成小把，可长期保存，久藏不坏。用羊筋做的菜肴品种丰富，羊筋菜是青海回族、汉族筵席中常见的且有着极高声誉的地方菜之一，见图 12-11。

图 12-10　奶皮

图 12-11　羊筋菜

（三）海南藏族自治州

海南藏族自治州的美食有海南州糌粑、贵德软儿梨、青海秋子梨、贵德长把梨、贵德蜂蜜、羊肠面、松鼠湟鱼、麻食儿、草原手抓羊肉、爆焖羊羔肉、青海寸寸儿、无鳞湟鱼、清蒸牛蹄筋、发菜蒸蛋等。

麻食儿：麻食儿是一种很有地方特色的面食。做法是将面擀得薄薄的，然后切成小方块，对角揪搓之后，滚一滚，再把面下到放了各种作料和牛羊肉以及土豆等蔬菜的锅里煮熟，即可食用，见图 12-12。

贵德软儿梨：贵德软儿梨是海南藏族自治州贵德县的特产，见图 12-13。2013 年，贵德软儿梨被认定为中国国家地理标志证明商标。每到金秋十月，被誉为青海“小江南”的贵德县，到处是一派瓜果飘香的丰收景象，一篮篮绿中透黄的软儿梨在街头巷尾散发出诱人的酸甜香味。

图 12-12　麻食儿

图 12-13　贵德软儿梨

（四）果洛藏族自治州

果洛藏族自治州的美食有狗浇尿油饼、青海翻跟头、清蒸牛蹄筋、油包子、地皮菜、人参羊筋、大嘴鱼、奶油饼、咖喱牛肉干、油馃子、梅花蹄筋、杂碎汤、爆焖羊羔肉、果洛牛肉干、肝肠、青稞炒面、酿皮、牦牛肉干、焜锅馍馍等。

狗浇尿油饼：狗浇尿油饼是青海地区较流行的一种面食，是用菜籽油煎的薄饼，见图 12-14。狗浇尿油饼有只加一点酵子的“半死面”和不加酵子的“死面”两种。一般是在白面饼上撒上香豆粉(用香豆叶磨制而成)、花椒粉、食盐等调料，烙时用尖嘴油壶盘在其上旋式浇油。

青海翻跟头：翻跟头面粉为主要原料，是经油炸而成的一种青海民俗食品，它炸出来呈黄色，吃起来脆爽适口，见图 12-15。青海翻跟头一般只在逢年过节的时候制作。

图 12-14　狗浇尿油饼

图 12-15　青海翻跟头

（五）玉树藏族自治州

玉树藏族自治州的美食有炮仗面、开锅羊肉、烤羊肉串、青海炮仗面、甜醅、玉树黑青稞、玉树芫根、干拌拉面、风干牦牛肉干、杂碎汤、羊肚汤、凉拌藏猪皮、萝卜炖牦牛排骨、虫草炒蘑菇、四味生肉酱、人参果饭、虫草松茸鸡、酥油炒青稞、羊血肠、藏式饺子、奶茶、水晶包子等各类美食，很多与西北和青藏地区饮食习惯一致。

炮仗面：炮仗面是青海玉树的美食小吃，因形似炮仗而得名。炮仗面先煮后炒，拉面出锅后不带汤，用刀切成短面条筋道有嚼劲。辅菜用粉丝、肉末、辣椒和少量菜做好的混菜锅内混炒而成，吃着香辣爽口，令人胃口大开，见图 12-16。炮仗面既有陕甘宁牛肉汤面的香，又融合了新疆维吾尔自治区拉条子面的滑、精点，是汉族、回族、维吾尔族一家亲在饮食上的典型代表，因此又被称为“民族团结的串串面”。

开锅羊肉：开锅羊肉是用砂锅涮着羊肉食用。其汤底的制作十分讲究，一般选用新鲜羊羔肉与多种中药材一起烹煮而成，味道醇香且有滋养身体的功效，用其涮出来的羊肉味道鲜美、细嫩可口，见图12-17。正宗的开锅羊肉，讲究水沸则食，即无需长时间炖煮，因为肥瘦相间的羊肉遇水即熟，然后只需要用盐简单调味即可食用。吸饱了汤汁的羊肉集鲜、咸、香于一体，入口绵软、鲜嫩之极。吃完羊肉后，再来一碗羊汤，更是让人回味无穷。

图12-16 炮仗面

图12-17 开锅羊肉

（六）海西蒙古族藏族自治州

海西蒙古族藏族自治州的美食有都兰枸杞、青海冬果梨、手抓羊肉、干奶酪、青海翻跟头、海西烤羊肉等。

都兰枸杞：都兰枸杞是海西蒙古族藏族自治州都兰县的特产，见图12-18。都兰县枸杞具有颗粒大、肉质肥厚饱满、色泽艳丽、大小均匀、无碎果、无杂质、味甘甜等特点，深受人们的喜爱。

青海冬果梨：冬果梨属白梨种，之所以叫冬果梨，是因为要将它摘下放到至冬食用。青海冬果梨果肉呈白色，质细、脆嫩、汁多，吃起来酸甜适口、香味浓郁，品质优良，见图12-19。这种果子个大而整齐，平均在250克左右，大的甚至超过500克，一般是在10月中下旬成熟。刚采摘下来的青海冬果梨果色鲜绿、果皮光滑，存起来后慢慢变成黄色或金黄色。另外，青海冬果梨还具有生津、止咳、暖胃、消痰、润肺等功效。

图12-18 都兰枸杞

图12-19 青海冬果梨

三、四川部分

(一)甘孜藏族自治州

甘孜藏族自治州(简称甘孜州)位于四川省西部、青藏高原东南缘,东连四川省阿坝藏族羌族自治州和雅安市,南与四川省凉山彝族自治州、云南省迪庆藏族自治州交界,西隔金沙江与西藏自治区昌都市相望,北与四川省阿坝藏族羌族自治州、青海省玉树藏族自治州和果洛藏族自治州相邻,地处中国最高一级阶梯向第二级阶梯云贵高原和四川盆地过渡地带,属横断山系北段川西高山高原区,是四川盆地西缘山地向青藏高原过渡的地带。

甘孜州气候主要属青藏高原气候,随高差呈明显的垂直分布姿态,其特点是气温低、冬季长、降水少,日照足。甘孜州所处地理纬度属于亚热带气候区,但由于地势强烈抬升,地形复杂,深处内陆,绝大部分区域已失去亚热带气候特征,形成大陆性高原山地型季风气候,复杂多样,地域差异显著。

甘孜州是以藏族为主的多民族聚居区,形成大杂居、小聚居的分布特点。不同民族的文化在杂居区内多元共存,不同民族大都保持着各民族的一些固有生活方式与习惯,互不干涉、彼此尊重,民风淳朴而独特。

由于地处农牧地区,就餐时间没有严格规定,随意性很大。牧区一般多为一日四餐,农区一般为三至四餐。牧区农忙时节常在中途加餐。牧区本着少食多餐的习惯,早晚饮茶,主要吃糌粑、吃麦粥、面块,喝奶茶、清茶为主。夏秋季节常食奶酪、手抓鲜牛、羊肉、血肠等。春冬季节常食风干牛肉、肉松、奶渣等。

丹巴香猪腿:丹巴香猪腿是丹巴地区的特色名产品,是节日和招待宾朋的必备美食。其入口鲜嫩清香,营养丰富,见图12-20。

图12-20 丹巴香猪腿

熏牛肉:熏牛肉是甘孜以前储存肉食的一种方法。甘孜熏牛肉色泽浓郁,黑里透亮。入口酥香、筋道十足、麻辣咸香,别具风味,是甘孜的一种特产,见图12-21。

团结包子:团结包子原叫"蒸肉",流行于四川藏族地区,是甘孜州的特色美食,见图12-22。1950年,中国人民解放军进军西藏,老百姓蒸制"蒸肉"来款待,为了永远纪念这次难忘的会见,大家就把蒸肉改为"团结包子"。团结包子因个大可供众人围食而得名,其外皮松软可口、馅料丰富,十分具有层次感,滋味绝佳。团结包子外形别致,似包非包、似饼非饼，可大可小，馅料、主食、副食兼具，味道鲜香、油而不腻，是逢年过节或者亲友团聚时的必备佳品，以示庆贺。

图 12-21 熏牛肉

图 12-22 团结包子

道孚牛羊肉泡馍：道孚牛羊肉泡馍是甘孜藏族自治州道孚县的特产。牛羊肉泡馍是回族特有的传统风味美馔。它以选料严、烹制精、营养丰富、香醇味美而誉满中外，见图 12-23。

白玉松茸：白玉松茸是甘孜藏族自治州白玉县的特产。白玉松茸朵头大、茎柄粗，肉质纯白、细嫩，具有一股浓郁的香味，是高档宴席的佳肴。松茸是一种珍贵的真菌，学名叫松口蘑，别名有大花菌、松蕈菌、剥皮菌等，见图 12-24。

图 12-23 道孚牛羊肉泡馍

图 12-24 白玉松茸

甘孜水淘糌粑：水淘糌粑为甘孜特产，历史悠久，它以选料好、加工细、香美可口而闻名于康巴。糌粑是藏族人民的主食之一，营养丰富，携带及食用方便，见图 12-25。水淘糌粑于 2021 年 7 月入选四川省省级天府旅游美食候选名单，并于 2022 年 2 月被列入四川省省级非物质文化遗产代表性项目保护单位名单。

图 12-25 甘孜水淘糌粑

高原无鳞鳕鱼:高原无鳞鳕鱼是四川省甘孜藏族自治州稻城县的特色水产品,此品生长在四川阿坝藏族羌族自治州与西藏接壤的长江源头,浑身无鳞,肉质鲜嫩、爽口,极具营养滋补功效。

(二)阿坝藏族羌族自治州

阿坝藏族羌族自治州(简称阿坝州)是藏族、羌族、回族、汉族等多民族融合的地区,具有多元化的民俗风情和独特的美食文化。

尔玛酸菜炖腊肉:尔玛酸菜炖腊肉中酸菜的清香与酸味,与腊肉相融,可以将腊肉浓烈的烟熏味变得更为柔和。成菜酸而不刺激,油而不腻口,色香味俱全,见图12-26。

松潘牛肚菌:牛肚菌是真菌的一种,出产时间为每年6—10月,主要产自云南、四川等地,其中四川西昌最多,见图12-27。牛肚菌营养价值较高,也是中药舒筋丸的主要配料之一。

图12-26　尔玛酸菜炖腊肉

图12-27　松潘牛肚菌

青稞炖牦牛肉:青稞炖牦牛肉的肉质细嫩、味道鲜美,营养价值极高,老少皆宜。

土豆糍粑:土豆糍粑味道爽口,营养丰富,见图12-28。

小金松茸炖土鸡:小金松茸炖土鸡中的菌肉白嫩肥厚、质地细腻、口感极佳,并有浓郁的香气及丰富的营养价值,汤汁鲜美清新,松茸细滑爽口,见图12-29。

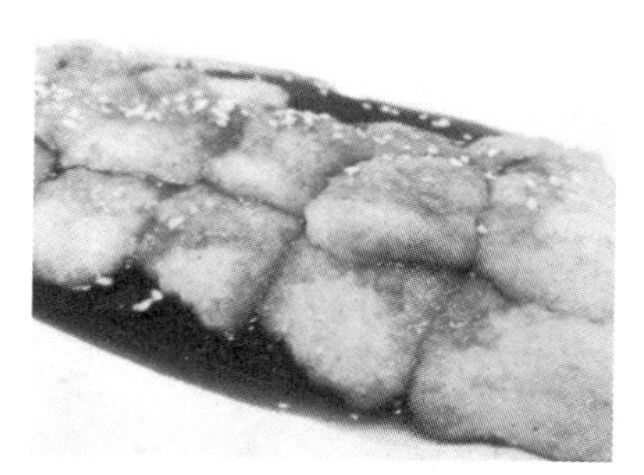

图12-28　土豆糍粑

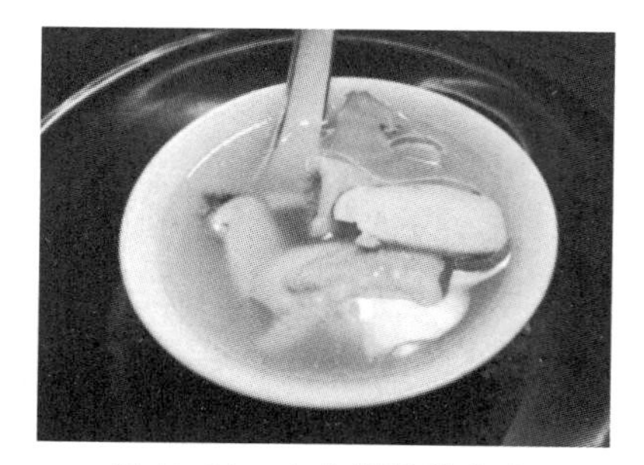

图12-29　小金松茸炖土鸡

青稞酥油饼:青稞酥油饼成菜色泽金黄,口感香甜清新,见图12-30。

西路边茶:西路边茶历史悠久。清乾隆年间,雅安市的天全县、荥经县等地所产的边茶,专销西康省(中国旧省名,所辖地主要为现在的四川甘孜藏族自治州、雅安市、阿坝藏族羌族自治州、西藏东部昌都市等)和西藏地区,被称为“南路边茶”。灌县(今县级都江堰市)、汶川县等地所产的边茶,专销川西北松潘(古名松州,今阿坝藏族羌族自治州东北部)、理县等地,被称为“西路边茶”。西路边茶曾作为贡茶入京,所谓

“茅亭产贡茶，西路边茶产盘龙”，讲的就是汶川水磨的黑茶，以红、浓、醇、陈四绝为特色，见图12-31。

图12-30　青稞酥油饼

图12-31　西路边茶

牦牛酸奶：牦牛酸奶软嫩黏稠、芳香扑鼻，入口酸甜凉爽，凝聚了草原山川的精华。

四、新疆部分

（一）喀什

油撒子：油撒子是回族的著名风味小吃。馓子既可以直接食用，这种食法口感酥脆、油香味浓且略有咸味，也可用奶茶泡食，这种食法绵而不糊，很适合牙齿不太好的老人和儿童，见图12-32。

新疆炒米粉：新疆炒米粉是中国新疆维吾尔自治区的一道小吃，属于西北菜、新疆菜；炒好的米粉汤汁颜色浓郁、酱香味浓、根根入味、较有嚼劲，见图12-33。

图12-32　油撒子

图12-33　新疆炒米粉

薄皮包子：薄皮包子维吾尔语意为“皮提曼塔”。薄皮包子色白油亮、皮薄如纸、肉嫩油丰，伴有新疆洋葱浓郁的香甜味，非常爽口好吃，见图12-34。

油塔子：油塔子是维吾尔族人民喜食的一种面油食品，其色白油亮、细腻香软，油多而不腻。食用时，用筷子从油塔子的上面夹住，向上一提，一层一层地拉了起来，如同宝塔一样，故名“油塔子”，见图12-35。它是维吾尔族人民待客的上等食品。

图12-34　薄皮包子

图12-35　油塔子

（二）和田

和田地区位于新疆维吾尔自治区南隅，南抵昆仑山与西藏自治区交界，北临塔克拉玛干大沙漠与阿克苏地区瓦提县相连，东部与巴音郭楞蒙古自治州且末县相接，西部与喀什地区毗邻，西南以喀喇昆仑山为界，同克什米尔地区接壤。和田地区属典型的内陆干旱区，位于欧亚大陆腹地，属暖温带极端干旱的荒漠气候。

烤全羊：烤全羊是新疆维吾尔自治区的一大传统名肴。烤全羊不仅是街头的风味小吃，而且也是维吾尔族人招待贵客的上等佳肴，这一美食在西北地区和中北地区也较多出现。

烤羊肉串：烤羊肉串是非常有名的民族风味小吃，它是在特制的烤肉铁槽上烤炙而成的。

羊肚子烤肉：羊肚子烤肉是沙漠深处的牧民发明的一种高营养、高热量的食品。刚刚宰好的羊，把羊的肚子拿出来洗洗干净，然后把羊肉切碎，加上一些调味品，然后再重新塞回羊肚子里面，封口用的“绳子”是羊肠子。这道菜的烤制方法也是很独特，是在火灰里面焖熟的，有的也在烧烫的沙子里焖熟，一般需要焖两个小时左右，味道很是鲜美，烤好的羊肉还要切开调拌，吃起来也是很有大漠风情，见图 12-36。

和田粽子：和田粽子又名糖粽子、酸奶粽子，是和田地区非常受欢迎的食品之一，甜而不腻、酸甜可口，见图 12-37。

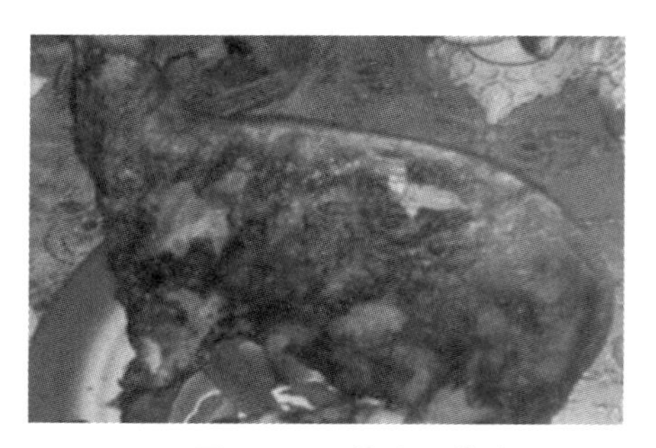

图 12-36　羊肚子烤肉

图 12-37　和田粽子

杂克尔：杂克尔是人们对玉米类面饼的一个独特称呼，只有和田地区才能吃到凉水和面做成的玉米面馕，面馕上再加上一些洋葱条、南瓜条、羊肉丁，烤制出来的馕带有玉米的香气，而且夹杂了蔬菜、羊肉的鲜美，十分诱人。新鲜出炉的馕可以配上一些核桃仁食用，味道很是奇妙，见图 12-38。

吾麻什：吾麻什是当地人常喝的一种粥，但是在待客的时候也会用到，平时吃的时候，玉米面里面加上食盐和洋葱，煮熟即可，但是待客的吾麻什做法很是讲究。要先用白面做成面团，然后用筛子把面团从筛子上挤压过去，等面团变成大米大小的面蛋子，最后用羊肉、西红柿、土豆等做成汤，出锅后味道鲜美，老少皆宜，见图 12-39。

Note

图12-38 杂克尔

图12-39 吾麻什

薄皮烤盒子：这种烤盒子在新疆很多，和田的烤盒子是分大小号的，刚出炉的烤盒子，外皮焦焦脆脆，见图12-40。

玫瑰花酱馕：新疆的馕十分出名，但是和田有一种口味清甜的馕，那就是玫瑰花酱馕，这种馕吃起来口感香脆、味道偏甜。这种馕制作方法简单，烤箱烘烤一下即可，但是味道却比很多肉味的馕还要好吃，香甜酥脆，还有种焦焦的口感，见图12-41。

图12-40 薄皮烤盒子

图12-41 玫瑰花酱馕

五、云南部分

丽江市地势西北高而东南低，最高点玉龙雪山主峰，海拔5596米，最低点华坪县石龙坝乡塘坝河口，海拔1015米，最大高差4581米。玉龙雪山以西为横断山脉切割山地峡谷区的高山峡谷亚区，山高谷深，山势陡拔险峻，河流深切其间。丽江市属低纬暖温带高原山地季风气候。由于海拔相差悬殊，丽江市从南亚热带至高寒带气候均有分布，四季变化不大，干湿季节分明，气候的垂直差异明显，年温差小而昼夜温差大，兼具有海洋性气候和大陆性气候特征。另外，其东南、西南的迎风斜面是多雨区，背风坡面是相对干燥的少雨区，金沙江河谷干燥少雨。

鸡豆凉粉：鸡豆凉粉是丽江的一种特色凉粉，主要是用鸡豆搭配上花椒、绿韭、青葱、红辣椒、芥末、酸醋等食材制作而成，也叫黑凉粉。鸡豆凉粉虽然看起来一般，但是口感非常细腻爽滑，是一道绝佳的下饭菜。鸡豌豆原产于丽江坝，属黄豆科，因其形状像鸡头部位的眼睛，故名鸡豌豆。这种豆类经碾磨后制成粉条，颜色呈灰绿色，煎炸、凉拌都很入味，清香可口，是纳西族人民餐桌上的佳肴，见图12-42。

米灌肠：米灌肠是丽江特有的一道风味食品，主要是用米饭、猪血、蛋清等食材灌入到加工后的猪肠中制作而成的。米饭肠既可以蒸着吃，也可以煎着吃，香味浓郁、糯滑爽口，是补血、补气的绝佳食物，见图12-43。

图 12-42　鸡豆凉粉

图 12-43　米灌肠

永胜油茶：永胜油茶是丽江市永胜县的一道风味茶饮品，在当地广为流传，它既有普通茶水解渴、助食的功能，又有补气、提神的养生妙用，从中还可以喝到米香味和茶香味。饮用时可以根据自身喜好，加入核桃米、鸡蛋、生姜、米干皮等，口感可甜可咸，喝着非常爽口，尤其是清早喝它，清香满口，让人特别有精神。

丽江粑粑：丽江粑粑是纳西族人民制作出来的一种特色美食，闻名滇西一带，主要分为甜和咸两种口味。甜的里边包裹有油亮的红糖等食材，咸味的里边包裹有葱花、火腿等食材。做好的粑粑拥有层层叠叠的酥皮，金黄酥脆、香甜可口、油而不腻，见图 12-44。

图 12-44　丽江粑粑

纳西烤肉：纳西烤肉吃起来肥而不腻、瘦而不柴，口感非常松脆，见图 12-45。

八宝菠萝饭：八宝菠萝饭味道甜美，是节日和待客佳品，原为西双版纳风味美食，后为云南广大地区所喜爱，流传甚广，有甜、咸两种口味，见图 12-46。

图 12-45　纳西烤肉

图 12-46　八宝菠萝饭

沱茶：沱茶是云南传统茶叶，是一种制成圆锥窝头状的紧压茶，历史悠久，在明代就已经有详细的记载了。沱茶香气馥郁、滋味醇厚、喉味回甘,汤色橙黄明亮。

雪茶:雪茶是云南丽江的特色名茶,有着非常悠久的历史。在明朝时期,雪茶曾被丽江土司木氏进贡朝廷,成为宫廷中稀有的保健饮品。雪茶属于高山地区的产物,是天然野生茶,在丽江玉龙雪山等地才能看见其的身影。雪茶喝起来清醇爽口。

玛玉茶:玛玉茶是云南省红河哈尼族彝族自治州的特色名茶,产自红河玛玉茶场,被评为云南的特色名茶。玛玉茶茶叶色泽墨绿油润,汤色清澈明亮,滋味鲜爽,叶底柔嫩匀亮,让人回味悠长。

丽江窖酒:丽江窖酒是当地生产的一种名酒,远在500多年前就已形成了其独特的酿酒工艺。丽江窖酒甜香适度、清凉可口,是低浓度、高营养的补酒。

本章思政总结

扫码看彩图

本章美食图

作为"世界第三极"的青藏高原,自古以来就是多民族先民生活繁衍之地,先后有戎羌、吐谷浑、吐蕃等古代民族为青藏高原的开拓做出了贡献。元代以来,在大一统的民族大家庭中,青藏高原各世居的少数民族人民以自己的聪明才智创造出丰富多彩的文化成果。中华人民共和国成立以来,以修葺、保护名闻遐迩的布达拉宫为标志,国家做出了一系列保护青藏高原民族文化艺术遗产的重大举措。有必要指出,青藏高原民族文化艺术遗产的保护与青藏高原的社会发展是相辅相成、互为促进的。

作为传统文化的重要组成部分,青藏高原地区饮食文化的保护、传承与传播对于国家文化自信的建立具有重要意义。青藏高原地区旅游线路的持续火爆,吸引了众多旅游者前去感受祖国的广袤的土地和雪域高原的雄风。旅游业的发展给青藏高原地区区域经济发展带来了机遇,其独特的饮食文化也吸引了众多游客。饮食文化传播的特征在于其能够以微妙的形式在人们之间传播,润物细无声,故为广大民众所接受。因此,通过对青藏地区饮食文化的梳理和总结,可有效推进青藏高原地区的文化振兴,弘扬我国文化自信。

课后阅读

旅游对民族地区饮食文化变迁的影响及路径选择研究——以拉萨市为例

课后作业

一、简答题

1. 青藏高原地区饮食与区域文化的关系是什么?
2. 青藏高原地区饮食文化的特点是什么?

二、实训题

如何评价青藏高原地区饮食文化对旅游者的吸引力?如何提升其影响力?

参考文献

[1] 姚伟钧，李汉昌，吴昊．中国饮食文化史(黄河下游地区卷)[M]．北京：中国轻工业出版，2013.

[2] 万建中，李明晨．中国饮食文化史(京津地区卷)[M]．北京：中国轻工业出版，2013.

[3] 吕丽辉，王建忠，姜艳芳，等．中国饮食文化史(东北地区卷)[M]．北京：中国轻工业出版，2013.

[4] 冼剑民，周智武，赵荣光．中国饮食文化史(东南地区卷)[M]．北京：中国轻工业出版，2013.

[5] 姚伟钧，刘朴兵，赵荣光．中国饮食文化史(黄河中游地区卷)[M]．北京：中国轻工业出版，2013.

[6] 季鸿崑，李维冰，马健英，等．中国饮食文化史(长江下游地区卷)[M]．北京：中国轻工业出版，2013.

[7] 徐日辉，赵荣光．中国饮食文化史(西北地区卷)[M]．北京：中国轻工业出版，2013.

[8] 张景明，赵荣光．中国饮食文化史(中北地区卷)[M]．北京：中国轻工业出版，2013.

[9] 方铁，冯敏，赵荣光．中国饮食文化史(西南地区卷)[M]．北京：中国轻工业出版，2013.

[10] 谢定源，赵荣光．中国饮食文化史(长江中游地区卷)[M]．北京：中国轻工业出版，2013.

[11] 万建中．中国饮食文化[M]．北京：中央编译出版社，2011.

[12] 陈涓．地理环境对我国饮食文化的影响[J]．福建教育学院学报，2003(4).

[13] 金炳镐．中国饮食文化的发展和特点[J]．黑龙江民族丛刊，1999(3).

[14] 华国梁．中国饮食文化[M]．大连：东北财经大学出版社，2002.

[15] 刘朴兵．唐宋饮食文化比较研究[D]．武汉：华中师范大学，2007.

[16] 蔡晓梅，刘晨．人文地理学视角下的国外饮食文化研究进展[J]．人文地理，2013(5).

[17] 吴友富．对外文化传播与中国国家形象塑造[J]．国际观察，2009(1).

[18] 张涛．饮食旅游动机对游客满意度和行为意向的影响研究[J]．旅游学刊，2012(10).

[19] 赵荣光．中国饮食文化概论[M]．北京：高等教育出版社，2003.

[20]《中国饮食文化百科全书》[J]．餐饮世界，2022(8).

[21] 余世谦．中国饮食文化的民族传统[J]．复旦学报(社会科学版)，2002(5).

[22] 卞浩宇，高永晨．论中西饮食文化的差异[J]．南京林业大学学报(人文社会科

学版), 2004(2).
[23] 何婷.新媒体下饮食文化的传播研究[J].中国食品,2022(16).
[24] 曾国军,刘梅,刘博,等.跨地方饮食文化生产的过程研究——基于符号化的原真性视角[J].地理研究,2013(12).
[25] 谭志国.从文化人类学的角度看中国饮食文化研究[J].湖北经济学院学报,2004(2).
[26] 徐静波.试论日本饮食文化的诸特征[J].日本学刊,2008(5).
[27] 杨丽.试析饮食文化旅游资源的开发[J].学术探索,2001(6).
[28] 蒋艳.中西饮食文化差异的原因分析及其研究意义[J].湖北教育学院学报,2007(4).

教学支持说明

为了改善教学效果，提高教材的使用效率，满足高校授课教师的教学需求，本套教材备有与纸质教材配套的教学课件和拓展资源（案例库、习题库等）。

为保证本教学课件及相关教学资料仅为教材使用者所得，我们将向使用本套教材的高校授课教师赠送教学课件或者相关教学资料，烦请授课教师通过加入旅游专家俱乐部QQ群或公众号等方式与我们联系，获取“电子资源申请表”文档并认真准确填写后发给我们，我们的联系方式如下：

地址：湖北省武汉市东湖新技术开发区华工科技园华工园六路

邮编：430223

旅游专家俱乐部QQ群号：758712998

旅游专家俱乐部QQ群二维码：

扫码关注
柚书公众号